U0604483

高等学校土木工程专业"十四五"系列规划教材·应用型

混凝土结构设计

（第 3 版）

主　编　李章政　章仕灵
副主编　聂金荣　李志强
　　　　吴建明　李　倩

四川大学出版社
SICHUAN UNIVERSITY PRESS

图书在版编目（CIP）数据

混凝土结构设计 / 李章政，章仕灵主编 . -- 3 版 .
成都 ：四川大学出版社，2024. 8. -- ISBN 978-7-5690-
7236-5
Ⅰ . TU370.4
中国国家版本馆 CIP 数据核字第 2024A9Y652 号

书　　名：混凝土结构设计（第 3 版）
　　　　　Hunningtu Jiegou Sheji（Di-san Ban）
主　　编：李章政　章仕灵

选题策划：王　睿
责任编辑：王　睿
特约编辑：李嘉琪
责任校对：蒋　玙
装帧设计：开动传媒
责任印制：王　炜

出版发行：四川大学出版社有限责任公司
　　　　　地址：成都市一环路南一段 24 号（610065）
　　　　　电话：（028）85408311（发行部）、85400276（总编室）
　　　　　电子邮箱：scupress@vip.163.com
　　　　　网址：https://press.scu.edu.cn
印前制作：湖北开动传媒科技有限公司
印刷装订：武汉乐生印刷有限公司

成品尺寸：200 mm×270 mm
印　　张：18.5
字　　数：523 千字

版　　次：2024 年 8 月 第 3 版
印　　次：2024 年 8 月 第 1 次印刷
印　　数：1—6000 册
定　　价：55.00 元

本社图书如有印装质量问题，请联系发行部调换

版权所有 ◆ 侵权必究

扫码获取数字资源

四川大学出版社
微信公众号

前　言

　　"混凝土结构设计"是高等学校土木工程专业的主干专业课程,它与混凝土结构基本原理、土力学与基础工程、高层建筑结构设计和建筑抗震设计等课程一起构成了完整的专业知识体系。本书可作为高等学校土木工程专业本科学生的教学用书,也可供相关专业(工程管理、工程造价、建筑学、建筑环境能源)学生参考。

　　自第2版出版以后,经过5年多时间的使用,积累了不少经验,也发现了一些不足。本书的修订内容,一是纠正了第2版中对设计规范理解和执行中存在的一些偏差;二是为了适应新版规范《混凝土结构设计标准(2024年版)》(GB/T 50010—2010)的局部变化,课程内容和算例做了相应调整;三是更好地划分了课程边界,将边界以外的内容剔除;四是准确定位于应用型本科,对于理论上较深的内容做了适当删减。本书保留了第2版的优点,即着重讲述基本概念、基本计算、基本构造,通过大量实例讲述设计方法和技巧,突出重点内容,强调对学生的工程计算能力和分析问题能力的培养。

　　本书由四川大学李章政、成都理工大学工程技术学院章仕灵担任主编;郑州升达经贸管理学院聂金荣、黄河科技学院李志强、东莞城市学院吴建明和四川大学锦江学院李倩担任副主编;石家庄铁道大学四方学院陈吉娜、郑州科技学院牛志强担任参编。

　　具体编写分工为:

　　四川大学,李章政;东莞城市学院,吴建明(前言、第1章、附录);

　　郑州升达经贸管理学院,聂金荣(第2章);

　　石家庄铁道大学四方学院,陈吉娜(第3章);

　　四川大学锦江学院,李倩(第4章);

　　成都理工大学工程技术学院,章仕灵(第5章);

　　黄河科技学院,李志强(第6章)。

　　在本书编写过程中,编者参阅了大量的文献,并从中引用了部分资料,郑州科技学院牛志强提供了大量数字资源,特此表示衷心感谢! 然世间知识无涯,而编者见识有限,故书中不足之处在所难免,请读者不吝指正。

编　者

2024年5月

特别提示

教学实践表明,有效地利用数字化教学资源,对于学生学习能力以及问题意识的培养乃至怀疑精神的塑造具有重要意义。

通过对数字化教学资源的选取与利用,学生的学习从以教师主讲的单向指导模式转变为建设性、发现性的学习,从被动学习转变为主动学习,由教师传播知识到学生自己重新创造知识。这无疑是锻炼和提高学生的信息素养的大好机会,也是检验其学习能力、学习收获的最佳方式和途径之一。

本系列教材在相关编写人员的配合下,逐步配备基本数字教学资源,主要内容包括:

文本:课程重难点、思考题与习题参考答案、知识拓展等。

图片:课程教学外观图、原理图、设计图等。

视频:课程讲述对象展示视频、模拟动画,课程实验视频,工程实例视频等。

音频:课程讲述对象解说音频、录音材料等。

数字资源获取方法:

① 打开微信,点击"扫一扫"。

② 将扫描框对准书中所附的二维码。

③ 扫描完毕,即可查看文件。

更多数字教学资源共享、图书购买及读者互动敬请关注"开动传媒"微信公众号!

目　　录

数字资源目录

1 绪 论

【内容提要】

　　本章主要内容包括混凝土结构的类型和体系,工程建设程序,工程设计各阶段的任务,结构设计的内容和要求等基本知识;结构的分析方法,结构设计步骤,框架柱、框架梁和楼板的施工图平法标注规则;本书的主要内容与课程特点。

【能力要求】

　　通过本章的学习,学生应了解混凝土结构的类型和体系,初步熟悉工程建设的程序、工程设计阶段和结构设计内容,明白结构分析的基本方法及适应条件,知道结构设计步骤,掌握施工图平法标注方法,能看懂建筑结构平法施工图。

1.1 混凝土结构的类型和体系

　　混凝土结构是以混凝土为主要材料建造的结构,是目前房屋建筑的主流结构,广泛应用于单层厂房、多层工业与民用建筑以及高层、超高层建筑。

1.1.1 混凝土结构的类型

　　混凝土结构根据钢筋的配置情况,分为素混凝土结构、钢筋混凝土结构和预应力混凝土结构三种类型。

　　(1) 素混凝土结构

　　无筋或不配受力钢筋、仅配置构造钢筋的混凝土,称为素混凝土。素混凝土因其抗拉能力很弱,故在房屋建筑工程中应用很少,偶见于以受压为主的构件,如支柱、基础等,也可见于卧置在地基上的受弯构件,如重力式挡土墙(护坡)。

　　(2) 钢筋混凝土结构

　　钢筋混凝土结构是在结构构件中配置普通受力钢筋和构造钢筋的混凝土结构。房屋的板、梁、墙、柱等承重构件,大多是由钢筋混凝土制作而成的。钢筋混凝土房屋结构的布置、设计计算和构造是本书的重点。

　　(3) 预应力混凝土结构

　　由配置受力的预应力筋通过张拉或其他方法建立预加应力的混凝土制成的结构,称为预应力混凝土结构。预应力混凝土可以保证在使用过程中结构或构件不出现裂缝或裂缝宽度很小,增加刚度,减小变形,满足使用要求。使用预应力混凝土结构有两个目的:一是抗裂;二是减小变形。当环境条件较差时,对耐久性要求较高,需严格限制裂缝,采用预应力混凝土结构能满足抗裂度的要求;大跨度结构或荷载较大的结构,在外力作用下挠度较大,采用钢筋混凝土结构通常不能满足或很难满足要求,而采用预应力混凝土结构时,可以提高刚度,减小变形。

　　混凝土建筑结构根据层数不同,又可分为单层混凝土建筑结构、多层混凝土建筑结构、高层混凝土建筑结构和超高层混凝土建筑结构四类。

（1）单层混凝土建筑结构

单层混凝土建筑结构仅一层，主要应用于单层工业厂房和仓库、实验室、食堂、礼堂等单层空旷房屋，一般由屋盖和钢筋混凝土柱组成。

（2）多层混凝土建筑结构

多层混凝土建筑结构指层数为 2~9 层或高度不超过 28 m 的住宅建筑，以及高度不超过 24 m 的其他民用建筑，主要应用于住宅、办公楼、商店、教学楼等民用建筑，也应用于轻工业厂房。

（3）高层混凝土建筑结构

高层混凝土建筑结构指层数为 10 层及 10 层以上或高度超过 28 m 的住宅建筑，以及高度大于 24 m 的其他民用建筑。随着国家城市化进程的加快，高层混凝土建筑结构在各大、中、小城市中大量涌现，成为经济繁荣和科技进步的象征。

（4）超高层混凝土建筑结构

超高层混凝土建筑结构的层数在 40 层及以上或高度超过 100 m。在人口众多、用地十分紧张的超大城市、特大城市中，超高层混凝土建筑结构越来越多，主要应用于金融、商贸中心等民用建筑。

建筑结构根据承重结构的空间位置不同，还可以分为水平承重结构、竖向承重结构和下部承重结构三类。其中水平承重结构和竖向承重结构因位于地面以上，故又称上部结构。水平承重结构由楼盖或屋盖、楼梯等组成，它要承受竖向荷载(恒载、活载)并将竖向荷载传递给墙或柱；竖向承重结构由墙、柱等竖向构件组成，承受水平承重结构传来的竖向荷载、自身竖向荷载和各种水平作用(如风荷载、地震作用等)。下部承重结构通常称为基础，它位于地面以下，承担竖向承重结构(上部结构)传来的荷载或作用，并将其扩散后传给地基，基础分浅基础(如独立基础、条形基础、十字形基础、筏形基础、箱形基础)和深基础(如桩基础、沉井基础、地下连续墙)两类。

1.1.2　混凝土结构的体系

任何建筑结构都是由水平构件和竖向构件组成的空间结构，它们不同的组成方式和传力途径，构成了不同的结构体系。水平构件包括梁、板，称为楼盖(屋盖)体系；竖向构件主要有柱、墙，在高层和超高层建筑中还可能布置斜撑等构件。

竖向荷载通过板→梁→柱→柱下基础→地基的顺序传递，或通过板→(梁)→墙→墙下基础→地基的途径传递。水平荷载的传力途径是墙面→楼盖(屋盖)→柱(或内墙)→柱下基础(或墙下基础)→地基。水平地震作用的传递途径是楼盖→柱、斜撑、墙→基础→地基。

从受力分析的角度来看，建筑结构所受力系属于空间力系，任何结构体系均属于空间结构体系。但是有些结构体系的受力可以简化为平面力系进行分析，按平面结构进行设计。混凝土结构体系可分为砖混结构、排架结构、框架结构、剪力墙结构、框架-剪力墙结构和筒体结构 6 类，各有其应用场合。

1.1.2.1　砖混结构

以两种或两种以上材料为主制作的结构称为混合结构，有砖木结构、砖混结构等类型。所谓砖混结构，就是砖墙、砖柱作为竖向承重结构，钢筋混凝土梁、板或预应力混凝土梁、板作为水平承重结构，下部结构(基础)可采用砖砌筑(无筋扩展基础)，也可采用钢筋混凝土基础(扩展基础)。砖混结构一般用于多层民用建筑，也可用于单层工业建筑。如图 1-1 所示为正在建造的某砖混结构宿舍楼,明显可见钢筋混凝土圈梁、钢筋混凝土过梁以及钢筋混凝土构造柱的设置位置和钢筋。

图 1-1 施工中的砖混结构

砖混结构的楼盖,可以是钢筋混凝土现浇楼盖,也可以是预制楼盖。预制楼盖可以是预制梁、预制板或现浇梁、预制板。因预制楼盖的整体性较差、抗震性能不好,加上预制板的耐火极限不如现浇板,所以淘汰预制板已是大势所趋,现浇钢筋混凝土楼盖(屋盖)将是砖混结构的主流。现浇钢筋混凝土楼盖(屋盖)的设计参见本书第 2 章。

1.1.2.2 排架结构

混凝土排架结构可以形成很大的建筑空间,多用于单层工业厂房。结构体系由排架柱、屋架或屋面大梁、基础、各种支撑等组成。其中排架柱为预制钢筋混凝土构件,屋架或屋面大梁通常为预制预应力混凝土构件,大型屋面板也为预制预应力混凝土板,基础为现浇杯形基础。如图 1-2 所示为施工中的单层厂房排架结构。

图 1-2 施工中的单层厂房排架结构

排架柱和屋面横梁或屋架构成平面排架,其中屋面横梁或屋架在柱顶处铰接,柱脚与基础刚接。横向柱列形成横向排架,纵向柱列形成纵向排架。排架结构承受结构竖向荷载和水平风荷载、水平地震作用。设计时可取出一榀排架按平面结构分析、设计,详见本书第3章。各榀排架由屋盖支撑和柱间支撑连接形成空间结构,保证结构构件在安装和使用阶段的稳定性和安全性。

1.1.2.3 框架结构

框架结构为水平构件(梁)和竖向构件(柱)通过刚性连接组成的刚架,柱脚与基础刚接。框架结构既要承受楼盖(屋盖)传来的竖向荷载,又要承受水平风荷载、水平地震作用。钢筋混凝土框架结构通常是采用整体现浇的方法建造,整体性和刚度都较大。

框架结构建筑平面布置灵活,施工简便,可以形成较大的使用空间,适应性强,较经济,在多层和高层建筑中应用较广泛,如图1-3所示。框架结构在水平荷载作用下的变形类型属于剪切型,侧向刚度相对较小,侧向变形或层间位移较大,其适用高度受到一定的限制。非抗震设计时,框架结构的最大适用高度为70 m;抗震设防烈度为6度、7度、8度和9度时,其最大适用高度分别为60 m、50 m、40 m和24 m。框架结构的设计计算可按平面结构简化,即沿横向或纵向取一榀框架进行分析计算,详见本书第4章。

图1-3 钢筋混凝土框架结构

1.1.2.4 剪力墙结构

结构中布置的钢筋混凝土墙体具有较大的承受侧向力(水平剪力)的能力,这种墙体称为剪力墙。利用剪力墙承担竖向荷载,抵抗水平风荷载、水平地震作用的结构称为剪力墙结构。剪力墙具有双重功能,既是承重构件,又是分隔、维护构件。剪力墙的空间整体性强,侧向刚度大,侧移小,有利于抗震,故又称为抗震墙。剪力墙结构的适用范围很大,常见于十几层至三十几层的高层建筑,更高的高层建筑也适用。非抗震设计时,可建造的高度为130~150 m。在水平荷载作用下,剪力墙的变形属于弯曲型,可按平面结构进行分析。

剪力墙的间距不大,平面布置不灵活(图1-4),通常用于旅馆、办公楼、住宅等小开间建筑。另外,剪力墙结构自重较大,施工较麻烦,造价较高。

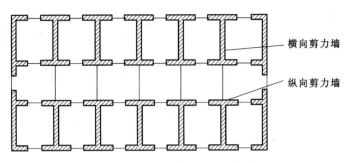

图 1-4 剪力墙结构的平面布置示例

1.1.2.5 框架-剪力墙结构

在框架结构中增设部分剪力墙,形成的结构体系称为框架-剪力墙结构,如图 1-5 所示。它兼具框架和剪力墙的优点,既能形成较大的空间,又具有较好的抵抗水平荷载的能力,因而在实际工程中应用较为广泛。20 层左右的高层建筑通常采用框架-剪力墙结构。

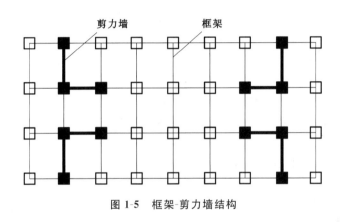

图 1-5 框架-剪力墙结构

1.1.2.6 筒体结构

筒体结构是一种空间筒状结构,整体性强、空间刚度大,抵抗水平作用的能力很强,适合于修建超高层建筑。筒体的形成有三种方式,分别为由剪力墙围成实腹筒、由密柱深梁围成框筒、由桁架围成桁架筒。框架和实腹筒组成框架-核心筒体系,实腹筒和框筒组成筒中筒体系,框筒和(或)桁架筒组成束筒体系。

1.2 混凝土结构设计的内容与要求

1.2.1 工程建设程序

工程建设程序是指工程项目从策划、评估、决策、勘察、设计、施工到竣工验收、交付使用或投入生产的整个建设过程中,各项工作必须遵循的先后次序。工程建设可分为七个阶段,即策划决策阶段、勘察设计阶段、建设准备阶段、施工阶段、生产准备阶段、竣工验收阶段和考核评价阶段。此七个阶段次序不能任意颠倒,但可以合理交叉。

（1）策划决策阶段

策划决策阶段是项目的前期工作阶段,主要工作内容是编写项目建议书和可行性研究报告。项目建议书是建设单位提出的某一具体项目的建议文件(立项申请),是对拟建项目的框架设想,也是政府选择项目和编写可行性研究报告的依据。可行性研究报告针对项目进行技术经济论证,并对投资进行估算。对于政府投资项目,实行审批制,即需审批项目建议书和可行性研究报告;对于企业不使用政府投资的项目,按不同情况实行核准制和登记备案制。

（2）勘察设计阶段

岩土工程勘察是岩土工程的基础性工作,也是项目设计和施工前的一项非常重要的工作,它为项目的选址决策、地基基础设计和施工提供基本资料(或参数)。岩土工程勘察是分阶段进行的,根据工程项目推进的先后,可以分为可行性研究勘察(配合项目选址)、初步勘察(对地段稳定性的评价)、详细勘察(配合施工图设计)和施工勘察(解决与施工有关的岩土工程问题)四个阶段。

设计一般分为三个阶段设计,即方案设计、初步设计和施工图设计。设计时还需要做好项目估算、概算和预算,这是确定工程投资的依据。

（3）建设准备阶段

建设准备阶段的工作应包括组建项目法人、征地、拆迁、"三通一平"至"七通一平";组织材料、设备订货;办理建设工程质量监督手续;委托工程监理;准备必要的施工图纸;组织施工招投标,确定施工单位;办理施工许可证等。具备施工条件后,建设单位方可申请开工。

（4）施工阶段

工程项目具备开工条件并取得施工许可证后方可开工建设。建筑工程的开工时间以基坑正式破土或正式打桩为准,由此开始计算工期;铁路、公路、水利工程等以开始进行土石方工程的日期作为正式开工时间。

项目施工期间,要确保质量、工期及安全。

（5）生产准备阶段

对于生产性建设项目(比如厂房、车间、物流园区等),在竣工投产前,建设单位应有计划地做好生产前的准备工作,包括招收、培训工人,组织人员参加设备的安装、调试,落实原材料的供应,组建管理机构,完善规章制度等。

（6）竣工验收阶段

竣工验收是项目质量控制的最后一环,只有竣工验收合格以后,项目才能交付使用。同时,竣工验收合格后,建设单位才能编制竣工决算。

（7）考核评价阶段

工程项目考核评价是在项目竣工投产、生产运营一段时间后,再对项目的立项决策、设计施工、竣工投产、生产运营等全过程进行系统评价的一项技术活动,是固定资产管理的一项重要内容,也是固定资产投资管理的最后一个环节。

一般工程建设的基本流程是:选址规划定点→主管部门批准→取得土地使用权→计划部门立项→规划设计和审查→地质勘查与方案图设计→报建取得初设方案批文→施工图设计→施工图送审、备案→工程施工招标→签订工程施工合同→完成工程施工交易→委托监理办理建设用地、工程规划许可证→办理质安监督→委托白蚁防治→施工合同备案→工程施工许可证→施工开工入场→工程规划定位放线→建设施工→工程验收备案。

1.2.2 工程设计阶段

工程设计是指根据建设单位的要求,对建设工程所需的技术、经济、资源、环境等条件进行综合分析、论证,编制工程设计文件的活动。根据住房和城乡建设部组织编制的《建筑工程设计文件编制深度规定(2016 年版)》,建筑工程设计一般分为方案设计、初步设计和施工图设计三个阶段。

(1)方案设计阶段

方案设计阶段的设计文件应满足编制初步设计文件的需要,满足方案审批或报批的需要。方案设计文件包括设计说明书,投资估算文件,设计图纸、模型等。

设计说明书通常由以下构成:设计依据、设计要求及主要技术经济指标,总平面设计说明,建筑设计说明,结构设计说明,建筑电气设计说明,给水排水设计说明,供暖通风与空气调节设计说明,热能动力设计说明。投资估算文件一般由编制说明、总投资估算表、单项工程综合估算表、主要技术经济指标等内容组成。方案设计图纸应包含总平面图、建筑设计图、各专业设计图,以及热能动力设计图(当项目为城市区域供热或区域燃气调压站时须提供)。同时,还应有设计委托中规定的透视图、鸟瞰图、模型等。

(2)初步设计阶段

初步设计阶段的设计文件应满足编制施工图设计文件的需要,还应满足初步设计审批的需要。

初步设计文件由设计说明书(设计总说明、各专业设计说明)、相关专业的设计图纸、主要设备或材料表、工程概算书和相关专业计算书五部分组成。其中计算书不属于必须交付的设计文件,但应按相关条款的要求编制。

(3)施工图设计阶段

施工图设计的目的在于指导建筑安装的施工以及设备、构配件、材料的采购和非标准设备的加工制造,并明确建设工程的合理使用年限。施工图是工程施工或建造、工程监理的重要依据,一经审查批准,不得擅自进行修改,如需变更,应履行相应手续。

施工图设计是把工程和设备各构成部分尺寸、布置和主要施工做法等绘成详细图纸(蓝图),并配以必要的文字说明的详细设计。建筑工程施工图设计阶段的主要文件有:

① 全套建筑、结构、给排水、供热制冷通风、电气的施工图(平面图、立面图、剖面图、构造详图)和相应的设计说明、计算书,满足施工需要;

② 主要结构用材料与装饰用材料、半成品、构配件品种和数量以及所需设备清单,满足订货的需要;

③ 编制总预算,提出与工程项目总进度相符的分年度资金计划;

④ 协助建设单位编制建筑施工的招标控制价,满足工程招标文件的需要。

1.2.3 结构设计的内容

结构设计包括上部结构设计和下部结构设计两个方面。

上部结构设计首先应依据建筑设计来确定结构体系,选用合适的材料和强度等级,进行结构平面布置,并根据经验初步确定构件尺寸;其次给出结构计算简图,计算作用于结构上的各种作用或荷载,进行结构内力计算;最后进行荷载效应组合和构件截面设计(配筋计算,构造措施)。

下部结构设计就是设计基础,应根据岩土工程勘察报告、上部结构传来的荷载效应等确定基础形式、材料强度等级,拟定基础底面尺寸、截面形式和高度,并验算地基承载力和变形,计算基础内力和配置钢筋。

总而言之,为了满足建筑方案并从根本上保证结构安全,不仅要对构件进行设计,而且还应对整个结构体系进行设计。结构设计内容概括如下:

① 结构方案设计,包括结构选型、构件布置以及传力途径;

② 作用及作用效应分析;

③ 结构的极限状态设计;

④ 结构及构件的构造、连接措施;

⑤ 耐久性及施工的要求;

⑥ 满足特殊要求结构的专门性能设计。

1.2.4　结构设计的要求

国家规范和标准对结构设计从方法、作用计算、等级到使用年限、施工等方面都提出了要求。

（1）结构设计方法

结构设计采用以概率理论为基础的极限状态设计方法,以可靠指标度量结构的可靠度,采用分项系数的设计表达式进行设计,详见先修课程"混凝土结构基本原理"。

（2）作用计算

结构上的直接作用又称为荷载,永久荷载和各种可变荷载的量值应按《建筑结构荷载规范》(GB 50009—2012)(以下简称《荷载规范》)及相关标准确定;地震作用应按《建筑抗震设计标准(2024年版)》(GB/T 50011—2010)的规定确定,根据结构类型的不同,可采用底部剪力法、振型分解反应谱法、时程分析法计算地震作用标准值;温度作用和偶然荷载(爆炸力、撞击力)按《荷载规范》确定。

另外,直接承受吊车荷载的结构构件应考虑吊车荷载的动力系数,对悬挂吊车(包括电动葫芦)及工作级别为 A1～A5 的软钩吊车,动力系数可取 1.05;对工作级别为 A6～A8 的软钩吊车、硬钩吊车和其他特种吊车,动力系数可取 1.1。预制构件制作、运输及安装时应考虑相应的动力系数,一般可取 1.1～1.3。对现浇结构,必要时应考虑施工阶段的荷载。

（3）结构设计中的等级、类别

结构的安全等级分为一级、二级和三级。结构设计时应根据结构破坏可能产生的后果的严重性,采用不同的安全等级。对重要的结构,安全等级应取为一级;对一般的结构,安全等级宜取为二级;对次要的结构,安全等级可取为三级。工程结构中各类结构构件的安全等级,宜与结构的安全等级相同,对其中部分结构构件的安全等级,可根据重要程度适当调整。对于结构中的重要构件和关键传力部位,宜适当提高其安全等级。安全等级在设计计算中体现在结构重要性系数 γ_0 的取值上。

建筑抗震设防分类可将建筑分为特殊设防类、重点设防类、标准设防类和适度设防类共四类,分别简称甲类、乙类、丙类和丁类。房屋建筑结构抗震设计中的甲类建筑和乙类建筑,其安全等级宜规定为一级;丙类建筑,其安全等级宜规定为二级;丁类建筑,其安全等级宜规定为三级。钢筋混凝土结构根据设防类别、烈度、结构类型和房屋高度的不同,其抗震等级可分为一级、二级、三级和四级。

根据地形复杂程度、建筑物规模和功能特征以及由于地基问题可能造成建筑物破坏或影响正常使用的程度,将地基基础设计和桩基设计分为甲级、乙级和丙级三个设计等级。

（4）设计使用年限

各类建筑结构的设计使用年限应根据《工程结构可靠性设计统一标准》(GB 50153—2008)的规定,可取用 5a、25a、50a 和 100a。相应的可变荷载考虑设计使用年限的调整系数取值和耐久性设计措施均应依据设计使用年限确定。改变用途和使用环境(如超载使用、增加开洞、改变使用功能、使用环境恶化等)的行为,均会影响结构的安全性和使用年限。因此,设计时应明确结构的用途,在设计使用年限内未经技术鉴定或设计许可,不得改变结构的用途和使用环境。

(5)施工要求

混凝土结构设计应考虑施工技术水平以及实际工程条件下的可行性。有特殊要求的混凝土结构,应提出相应的施工要求。

1.3 结 构 分 析

结构分析是在确定结构方案以后,选取合理的计算单元与计算简图,求出结构构件控制截面的最不利内力和结构的变形量,为截面设计提供基本参数。

1.3.1 结构分析的基本原则

结构分析应遵循以下基本原则。

(1)整体分析与局部分析

在所有情况下均应对结构的整体进行受力分析。结构中的重要部位、刚度突变以及内力和变形有异常变化的部位(如较大孔洞周围、节点及其附近、支座和集中荷载附近等),必要时应另作更详细的局部分析。

对结构的两种极限状态进行结构分析时,应采用相应的作用组合。

(2)最不利作用组合

当结构在施工和使用期间的不同阶段有多种受力状态时,应分别进行结构分析,并确定其最不利的作用组合(荷载组合)。

结构可能遭遇火灾、飓风、爆炸、撞击等偶然作用时,还应按照国家现行有关标准的要求进行相应的结构分析,同时确定最不利作用组合。

(3)模型符合实际

结构分析应以结构的实际工作状况和受力条件为依据。结构分析所采用的计算简图、几何尺寸、计算参数、边界条件、结构材料性能指标以及构造措施等应符合实际工作状况。结构上可能的作用及其组合、初始应力和变形状况等,应符合结构的实际状况。结构分析中所采用的各种近似假定和简化,应有理论、试验依据或经工程实践验证;计算结果的精度应符合工程设计的要求。

(4)符合基本方程

结构分析均应符合静力关系、几何关系和物理关系三类基本方程。静力关系即必须满足平衡方程;几何关系即应在不同程度上满足变形协调条件;物理关系即需合理地选用应力-应变关系(或本构关系)。

(5)软件的考核验证

结构分析所采用的计算软件应经考核和验证,其技术条件应符合《混凝土结构设计标准(2024年版)》(GB/T 50010—2010)和国家现行有关标准的要求。应对分析结果进行判断和校核,在确认其合理、有效后方可应用于工程设计。

1.3.2 结构分析方法

结构分析时,应根据结构类型、材料性能和受力特点等选择不同的分析方法。结构分析方法有弹性分析方法、塑性内力重分布分析方法、弹塑性分析方法、塑性极限分析方法和试验分析方法。

（1）弹性分析方法

弹性分析方法是目前最基本和最成熟的结构分析方法,也是其他分析方法的基础和特例。该方法假定结构材料为理想的弹性体,且应力和应变之间满足线性关系,其力学基础是结构力学和弹性力学,适用于结构正常使用极限状态和承载能力极限状态作用效应的分析。大部分混凝土结构的设计均以此法为基础。

弹性分析方法在计算结构构件的刚度时,混凝土的弹性模量按相关规范取值,截面惯性矩按均质混凝土全截面计算,既不计钢筋的换算面积,也不扣除预应力筋孔道等的面积。

此法将结构内力的弹性分析和截面承载力的极限状态设计相结合,实用且简单可行。按此方法设计的结构,其承载力一般偏于安全。少数结构因混凝土开裂部分的刚度减小而发生内力重分布,可能会影响其他部分的开裂和变形。考虑到混凝土结构开裂后刚度的减小,对梁、柱构件可分别采取不同的刚度折减值,且不再考虑刚度随作用效应而变化。在此基础上,结构的内力和变形仍可采用弹性方法进行分析。

（2）塑性内力重分布分析方法

超静定混凝土结构在出现塑性铰的情况下,会发生内力重分布,即塑性铰处极限弯矩不变,其余截面的内力会随作用的增大而增大。利用这一特点进行构件截面之间的内力调幅,可以达到简化构造、节约配筋的目的。弯矩调幅法是钢筋混凝土超静定结构考虑塑性内力重分布分析方法中的一种,因其计算简单,在我国广泛采用,详见本书相关章节。

混凝土连续梁和连续单向板,可采用塑性内力重分布法进行分析。重力荷载作用下的框架结构、框架-剪力墙结构中的现浇梁以及双向板等,经弹性分析求得内力后,可对支座或节点弯矩进行适度调幅(减小或折减),并确定相应的跨中弯矩(按内力分布规律予以增大)。

由塑性内力重分布分析方法设计的结构和构件,还应满足正常使用极限状态的要求或采用有效的构造措施。对于直接承受动力荷载的构件,以及要求不出现裂缝或处于三 a、三 b 类环境中的结构,不应采用考虑塑性内力重分布的分析方法。

（3）弹塑性分析方法

弹塑性分析方法的理论基础是弹性力学和塑性力学,它以钢筋和混凝土的实际力学性能为依据,引入相应的应力-应变关系后,可进行结构受力全过程分析,而且还可以较好地解决各种体形和受力复杂结构的分析问题。但是,这种分析方法比较复杂,计算工作量大,各种非线性本构关系还不够完善和统一,其应用范围有限。目前,弹塑性分析方法主要应用于重要、复杂结构工程的分析和罕遇地震作用下的分析。

进行弹塑性分析时,结构各部分的尺寸、截面配筋以及材料性能指标都必须预先设定,并应根据实际情况采用不同的离散尺度,确定相应的本构关系(应力-应变关系、弯矩-曲率关系、内力-变形关系)。在确定作用效应时,叠加原理不成立,需首先进行作用组合,并考虑结构重要性系数,然后方可进行结构分析。

（4）塑性极限分析方法

塑性极限分析方法又称塑性分析方法或极限平衡法,其理论基础是塑性力学中的塑性极限平衡(包括上限定理、下限定理)。工程实践经验证明,按该方法进行计算和构造设计,简便易行,可保证结构的安全。

对不承受多次重复荷载作用的混凝土结构,当有足够的塑性变形能力时,可采用塑性极限分析方法进行结构的承载力计算,同时还应满足正常使用的要求。承受均布荷载作用的周边支承的双向矩形板,可采用塑性铰线法或条带法等塑性极限分析方法进行承载能力极限状态的分析与设计。

（5）试验分析方法

试验分析方法就是对实际结构进行现场加荷测试或对模型结构在实验室内进行加荷测试,得到结构不同部位的应力、应变、位移、裂缝分布和裂缝宽度等参数,并可测定结构破坏时的极限承载能力（或极限荷载）。

当结构或其部分的体形不规则或受力状态复杂,无恰当的简化分析方法时,可采用试验分析方法。

1.4 结构设计步骤

结构设计是在建筑设计的基础上进行的,由结构工程师负责实施,同时还和其他专业设计相互关联。结构设计需要确定结构受力体系和主要技术参数,通过计算确定主要构件的截面和配筋,并采取合理的构造措施,以满足安全性、适用性和耐久性的功能要求。结构设计的步骤可以概括为:结构设计准备工作、确定结构方案、结构布置和结构计算简图、结构构件设计计算、设计成果整理等。

1.4.1 结构设计准备工作

结构设计之前应了解工程背景,明确建筑规模、层数、层高和功能要求,熟悉建筑场地的岩土工程勘察报告、抗震设防烈度,搜集设计参考资料。

准备工作中需要制订设计工作计划,包括具体的工作内容、设计进度、设计深度（初步设计和施工图设计的深度要求不同）。

1.4.2 确定结构方案

所谓结构方案,就是结构形式和结构体系。确定结构方案,就是配合建筑设计的功能和造型要求,综合所选结构材料的特性,从结构受力、安全、经济以及地基基础和抗震等条件出发,确定合理的结构形式和结构体系。对混凝土建筑结构而言,结构方案的确定主要包括确定上部竖向承重结构、楼盖（屋盖）结构和基础的形式,结构缝设计,结构构件的连接等方面的内容。

（1）结构方案的一般要求

灾害调查和事故分析表明,结构方案对建筑物的安全起着决定性作用。在与建筑方案协调时应考虑结构体形（高宽比、长宽比）适当,传力途径和构件布置能够保证结构的整体稳固性,避免因局部破坏引发结构连续倒塌。混凝土结构的设计方案应符合下列要求:

① 选用合理的结构体系、构件形式和布置;

② 结构的平面、立面布置宜规则,各部分的质量和刚度宜均匀、连续;

③ 结构传力途径应简捷、明确,竖向构件宜连续贯通、对齐;

④ 宜采用超静定结构,重要构件和关键传力部位应增加冗余约束或有多条传力途径;

⑤ 宜采取减小偶然作用影响的措施。

（2）结构缝设计

结构缝包括伸缩缝、沉降缝、防震缝、构造缝、防连续倒塌的分割缝等。结构设计时,通过设置结构缝将结构分割为若干相对独立的单元。不同类型的结构缝是为了消除下列不利因素的影响,以达到结构防震,防止连续倒塌的效果:混凝土收缩、温度变化引起的胀缩变形,基础不均匀沉降,刚度及质量突变,局部应力集中等。除永久性的结构缝以外,还应考虑设置施工接槎、后浇带、控制缝等临时性的缝以消除某些暂时性的不利影响。

结构缝的设置应考虑对建筑功能(如装修观感、止水防渗、保温隔声等)、结构传力(如结构布置、构件传力)、构造做法和施工可行性等造成的影响。同时,还应遵循"一缝多能"的设计原则,控制结构缝的数量,采取有效措施减少设缝对使用功能的不利影响。

(3)结构构件的连接

结构构件的可靠连接是保证有效传力并使结构形成整体的关键措施。结构构件连接的基本要求是:连接部位的承载力应保证被连接构件之间的传力性能;当混凝土构件与其他材料构件连接时,应采取可靠措施;考虑构件变形对连接节点及相邻结构或构件造成的影响。

1.4.3 结构布置和结构计算简图

结构布置就是在结构方案的基础上,确定各结构构件之间的相关关系,确定结构的传力途径,并初步拟定结构的全部尺寸。尺寸的拟定需要凭借以往的经验,有时候需要反复几次才能最后确定,没有唯一性,带有试探性。

计算简图是根据传力途径对实际结构的简化(包括杆件简化、支座和节点简化、作用或荷载简化)形成的力学计算模型或受力分析图。计算简图宜根据结构的实际形状、构件的受力和变形状况、构件间的连接和支承条件以及各种构造措施等,做出合理的简化后确定。混凝土结构的计算简图宜按下列方法确定:

① 梁、柱、杆等一维构件的轴线宜取截面几何中心的连线,墙、板等二维构件的中轴面(中面)宜取截面中心线组成的平面或曲面。

② 现浇结构和装配整体式结构的梁柱节点、柱与基础连接处等可作为刚接;非整体浇筑的次梁两端及板跨两端可近似作为铰接。

③ 梁、柱等杆件的计算跨度或计算高度可按其两端支承长度的几何中心距或净距确定,并应根据支承节点的连接刚度或支承反力的位置加以修正。

④ 梁、柱等杆件间连接部分的刚度远大于杆件中间截面的刚度时,在计算模型中可作为刚域处理。

进行结构整体分析时,对于现浇结构或装配整体式结构,可假定楼盖在其自身平面内为无限刚性。当楼盖开有较大洞口或其局部会产生明显的平面内变形时,在结构分析中应考虑其影响。

1.4.4 结构构件设计计算

对于梁、板构件,以跨中截面和支座截面为控制截面;对于柱类构件,以柱端截面为控制截面。对结构进行分析,求出各构件控制截面组合的最不利内力。

根据构件控制截面的最不利内力,按承载力极限状态,对构件进行正截面承载力计算(配置纵向受力钢筋)、斜截面承载力计算(复核截面尺寸、配置箍筋、弯起钢筋);并按正常使用极限状态的要求,验算受弯构件的挠度,验算受弯构件、受拉构件和大偏心受压构件的最大裂缝宽度。

除了计算设计以外,还必须满足各种构造要求。构造设计和计算设计一样重要。构造设计主要是指除计算所需之外的钢筋如分布钢筋、架立钢筋、纵向构造钢筋(腰筋)等的设置,以及钢筋的锚固、构件支承条件的正确实现、箍筋加密等方面的要求。

1.4.5 设计成果整理

结构设计的成果主要有结构方案设计说明书、结构设计计算书和结构设计图纸。

（1）结构方案设计说明书

结构方案设计说明书应对所确定的方案进行说明，主要包括选择目前方案的原因或理由、与其他结构方案的技术经济指标的比较。

（2）结构设计计算书

结构设计计算书应包括平面布置简图和计算简图、荷载的大小和作用方式、计算方法、公式和图表；采用电脑计算时，应指明所使用的软件名称及代号，给出所建立的计算模型、荷载简图、原始数据，电算结果应整理成册，与其他计算书一并归档。

（3）结构设计图纸

结构设计的最后结果，必须以结构施工图（简称结施图）的形式反映出来。建筑结构施工图通常包括图纸目录、设计说明、基础平面图、基础详图、结构平面布置图、构件配筋图（可采用平法标注）、节点构造详图、其他图纸（如楼梯结构平面布置剖面图、楼梯配筋图等）。

1.5　施工图的平法标注

1.5.1　平法标注概述

混凝土结构施工图平面整体表示方法，简称平法。施工图平法标注就是把结构构件的尺寸和配筋等，按照平面整体表示方法制图规则，整体直接表达在各类构件的结构平面布置图上，再与标准构造详图相配合，即构成一套完整的结构设计。其特点表现为平面表示和整体标注两个方面。平法系列图集包括：

①《混凝土结构施工图平面整体表示方法制图规则和构造详图（现浇混凝土框架、剪力墙、梁、板）》（22G101-1）；

②《混凝土结构施工图平面整体表示方法制图规则和构造详图（现浇混凝土板式楼梯）》（22G101-2）；

③《混凝土结构施工图平面整体表示方法制图规则和构造详图（独立基础、条形基础、筏形基础、桩基础）》（22G101-3）。

平法设计改变了传统的那种将构件从结构平面布置图中索引出来，再逐个绘制配筋详图、画出钢筋表的烦琐方法，使结构施工图的数量大大减少。该法将结构设计中的创造性部分，用平法表达，形成结构施工图；同时，将结构设计中的重复性部分，做成标准化的节点构造。利用结构设计的施工图，再加上一套标准图集，就可进行结构施工。

施工图平法标注始于20世纪90年代中期，减少了绘图量，极大地提高了结构设计的效率，因而受到设计部门的推崇，是目前建筑结构施工图设计的主流方法。本节简要介绍柱、梁、板的平法标注规则。

1.5.2　柱平法标注规则

框架柱是竖向构件，平面布置图中柱网（轴网）尺寸和构件截面尺寸以毫米（mm）为单位，标高以米（m）为单位。对于框架-剪力墙结构，柱平面布置图通常与剪力墙平面布置图合并绘制。结构层楼面标高与结构层高在单项工程中必须统一，以保证基础、柱与墙、梁、板等用同一标准竖向定位。结构层楼面标高是指将建筑图中的各层楼面标高值扣除建筑面层及垫层做法的厚度后的标高。

柱平法的注写方式分为列表注写方式和截面注写方式两种，实际应用中以列表注写方式更为普遍。

1.5.2.1 列表注写方式

列表注写方式是在柱平面布置图上，分别在同一编号的柱中选择一个（有时需选择几个）截面标注几何参数代号，在柱表中注写柱号、柱段起止标高、几何尺寸（含柱截面对轴线的偏心情况）与配筋的具体数值，并配以各种柱截面形状及箍筋类型图的方式，来表达柱平法施工图，如图 1-6 所示。

柱平法施工图列表注写方式由平面图、柱截面类型图、箍筋类型图、柱表、结构层楼面标高及结构层高等内容组成。其中柱表注写内容通常包括柱编号、柱标高、柱截面尺寸、柱纵筋和柱箍筋等。

（1）柱编号

柱的编号由类型代号和顺序号组成。柱的类型代号如下：框架柱为 KZ，框支柱为 KZZ，芯柱为 XZ，梁上柱为 LZ，剪力墙上柱为 QZ；柱的顺序号按 1,2,3,… 递增方式排序。例如 KZ1 表示框架柱 1 号，KZ2 表示框架柱 2 号。

编号相同的柱子，高度、截面尺寸、配筋和截面偏心尺寸等参数都完全相同。当柱的总高、分段截面尺寸和配筋均对应相同，仅截面与轴线的关系不同时，仍可将其编为同一柱号，但应在图中注明截面与轴线的关系。

（2）柱标高

自柱根部位往上以变截面位置或截面未变但钢筋改变处为分界，分段注写标高。框架柱和框支柱的根部标高是指基础顶面标高，芯柱的根部标高是指根据结构实际需要而定的起始位置标高，梁上柱的根部标高是指梁顶面标高，剪力墙上柱的根部标高则是指墙顶面标高。

（3）柱截面尺寸

对于矩形截面柱，注写截面尺寸 $b×h$ 及与轴线关系的几何参数（框架柱的偏中尺寸）b_1、b_2 和 h_1、h_2 的具体数值，其中 $b=b_1+b_2$，$h=h_1+h_2$。当截面的某一边收缩变化至与轴线重合或偏到轴线的另一侧时，b_1、b_2、h_1、h_2 中某项为零或负值。

对于圆柱，表中 $b×h$ 一栏改用圆柱直径数字前加 d 表示。为表达简单，圆柱截面与轴线的关系也用 b_1、b_2 和 h_1、h_2 表示，并使 $d=b_1+b_2=h_1+h_2$。

对于芯柱，根据结构需要，可以在某些框架柱的一定高度范围内，在其内部的中心位置设置（分别引注其柱编号）。芯柱截面尺寸按构造确定，并按标准构造详图施工，设计不需注写；当设计者采用与标准构造详图不同的做法时，应另行注明。芯柱的定位轴线随框架柱，不需要注写其与轴线的几何关系。

（4）柱纵筋

当柱纵筋直径相同，各边根数也相同时（包括矩形柱、圆柱和芯柱），将纵筋注写在"全部纵筋"一栏中，除此之外，柱纵筋按角筋、截面 b 边中部筋和截面 h 边中部筋三项分别注写（对于采用对称配筋的矩形截面柱，可仅注写一侧中部纵筋，对称边省略不注）。

值得注意的是，柱表中对柱角筋、截面 b 边中部筋和截面 h 边中部筋三项分别注写是必要的，因为这三种纵筋的规格有可能不相同。如图 1-6 所示的示例图中框架柱 1 号（KZ1），从柱根部到 19.470 m 标高处，纵筋共 24Φ25，纵筋每边根数相同，均为 7Φ25；在标高 19.470~59.070 m 的柱段，角筋为 4Φ22，b 边一侧中部筋为 5Φ22，h 边一侧中部筋为 4Φ20。

（5）柱箍筋

箍筋类型及箍筋肢数，在"箍筋类型号"一栏内注写，当为抗震设计时，箍筋肢数要满足对柱纵筋"隔一拉一"以及箍筋肢距的要求。

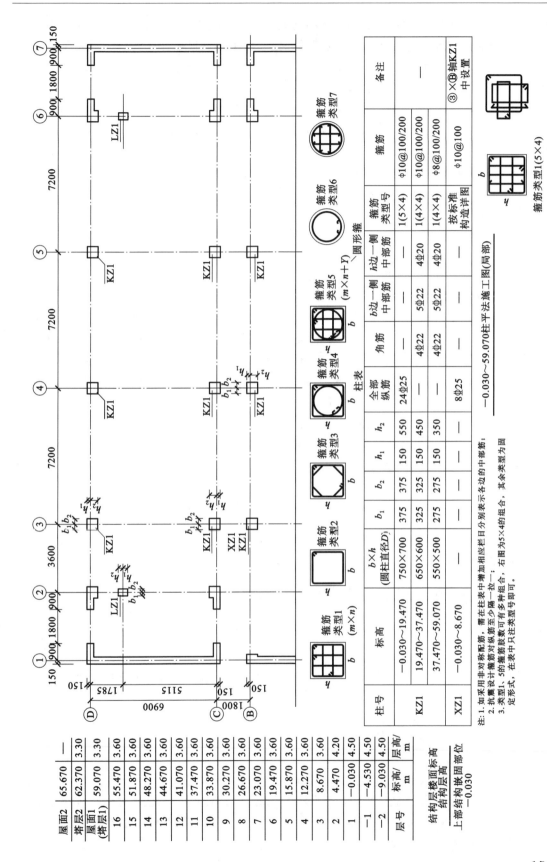

图 1-6 柱平法施工图列表注写方式示例

注:1. 如采用非对称配筋,需在柱表中增加注写各边中部筋;
2. 抗震设计时箍筋对纵筋至少隔一拉一;
3. 类型1、5的箍筋肢数可有多种组合,右图为5×4的组合,其余类型为固定形式,在表中只注类型号即可。

柱表

柱号	标高	$b \times h$ (圆柱直径D)	b_1	b_2	h_1	h_2	全部纵筋	角筋	b边一侧 中部筋	h边一侧 中部筋	箍筋类型号	箍筋	备注
KZ1	−0.030~19.470	750×700	375	375	150	550	24Φ25	—	—	—	1(5×4)	Φ10@100/200	—
	19.470~37.470	650×600	325	325	150	450	—	4Φ22	5Φ22	4Φ20	1(4×4)	Φ10@100/200	
	37.470~59.070	550×500	275	275	150	350	—	4Φ22	5Φ22	4Φ20	1(4×4)	Φ8@100/200	
XZ1	−0.030~8.670						8Φ25	—	—	—	按标准构造详图	Φ10@100	③×⑧轴KZ1 中设置

−0.030~59.070柱平法施工图(局部)

箍筋类型1(5×4)

箍筋类型1 (m×n)

箍筋类型2

箍筋类型3

箍筋类型4

箍筋类型5 (m×n+Y)

箍筋类型6 圆形箍

箍筋类型7

屋面2	65.670	—
塔层2	62.370	3.30
屋面1 (塔层1)	59.070	3.30
16	55.470	3.60
15	51.870	3.60
14	48.270	3.60
13	44.670	3.60
12	41.070	3.60
11	37.470	3.60
10	33.870	3.60
9	30.270	3.60
8	26.670	3.60
7	23.070	3.60
6	19.470	3.60
5	15.870	3.60
4	12.270	3.60
3	8.670	3.60
2	4.470	4.20
1	−0.030	4.50
−1	−4.530	4.50
−2	−9.030	4.50
层号	标高/ m	层高/ m

结构层楼面标高
结构层高
上部结构嵌固部位 −0.030

在"箍筋"一栏中注写箍筋的钢筋级别、直径与间距。当为抗震设计时,用斜线"/"区分柱端箍筋加密区与柱身非加密区长度范围内箍筋的不同间距。施工人员根据标准构造详图的规定,在规定的几种长度值中取其最大者作为加密区长度。当框架节点核心区内箍筋与柱端箍筋设置不同时,应在括号中注明核心区内箍筋直径及间距。

当箍筋沿柱全高只有一种间距时,则不用斜线"/";当圆柱采用螺旋箍筋时,需在箍筋前加"L"。

如图 1-6 所示的框架柱 KZ1,箍筋类型为 1,矩形箍,标高一0.03019.470 m,5×4 肢,箍筋级别为 HPB300,直径为 10 mm,加密区间距为 100 mm,非加密区间距为 200 mm;标高 19.470~37.470 m,4×4 肢,箍筋级别为 HPB300,直径为 10 mm,加密区间距为 100 mm,非加密区间距为 200 mm;标高 37.470~59.070 m,4×4 肢,箍筋级别为 HPB300,直径为 8 mm,加密区间距为 100 mm,非加密区间距为 200 mm。

1.5.2.2 截面注写方式

截面注写方式是在柱平面布置图的柱截面上,分别在同一编号的柱中选择一个截面,以直接注写截面尺寸和配筋具体数值的方式来表达柱平法施工图,如图 1-7 所示。

从相同编号的柱中选择一个截面,按另一种比例原位放大绘制柱截面配筋图,并在各配筋图上继其编号后再注写截面尺寸 $b×h$、角筋或全部纵筋(当纵筋采用一种直径且能够图示清楚时)、箍筋的具体数值,以及在柱截面配筋图上标注柱截面与轴线的关系 b_1、b_2、h_1、h_2 的具体数值。

当纵筋采用两种直径时,需要注写截面各边中部筋的具体数值(对于采用对称配筋的矩形截面柱,可仅在一侧注写中部筋,对称边省略不注)。

当在某些框架柱的一定高度范围内,在其内部的中心设置芯柱时,应对其进行编号,在其编号之后注写芯柱的起止标高、全部纵筋及箍筋的具体数值,芯柱截面尺寸按构造确定,并按标准构造详图施工,设计时不注写;当设计者采用不同的做法时,应另行注明。芯柱定位随框架柱,不需要注写其与轴线的几何关系。

在截面注写方式中,如柱的分段截面尺寸和配筋均相同,仅截面与轴线的关系不同时,可将其编为同一柱号,但此时应在未画配筋的柱截面上注写柱截面与轴线关系的具体尺寸。

1.5.3 梁平法标注规则

梁平法的注写方式有平面注写方式和截面注写方式两种。一般施工图采用平面注写方式,较少采用截面注写方式。

1.5.3.1 平面注写方式

梁平法的平面注写方式,是在梁的平面布置图上,分别在不同编号的梁中各选择一根梁,在其上注写截面尺寸和配筋具体数值的方式来表达梁平法施工图。

平面注写包括集中标注和原位标注,如图 1-8 所示。集中标注表达梁的通用数值,原位标注表达梁的特殊数值。施工时,原位标注取值优先。

(1)梁的集中标注

① 梁编号必须注写。梁编号由梁类型代号、序号、跨数及有无悬挑代号组成。其中,梁的类型代号为:楼层框架梁 KL、屋面框架梁 WKL、框支梁 KZL、非框架梁 L、纯悬挑梁 XL、井字梁 JZL。悬挑代号为:一端有悬挑 A、两端有悬挑 B。悬挑部分不计入跨数,跨数和 A 或跨数和 B 注写在括号内,若无悬挑则括号内仅写跨数。

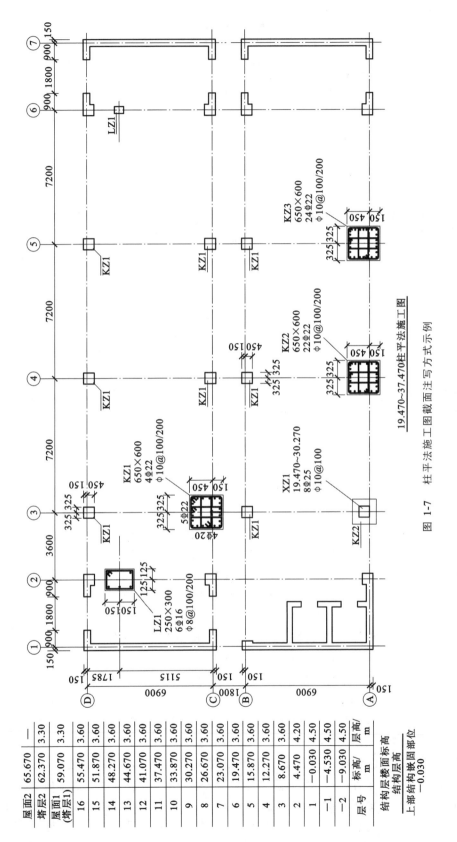

图 1-7 柱平法施工图注写方式示例

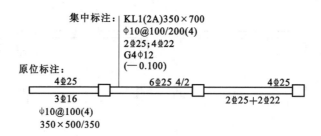

图 1-8　梁平法平面注写方式

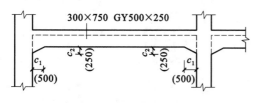

图 1-9　竖向加腋梁截面注写

② 梁截面尺寸必须注写。当为矩形截面梁时,用"$b×h$"表示;当为竖向加腋梁时,用"$b×h\ GYc_1×c_2$"表示,其中 c_1 为腋长,c_2 为腋高,如图 1-9 所示;当为水平加腋梁时,一侧加腋用"$b×h\ PY\ c_1×c_2$"表示,其中 c_1 为腋长,c_2 为腋宽,加腋部位应在平面图中绘制,如图 1-10 所示;当有悬挑梁并且根部和端部高度不同时,用斜线"/"分隔根部与端部的高度,即"$b×h_1/h_2$",如图 1-11 所示。

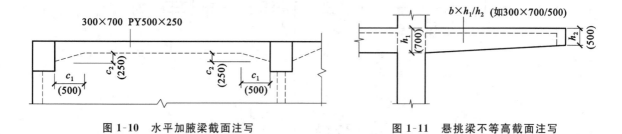

图 1-10　水平加腋梁截面注写　　　　　　图 1-11　悬挑梁不等高截面注写

③ 梁的箍筋必须注写。箍筋包括钢筋级别、直径、加密区与非加密区间距及肢数。箍筋加密区与非加密区的不同间距及肢数需用斜线"/"分隔;当梁箍筋为同一种间距及肢数时,则不需用斜线;当加密区与非加密区的箍筋肢数相同时,则将肢数注写一次;加密区范围见相应抗震等级的标准构造图。例如 $\phi 10@100/200(2)$,表示箍筋为 HPB300 钢筋,直径为 10 mm,加密区间距为 100 mm,非加密区间距为 200 mm,均为两肢箍。

当抗震设计中的非框架梁、悬挑梁、井字梁以及非抗震设计中的各类梁采用不同的间距和肢数时,也用斜线"/"将其开。注写时,先注写梁支座端部的箍筋(包括箍筋的箍数、钢筋级别、直径、间距及肢数),在斜线后注写梁跨中部分的箍筋间距及肢数。例如,$13\phi 10@150/200(4)$,表示箍筋为 HPB300 钢筋,直径为 10 mm,梁的两端各有 13 个四肢箍、间距为 150 mm,跨中部分间距为 200 mm、四肢箍;再例如,$18\phi 12@150(4)/200(2)$,表示箍筋为 HPB300 钢筋,直径为 12 mm,梁的两端各有 18 个四肢箍、间距为 150 mm,跨中部分间距为 200 mm、两肢箍。

④ 梁上部通长筋(也称通长纵筋、通长钢筋)或架立筋必须注写。上部通长钢筋是抗震构造钢筋,沿梁全长顶面、底面设置,一、二级抗震等级的梁不应少于 $2\phi 14$,且分别不应少于梁顶面和底面两端纵向钢筋中较大截面面积的 1/4;三、四级抗震等级的梁不应少于 $2\phi 12$;通长钢筋可为相同或不相同直径采用搭接连接、机械连接或焊接连接的钢筋。架立钢筋是一种纵向构造钢筋,其作用

是形成钢筋骨架和承受温度收缩应力。当梁顶面箍筋转角处无纵向受力钢筋时,应设置架立钢筋,架立钢筋的根数等于箍筋的肢数减去上部通长钢筋的根数。如果是两肢箍筋,则不需要架立钢筋,因为至少有两根通长钢筋。

当同排中既有通长筋,又有架立筋时,应用加号"+"将通长筋和架立筋相连。注写时需将角部纵筋写在加号前面,架立筋写在加号后面的括号内,以示不同直径及与通长筋的区别。当全部采用架立筋时,则将其写入括号内。当梁的通长纵筋布置成两排时,用斜线"/"分隔第一、第二排钢筋的根数。

当梁的上部纵筋和下部纵筋为全跨相同,且多数跨配筋相同时,此项可加注下部纵筋的配筋值,用分号";"将上部和下部纵筋的配筋值分隔开来。

例如:

2Φ25 表示梁的上部通长纵筋为 2 根 HRB400 级热轧带肋钢筋,公称直径为 25 mm;

2Φ25+2Φ22 表示梁的上部通长纵筋,加号前面 2Φ25 位于箍筋角部,加号后面 2Φ22 位于中部;

6Φ25 4/2 表示梁的上部通长纵筋为两排,第一排 4 根,第二排 2 根;

2Φ25+(4Φ22) 表示梁的上部钢筋,2Φ25 为通长筋位于角部,4Φ22 为架立筋;

3Φ22;4Φ20 表示梁的上部通长筋为 3Φ22,下部通长筋为 4Φ20。

⑤ 梁侧面纵向构造钢筋或受扭钢筋,该项为必注值。

当梁腹板高度 $h_w \geqslant 450$ mm 时,需要配置纵向构造钢筋(腰筋)。每侧纵向构造钢筋(不包括梁上、下部受力钢筋及架立钢筋)的间距不宜大于 200 mm,截面面积不应小于腹板截面面积(bh_w)的 0.1%。此项注写值以大写字母"G"打头,接续注写设置在梁两个侧面的总配筋值,并且对称配置。例如,G4Φ12 表示梁的两侧共配置 4Φ12 的纵向构造钢筋,每侧各 2Φ12。纵向构造钢筋的拉筋在施工图上不标注,施工时根据标准图集的规定设置。

当梁侧面配置有纵向受扭钢筋时,其注写以大写字母"N"打头,接续注写配置在两个侧面的总配筋值,并且对称配置。受扭纵向钢筋应满足梁侧面纵向构造钢筋的间距要求,而且不再重复配置纵向构造钢筋。

⑥ 梁顶面标高高差,此项为选注值。

梁顶面标高高差是梁顶面标高与板顶面标高的差值。标注方法为在括号内注写差值,以米(m)为单位。无高差时,不注写;当梁顶比板顶低的时候,注写"负标高高差";当梁顶比板顶高的时候,注写"正标高高差"。

由图 1-8 所示的梁集中标注值,可以得到如下信息:框架梁 1 号,两跨且一端有悬挑,矩形截面尺寸为 350 mm×700 mm;箍筋为 HPB300 钢筋,直径为 10 mm,四肢箍,加密区间距 100 mm,非加密区间距 200 mm;通长钢筋为 HRB400 钢筋,上部 2 根直径为 25 mm,下部 4 根直径为 22 mm;梁侧面纵向构造钢筋采用 HPB300 钢筋,直径为 12 mm,每侧 2 根(总共 4 根);梁顶面标高高差 -0.100 m(即梁顶低于板顶 100 mm)。

(2)梁的原位标注

梁的原位标注包括梁上部纵筋的原位标注(标注位置可以在梁上部的左支座、右支座或跨中),下部纵筋的原位标注(标注位置在梁下部的跨中)以及其他与集中标注内容不同截面的原位标注。

① 上部纵筋。

上部纵筋包括通长筋在内的所有纵筋。当上部纵筋多于一排时,用斜线"/"将各排纵筋自上而下分开;当同排纵筋有两种直径时,用加号"+"将两种直径的纵筋相连,注写时将角部纵筋写在加号前面;当梁中间支座两边的上部纵筋相同时,可仅在支座的一边标注配筋值,另一边省略不注;当梁中间支座两边的上部纵筋不相同时,需在支座两边分别标注。

当梁某跨支座与跨中上部纵筋相同,且其配筋值与集中标注的梁上部纵筋不同时,仅在该跨上部跨中进行原位标注,支座省略不标注。

② 梁下部纵筋。

当集中标注没有梁的下部通长筋的时候,在梁的每一跨都必须进行下部纵筋的原位标注;如果某根梁集中标注了梁的下部通长筋,则该梁每跨原位标注的下部纵筋都必须包含"下部通长筋"的配筋值;当梁某跨下部纵筋配筋值与集中标注的梁下部通长筋相同时,不需要在该跨下部重复做原位标注。

当下部纵筋多于一排时,用斜线"/"将各排纵筋自上而下分开;当同排纵筋有两种直径时,用加号"+"将两种直径的纵筋相连,注写时将角部纵筋写在加号前面;当梁下部纵筋不全部伸入支座时,将梁支座下部纵筋减少的数量写在括号内;当梁设置竖向加腋时,加腋部位下部斜纵筋应在支座下部以"Y"打头注写在括号内。

③ 当在梁上集中标注的内容(梁截面尺寸、箍筋、上部通长钢筋或架立筋,梁侧面纵向构造钢筋或受扭纵向钢筋,以及梁顶面标高高差中的某一项或几项数值)不适用于某跨或某悬挑部分时,则将其不同数值原位标注在该跨或该悬挑部位(图 1-8),施工时应按原位标注取值。

④ 附加箍筋或吊筋,将其直接画在平面图中的主梁上,用线引注总配筋值(附加箍筋的肢数注写在括号内),如图 1-12 所示。当多数附加箍筋或吊筋相同时,可在梁平法施工图上统一注明,少数与统一注明值不同时,再原位引注。

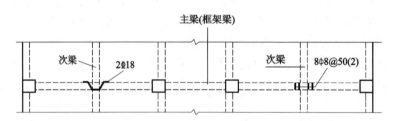

图 1-12　附加箍筋和吊筋的画法示例

施工时附加箍筋或吊筋的几何尺寸应按照标准构造详图,并结合其所在位置的主梁和次梁的截面尺寸而定。

在梁平法施工图中,当局部梁的布置过密时,可将过密区用虚线框出,适当放大比例后再用平面注写方式表示。

用平面注写方式表达的梁平法施工图,如图 1-13 所示。

1.5.3.2　截面注写方式

截面注写方式是在分标准层绘制的梁平面布置图上,分别在不同编号的梁中各选择一根梁用剖面号引出配筋图。并在其上注写截面尺寸和配筋具体数值的方式来表达梁平法施工图,如图 1-14 所示。

该法首先对梁进行编号,当梁的顶面标高与楼板标高不同时,还应在其梁编号后注写梁顶面标高高差;其次,分别在不同编号的梁中各选择一根梁,将"单边截面号"画在梁上;最后,将截面配筋详图画在图中或其他图上。在截面配筋详图上注写截面尺寸 $b \times h$、上部纵筋、下部纵筋、侧面构造纵筋或受扭纵筋以及箍筋的数值时,其表达形式与平面注写方式相同。

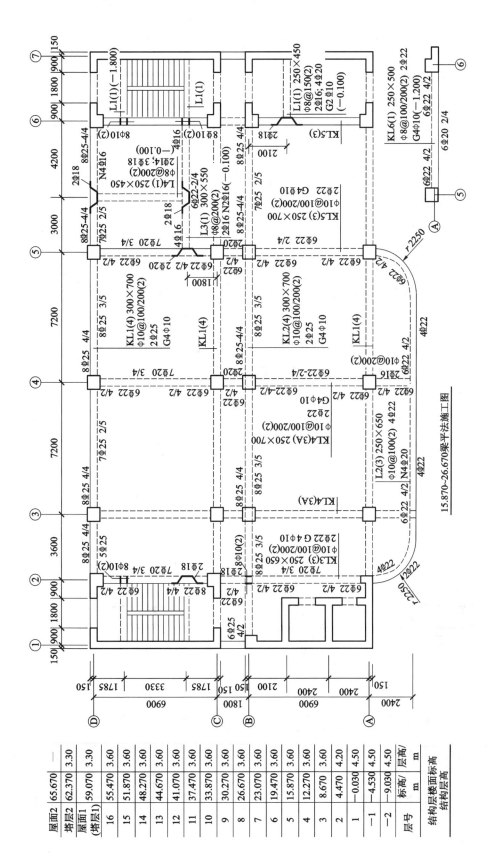

图 1-13 梁平法施工图平面注写方式示例

注：可在左侧表中加设混凝土强度等级等栏目。

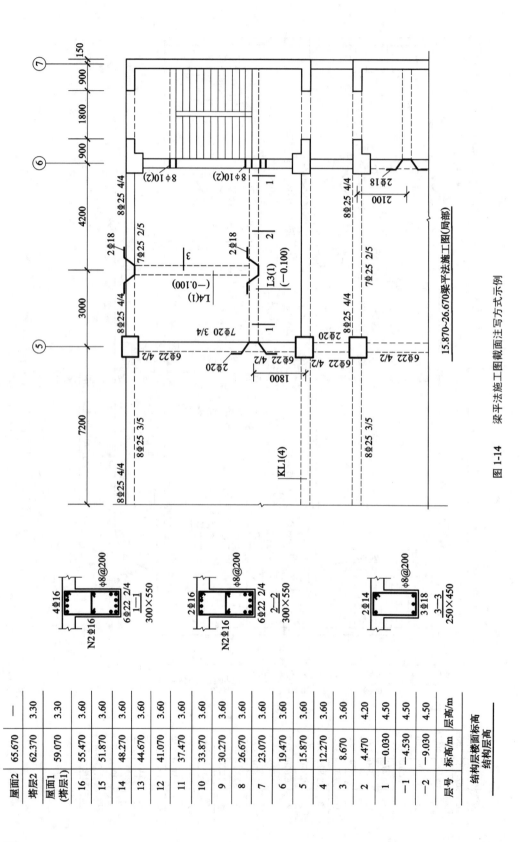

图 1-14　梁平法施工图截面注写方式示例

截面注写方式既可以单独使用,也可以与平面注写方式结合使用。当表达异形截面梁的尺寸和配筋时,截面注写方式相对比较方便。

1.5.4 有梁楼盖平法标注规则

有梁楼盖由梁和楼板组成,梁是板的支座。板钢筋的平法标注与梁平法的做法类似,分为板块集中标注和板支座原位标注两种方式。集中标注的主要内容是板的贯通纵筋,原位标注主要针对板的非贯通纵筋,示例如图 1-15 所示。

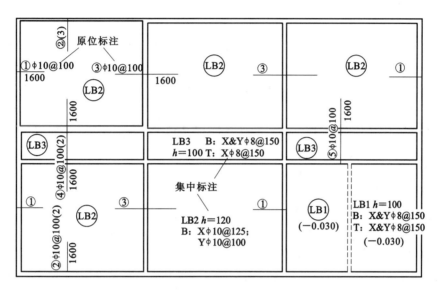

图 1-15 板平法施工图的集中标注和原位标注

板的纵筋布置具有方向性。结构平面的坐标方向规定如下:当两向轴网正交布置时,图面从左至右为 x 向,从下至上为 y 向;当轴网转折时,局部坐标方向顺轴网转折角度做相应转折;当轴网向心布置时,切向为 x 向,径向为 y 向。此外,对于平面布置比较复杂的区域,其平面坐标方向应由设计者另行规定并且在图上明确表示。

1.5.4.1 板块集中标注

板的集中标注以"板块"为单位。对于普通楼面,两向均以一跨为一板块;对于密肋楼盖,两向主梁(框架梁)均以一跨为一板块。板块集中标注的内容为:板块编号、板厚、贯通纵筋以及当板面标高不同时的标高高差。

(1)板块编号

板块编号由板的类型代号和序号组成,如 LB1、LB2、WB3、XB2 等,其中 LB 为楼面板,WB 为屋面板,XB 为悬挑板的类型代号。同一编号板块的类型、板厚和贯通纵筋均相同,但板面标高、跨度、平面形状以及板支座上部非贯通纵筋可以不同。

(2)板厚注写

板厚注写为 $h=\times\times\times$(h 为垂直于板面的厚度),例如 $h=120$;当悬挑板的端部改变截面厚度时,注写为 $h=$ 板根厚度/板端厚度,例如 $h=80/60$。

当已在图中统一注明板厚时,此项可不注。

（3）贯通纵筋

贯通纵筋按板块的下部纵筋和上部纵筋分别注写（当板块上部不设贯通纵筋时则不注）。以 B 代表下部，T 代表上部，B & T 代表下部与上部；x 向贯通纵筋以"X"打头，y 向纵筋以"Y"打头，两向贯通纵筋配置均相同时以 X & Y 打头。例如，B：Xϕ12@120，Yϕ10@100；T：X & Yϕ12@150。

（4）板面标高高差

板面标高高差是指相对于结构层楼面的高差，应将其注写在括号内，且有高差则注，无高差则不注。

1.5.4.2 板支座原位标注

板支座原位标注的内容为板支座上部非贯通纵筋（即扣筋）和悬挑板上部受力钢筋。

（1）板支座原位标注基本方式

采用垂直于板支座（梁或墙）的一段适宜长度的中粗实线（当该筋通长设置在悬挑板或短跨板上部时，实线段应画至对边或贯通短跨）来代表该支座上部非贯通纵筋，并在线段上方注写钢筋编号（如①、②、③等）、配筋值、横向连续布置的跨数（注写在括号内，且当为一跨时可不注），以及是否横向布置到梁的悬挑端。在线段下方注写自支座中心线向跨内的延伸长度，当沿两侧对称伸出时，可仅在支座一侧线段下部标注延伸长度，另一侧不注；当沿支座两侧非对称伸出时，应分别在支座两侧线段的下方注写伸出长度。

（2）板支座上部非贯通纵筋与贯通纵筋并存

当板的上部已配置有贯通纵筋，但需增配板支座上部非贯通纵筋时，应结合已配置的同向贯通纵筋的直径与间距采用"隔一布一"的方式配置。

"隔一布一"方式中，非贯通纵筋的标注间距与贯通纵筋的标注间距相同，两者结合后的实际间距为各自标注间距的 1/2。当设定贯通纵筋为纵筋总截面面积的 50％时，两种钢筋应取相同直径；当设定贯通纵筋面积大于或小于总截面面积的 50％时，两种钢筋则取不同直径。

施工中应注意的是：当支座一侧设置了上部贯通纵筋（在板集中标注中以"T"打头），而在支座另一侧仅设置了上部非贯通纵筋时，如果支座两侧设置的纵筋直径、间距相同，应将二者连通，避免各自在支座上部分别锚固。

1.6 本书的主要内容与课程特点

"混凝土结构设计"是土木工程专业建筑工程方向或工民建方向专业知识领域里的一门主干必修课，与"混凝土结构基本原理""高层建筑结构设计""土力学与基础工程""建筑抗震设计"等课程一起构成完整的混凝土建筑结构设计的基础理论和实际应用体系。

1.6.1 本书的主要内容

本书除绪论外，还包含混凝土楼盖结构设计、单层工业厂房、混凝土框架结构等章节，涉及结构方案与体系、结构布置、计算简图的确定和荷载计算、结构内力计算与效应组合、构件截面设计与连接构造等方面的内容。同时，针对设计院所普遍采用的计算机辅助设计，书中还专门讲述了框架结构设计与PKPM系列软件的应用。

（1）混凝土楼盖结构设计

楼盖属于梁板结构范畴，除梁、板构件以外，还有楼梯、雨篷等受弯构件。其主要内容有楼盖类型和梁板尺寸拟订,整体现浇单向板肋梁楼盖、整体现浇双向板肋梁楼盖、楼梯、雨篷等结构的布置原则和设计计算方法。

（2）单层工业厂房

混凝土单层工业厂房通常采用预制安装的方法建造。其主要内容有单层厂房结构的组成及其布置,主要结构构件的选型,排架结构内力分析方法,内力组合以及排架柱、牛腿的设计计算,柱下独立基础（杯形基础）的受力性能、设计方法；还涉及抗风柱、屋架和吊车梁的受力特点及设计要点,常用节点的连接构造及其预埋件设计方法,并给出了设计实例。

（3）混凝土框架结构

混凝土框架结构用于多层或高层民用建筑,也可用于多层轻工业厂房。其主要内容有框架结构布置、截面尺寸拟定和计算简图的确定、框架结构上的作用与荷载计算、结构内力计算方法及最不利内力组合、框架结构非抗震设计等基本内容,并给出了设计实例。

（4）框架结构设计与 PKPM 系列软件应用

随着计算机辅助设计的普及,本书还介绍了国内应用最广的 PKPM 系列软件。其主要内容有软件介绍、PKPM 框架结构设计的过程与步骤、PMCAD 结构平面计算机辅助设计、SATWE 多层建筑结构有限元分析、框架结构梁柱施工图设计以及利用计算机设计框架结构的实例。

本课程的实践性强,有 1～2 个学分的课程设计与之配套,书中最后一章为钢筋混凝土结构课程设计指导,以帮助初学者完成好实践课。

1.6.2　本课程的特点

本课程与其他先修课程相比,具有如下特点：

（1）知识起点高

"混凝土结构设计"是一门重要的专业课,需要的基础知识量大且涉及面广,直接与"结构力学""建筑材料""混凝土结构基本原理""房屋建筑学""土力学与基础工程""施工组织和施工技术""结构设计 CAD"等课程相关,还涉及建筑结构荷载、地震作用及抗震方面的知识。此外,结构设计方案比选的参数是建筑技术经济指标,与概预算的知识有关；结构方案的确定和构件截面尺寸的拟定、电脑计算结果的分析判断等,还需要一定的工程经验。因此,本课程的知识起点高,没有足够的基础知识储备,是难以学好的。可以说"混凝土结构设计"是许多已修课程知识和技能的综合应用。

（2）工程实践性强

"混凝土结构设计"课程的学习,不仅限于书本,更重要的是在实践中获得知识。设计过程中需要编制设计说明书、整理结构计算书和绘制施工图,每项任务都是针对实际工程项目,直接关系到结构"安全性、适用性、耐久性"的功能要求,均不允许出现差错,这与一些课程的理论学习不同。只有通过不断学习,反复实践（制定方案、设计计算、绘图、校核）,逐步积累感性认识,才能做到灵活应用基础理论知识,提高解决实际工程问题的能力。

本课程要求学生通过课堂学习、习题与思考题的演练来掌握混凝土结构设计的基本理论与方法；通过课程设计和毕业设计等实践性环节,学习工程计算、设计说明书的编写和整理、施工图的绘制等基本技能,逐步熟悉和运用课程中的知识和方法来进行结构设计；通过认识实习和生产实习,了解结构方案的布置、配筋构造、施工技术等,扩大知识面,加深对基础理论知识的理解,增加工程设计经验。

▶ **本章小结** ◀

（1）混凝土结构可以分为素混凝土结构、钢筋混凝土结构和预应力混凝土结构三类,在房屋建筑结构中钢筋混凝土结构应用最广泛;混凝土结构也可以分为单层混凝土建筑结构、多层混凝土建筑结构、高层混凝土建筑结构和超高层混凝土建筑结构。常用的结构体系有砖混结构、排架结构、框架结构、剪力墙结构、框架-剪力墙结构、筒体结构 6 类,本书主要讲授砖混结构和其他结构中的钢筋混凝土楼盖、混凝土排架结构和钢筋混凝土框架结构。

（2）工程建设程序一般可分为 7 个阶段,即策划决策阶段、勘察设计阶段、建设准备阶段、施工阶段、生产准备阶段、竣工验收阶段和考核评价阶段。工程设计通常采用三阶段设计,即方案设计、初步设计和施工图设计。结构设计步骤可概括为:准备工作、确定结构方案、结构布置、计算简图、结构分析、构件设计、成果整理;可以采用的结构分析方法有弹性分析方法、塑性内力重分布分析方法、弹塑性分析方法、塑性极限分析方法和试验分析方法。结构设计的成果一般应有结构方案设计说明书、结构设计计算书和结构设计图纸三大部分。

（3）施工图平法标注就是在结构平面布置图上整体标注结构构件尺寸、标高、配筋等信息,它和标准构造详图(标准图集)相配合,形成完整的结构设计。柱平法的注写方式有列表注写方式和截面注写方式,需要标注柱的编号、截面尺寸、箍筋规格和间距、角部纵筋、b 边中部纵筋和 h 边中部纵筋;梁平法的注写方式有平面注写方式和截面注写方式,需要标注梁的编号、截面尺寸、箍筋规格和间距、上部纵筋(含架立筋)、下部纵筋、侧面构造钢筋和抗扭钢筋;板平法的注写分为板块集中标注和支座原位标注两种,需要标注板块编号、板厚、贯通纵筋、板面标高高差、板支座上部非贯通纵筋和悬挑板上部受力钢筋等数值。

▶ **习题与思考题** ◀

1-1 常用的混凝土结构体系有哪些?

1-2 岩土工程勘察分为哪几个阶段?

1-3 何谓三阶段设计?

1-4 确定结构方案的一般要求或原则是什么?

1-5 结构缝有哪些类型? 它们起什么作用?

1-6 结构的分析方法有哪些?

1-7 结构设计的成果有哪些形式?

1-8 梁平法平面注写方式分集中注写和原位注写两种方法,其中集中注写哪些内容必注? 哪些内容选注?

1-9 柱平法施工图的柱表应包含哪些内容?

2 混凝土楼盖结构设计

【内容提要】

本章主要内容包括楼盖的类型与构造、整体现浇式单向板和双向板肋梁楼盖的设计、楼梯和雨篷的设计与构造。本章的重点为整体现浇式单向板和双向板肋梁楼盖的设计和楼梯设计,难点为按弹性和塑性理论计算单向和双向板肋梁楼盖的结构内力计算。

【能力要求】

通过本章的学习,学生应掌握单向板肋梁楼盖的设计计算方法和施工图的绘制,深刻理解塑性铰和连续梁板塑性内力重分布的概念,了解双向板及其支承梁的受力特点和内力计算方法,知道双向板的构造要求,理解无梁楼盖的受力特点,掌握板式楼梯的设计计算方法。

2.1 概 述

楼盖和屋盖是建筑结构的重要组成部分。在建筑结构中,混凝土楼盖的造价占土建总造价的20%～30%;在钢筋混凝土高层建筑中,混凝土楼盖的自重占总自重的50%～60%,因此降低楼盖的造价和自重对整个建筑物来讲是至关重要的。减小混凝土楼盖的结构设计高度,可降低建筑层高,对建筑工程具有很大的经济意义。混凝土楼盖设计对于保证建筑物的承载力、刚度、耐久性,以及提高抗风、抗震性能等也有重要的作用。因此,混凝土楼盖设计对于结构设计人员来讲是必须掌握的一项基本能力。

2.1.1 楼盖类型

楼盖的结构类型有三种分类方法。

按结构形式,楼盖可分为单向板肋梁楼盖、双向板肋梁楼盖、无梁楼盖(又称板柱结构)、密肋楼盖和井式楼盖,如图 2-1 所示。其中,单向板肋梁楼盖和双向板肋梁楼盖用得最普遍。

按预加应力情况,楼盖可分为钢筋混凝土楼盖和预应力混凝土楼盖两种。预应力混凝土楼盖中用得最普遍的是无黏结预应力混凝土平板楼盖,因为,采用无黏结预应力楼盖可有利于有效减小板厚,降低建筑层高;也可改善结构的使用功能,在自重和准永久荷载作用下楼板挠度很小,可以控制或减小裂缝的发生和发展;另外,还可节约钢材和混凝土。

按施工方法,楼盖可分为现浇整体式楼盖、预制装配式楼盖和装配整体式楼盖三种。

现浇整体式楼盖的刚度大,整体性好,抗震抗冲击性能好,防水性好,对不规则平面的适应性强,容易开洞。其缺点是需要大量的模板,现场的作业量大,工期也较长。然而,随着商品混凝土、泵送混凝土以及工式模板的广泛使用,钢筋混凝土结构,包括楼盖在内,大多采用现浇。《高层建筑混凝土结构技术规程》(JGJ 3—2010)规定,在高层建筑中,楼盖宜现浇;对抗震设防的建筑,当高

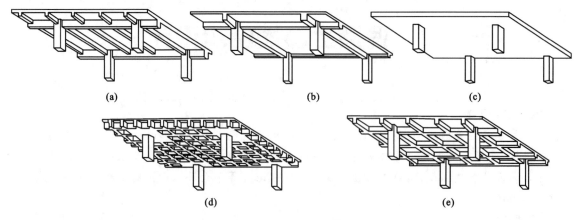

图 2-1　楼盖的结构类型

(a)单向板肋梁楼盖;(b)双向板肋梁楼盖;(c)无梁楼盖;(d)密肋楼盖;(e)井式楼盖

度大于或等于 50 m 时,楼盖应采用现浇;当高度小于或等于 50 m 时,在顶层、结构转换层和平面复杂或开洞过大的楼层,也应采用现浇整体式楼盖。

预制装配式楼盖主要用在多层砌体房屋,特别是多层住宅中。

装配整体式楼盖是将预制构件在现场吊装就位后,通过连接措施和现浇混凝土形成整体。此种结构兼有现浇整体式和预制装配式的优点,相对于预制装配式楼盖,提高了刚度、整体性和抗震性能。其缺点是焊接工作量大,而且需要二次浇筑。

2.1.2　单向板与双向板

在肋梁楼盖中,板被梁划分成许多区格,每一区格即为四边支承板。按受力特点,混凝土楼盖中的周边支承板可分为单向板和双向板两类。只在一个方向弯曲或者主要在一个方向弯曲的板,称为单向板;在两个方向弯曲,且不能忽略任一方向弯曲的板称为双向板。

按结构分析知,四边支承的单向板和双向板之间没有明确的界限,但为了结构设计的方便,《混凝土结构设计标准(2024 年版)》(GB/T 50010—2010)规定:

当 $l_{02}/l_{01} \geqslant 3$ 时,宜按短边方向受力的单向板计算,并应沿长边方向布置构造钢筋;当 $2 < l_{02}/l_{01} < 3$ 时,宜按双向板计算;当 $l_{02}/l_{01} \leqslant 2$ 时,应按双向板计算。其中 l_{02}、l_{01} 分别为其长、短边长度。

2.1.3　梁板截面尺寸

在现浇楼盖中梁、板截面尺寸应满足承载力、刚度及舒适度等要求。主梁梁高为跨度的 1/14~1/8,高宽比 h/b 一般取 2.0~3.5;T 形截面梁的高宽比 h/b 一般取 2.5~4.0(此处 b 为梁肋宽)。矩形截面的宽度或 T 形梁截面的肋宽 b 可取为 100 mm、120 mm、150 mm、180 mm、200 mm、250 mm 和 300 mm,300 mm 以上的级差为 50 mm。次梁梁高为跨度的 1/18~1/12,高宽比 h/b 一般取 2.0~3.0。因梁与板整结在一起,故梁宽可取偏小值,纵向钢筋经济配筋率一般为 0.6%~1.5%。

为了保证刚度,单向板的厚度应不小于跨度的 1/30(连续板)、1/35(简支板)以及 1/12(悬臂板)。现浇板的宽度一般比较大,设计时可取单位宽度(1000 mm)进行计算。现浇混凝土板的厚度除应满足各项功能要求外,还应满足表 2-1 的要求。

表 2-1	现浇钢筋混凝土板的最小厚度	
板的类别		最小厚度/mm
实心楼板		80
实心屋面板		100
密肋楼盖	面板	50
	肋高	250
悬臂板(根部)	板的悬臂长度不大于 500 mm	80
	悬臂长度 500~1000 mm	100
无梁楼板		150

2.1.4　梁板结构内力分析方法

现浇整体式楼盖为超静定结构,其内力可按弹性理论和塑性理论两种方法进行分析。按弹性理论分析内力,使内力分析与截面计算不相协调,计算所得的承载力并不准确,一般偏于安全。按塑性理论分析内力,使内力分析与截面计算相协调,结果比较经济,但一般情况下结构的裂缝较宽,变形较大。由于主梁为主要构件,需要较大的安全储备,对挠度、裂缝控制较严,因此结构内力计算通常按弹性理论进行分析;板和次梁结构内力通常按塑性理论进行分析。具体计算方法参考本章2.2.2 小节和2.2.3 小节。

2.2　整体式现浇单向板肋梁楼盖的设计

单向板肋梁楼盖的设计步骤为:① 结构平面布置,确定板厚和主、次梁的截面尺寸;② 确定板和主、次梁的计算简图;③ 荷载及内力计算;④ 截面承载力计算,配筋及构造,对跨度大、荷载大或情况特殊的梁板还需进行变形和裂缝验算;⑤ 绘制施工图。

2.2.1　单向板肋梁楼盖结构平面布置

现浇整体单向板肋梁楼盖由楼板、次梁和主梁组成。楼盖则支承在柱、墙等竖向承重构件上。其中,次梁的间距决定了板的跨度;主梁的间距决定了次梁的跨度;柱或墙的间距决定了主梁的跨度,合理布置柱网和梁格对楼盖设计的适用性和经济效果具有十分重要的意义。若柱网、梁格尺寸过大,则会由于梁、板截面尺寸过大而大幅度提高材料用量;若柱网、梁格尺寸过小,又会由于梁、板几何尺寸和配筋等的构造要求使材料不能充分发挥作用,同样造成浪费,而且还会影响到使用的灵活性。工程实践表明,单向板、次梁、主梁的常用跨度如下。

单向板:1.7~2.5 m,荷载较大时取较小值,一般不宜超过 3 m;次梁:4~6 m;主梁:5~8 m。

单向板肋梁楼盖结构平面布置方案通常有以下三种:

① 主梁横向布置,次梁纵向布置,如图 2-2(a)所示。其优点是主梁和柱可形成横向框架,横向抗侧移刚度大,各榀横向框架间由纵向的次梁相连,房屋的整体性较好。此外,由于外纵墙处仅设次梁,故窗户高度可开得大些,有利于采光。

② 主梁纵向布置,次梁横向布置,如图 2-2(b)所示。这种布置适用于横向柱距比纵向柱距大

得多的情况。其优点是减小了主梁的截面高度,增加了室内净高。

③ 只布置次梁,不设主梁,如图 2-2(c)所示。它仅适用于有中间走道的由砌体墙承重的混合结构房屋。

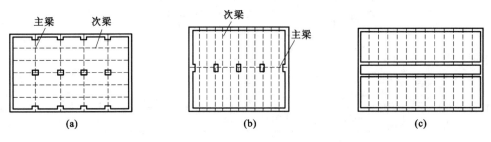

图 2-2 单向板肋梁楼盖的结构平面布置
(a) 主梁横向布置;(b) 主梁纵向布置;(c) 不设主梁

在进行楼盖的结构平面布置时,应注意以下问题:

① 受力合理。荷载传递要简捷,梁宜拉通,避免凌乱;主梁跨间最好不要只布置 1 根次梁,以减小主梁跨间弯矩的不均匀;尽量避免把梁搁置在门、窗过梁上;在楼、屋面上有机器设备、冷却塔、悬挂装置等荷载比较大的地方,宜设次梁;楼板上开有较大尺寸(大于 800 mm)的洞口时,应在洞口周边设置加劲的小梁。

② 满足建筑要求,方便施工。梁格应尽可能布置规整、统一,减少梁板跨度的变化,尽量统一梁、板的截面尺寸,以简化计算,满足经济和功能要求。

2.2.2 按弹性理论计算结构内力

按弹性理论计算楼盖内力,首先要假定楼盖材料为均质弹性体。根据前述的计算简图,用结构力学的方法计算梁板内力,也可利用《结构静力计算手册》确定梁、板内力。

2.2.2.1 计算简图

进行内力计算之前,应首先确定计算简图。计算简图应尽量反映结构的实际受力状态,同时要便于计算。单向板肋梁楼盖的板、次梁、主梁和柱均整浇在一起,形成一个复杂体系,但由于板的刚度很小,次梁的刚度又比主梁的刚度小很多,因此可以将板视为简单支承于次梁上的结构部分,将次梁视为简单支承于主梁上的结构部分,则整个楼盖体系即可以分解为板、次梁、主梁等几类构件单独进行计算。主、次梁均为多跨连续梁,其计算简图应表示出梁(板)的计算跨数、各跨的计算跨度、支承情况以及荷载形式、位置及数值等。

(1) 计算单元

在现浇单向板肋梁楼盖中,板、次梁、主梁的计算模型为连续板或连续梁。其中,次梁是板的支座,主梁是次梁的支座,柱或墙是主梁的支座。

板可取 1 m 宽的板带作为其计算单元,次梁通常取宽度为板标志跨度 l_1 的 T 形截面带作为次梁结构计算单元,主梁结构通常取宽度为次梁标志跨度 l_2 的 T 形截面带作为主梁结构计算单元,如图 2-3 所示。

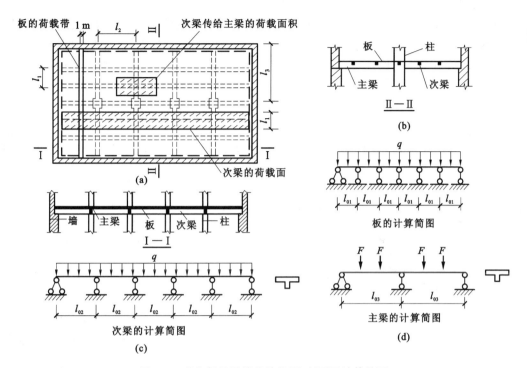

图 2-3 单向板肋梁楼盖的平面、剖面及计算简图

板、次梁主要承受均布荷载。板上单位面积荷载值即为计算板带上的线荷载值,次梁承受板传来的均布荷载和次梁自重,主梁承受由次梁传来的集中荷载和主梁自重。由于主梁自重与次梁传来的集中荷载相比小很多,为简化计算,通常将其折算成等效的集中荷载。计算板传给次梁和次梁传给主梁的荷载时,可不考虑结构的连续性,按简支梁传力。

(2)支承条件及折算荷载

在现浇单向板肋梁楼盖中,板、次梁、主梁的计算模型为连续板或连续梁,其中,次梁是板的支座,主梁是次梁的支座,柱或墙是主梁的支座。当板或梁支承在砖墙或砖柱上时,由于其嵌固作用较小,可假定为铰支座,其嵌固的影响可在构造设计中予以考虑。然而,当板的支座为次梁,次梁的支座为主梁时,次梁对板、主梁对次梁具有一定的嵌固作用,为简化计算通常也假定为铰支座。为考虑由此产生的误差,在设计中,一般采用增大恒荷载并相应减小活荷载的办法来考虑次梁对板的弹性约束,即用调整后的折算恒荷载和折算活荷载代替实际的恒荷载和实际活荷载。

折算荷载的取值如下。

连续板:

$$g' = g + \frac{q}{2}, \quad q' = \frac{q}{2} \tag{2-1}$$

连续次梁:

$$g' = g + \frac{q}{4}, \quad q' = \frac{3q}{4} \tag{2-2}$$

式中　g,q——实际作用的恒荷载、活荷载设计值;

　　　　g',q'——折算的恒荷载、活荷载设计值。

（3）计算跨数

内力分析表明,对等跨度、等刚度,荷载和支承条件相同的五跨以上连续梁、板来说,除两端的两跨内力外,其余所有中间跨内力较为接近,内力相差很小,为简化计算,将所有中间跨内力可由一跨来代表。因此,对超过五跨的多跨连续梁、板,可按五跨来计算其内力。当梁、板跨数小于五跨时,仍按实际跨数计算。

（4）计算跨度

次梁的间距就是板的跨长,主梁的间距就是次梁的跨长,但不一定就等于计算跨度。从理论上讲,某一跨的计算跨度应取为该跨两端支座处转动点之间的距离。而在设计中梁、板的计算跨度只能取近似值,按表2-2的规定选用。

表 2-2　　　　　　　　　　　　　　梁、板的计算跨度（按弹性理论）

单跨	两端搁置在墙体	$l_0 = l_n + a$ 且 $l_0 \leqslant l_n + h$(板)　　$l_0 \leqslant 1.05 l_n$(梁)
	一端搁置在墙体、一端与支承构件整浇	$l_0 = l_n + \dfrac{a}{2}$ 且 $l_0 \leqslant l_n + \dfrac{h}{2}$(板)　　$l_0 \leqslant 1.025 l_n$(梁)
	两端与支承构件整浇	$l_0 = l_n + b$(板)　　$l_0 = l_n + a \leqslant 1.05 l_n$(梁)
多跨	边跨	$l_0 = l_n + \dfrac{a}{2} + \dfrac{b}{2}$ 且 $l_0 \leqslant l_n + \dfrac{h}{2} + \dfrac{b}{2}$(板)　　$l_0 \leqslant 1.025 l_n + \dfrac{b}{2}$(梁)
	中间跨	$l_0 = l_n + b = l_c$ 且 $l_0 \leqslant 1.1 l_n$(板)　　$l_0 \leqslant 1.05 l_n$(梁)

注：l_0 为板、梁的计算跨度；l_n 为板、梁的净跨；l_c 为支座中心线距离；h 为板厚；a 为板、梁端支承长度；b 为中间支座宽度。

2.2.2.2 内力计算

（1）活荷载的最不利布置

结构承受的荷载有恒荷载和活荷载。然而,活荷载时有时无,为方便设计,规定活荷载是以一个整跨为单位来变动的,因此在设计连续梁、板时,应研究活荷载如何布置将使梁、板内某一截面的内力绝对值最大,这种布置称为活荷载的最不利布置。

图2-4是五跨连续梁单跨布置活荷载时的弯矩 M 和剪力 V 的图形。由弯矩分配法知,某一跨单独布置活荷载时：① 本跨支座为负弯矩,相邻跨支座为正弯矩,隔跨支座又为负弯矩；② 本跨跨中为正弯矩,相邻跨跨中为负弯矩,隔跨跨中又为正弯矩。

从图2-4的弯矩和剪力分布规律以及不同组合后的效果,不难发现,对活荷载最不利的布置规律如下：

① 求某跨跨内最大正弯矩时,应在本跨布置活荷载,然后隔跨布置；

② 求某跨跨内最大负弯矩时,本跨不布置活荷载,而在其左右邻跨布置,然后隔跨布置；

③ 求某支座绝对值最大的负弯矩或支座左、右截面最大剪力时,应在该支座左、右两跨布置活荷载,然后隔跨布置。

（2）内力计算公式

假定梁、板为理想弹性体系,可按结构力学中讲述的方法求出弯矩和剪力。对于等截面等跨连续梁,可由附表8查出相应的弯矩、剪力系数,利用下列公式计算跨内或支座截面的最大内力。

均布及三角形荷载作用下：

$$M = k_1 g l_0^2 + k_2 q l_0^2 \tag{2-3}$$

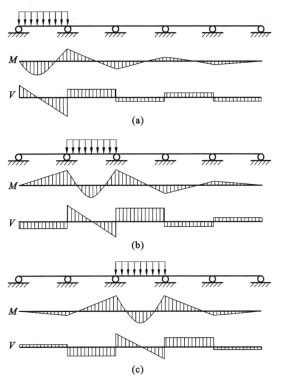

图 2-4　五跨连续梁在不同跨间荷载作用下的内力

$$V = k_3 g l_0 + k_4 q l_0 \qquad (2\text{-}4)$$

集中荷载作用下：

$$M = k_5 G l_0 + k_6 Q l_0 \qquad (2\text{-}5)$$

$$V = k_7 G + k_8 Q \qquad (2\text{-}6)$$

式中　g,q——单位长度上的均布恒荷载设计值、均布活荷载设计值；

　　　G,Q——集中恒荷载设计值、集中活荷载设计值；

　　　k_1,k_2,k_5,k_6——附表 8 中相应栏中的弯矩系数；

　　　k_3,k_4,k_7,k_8——附表 8 中相应栏中的剪力系数。

若连续梁、板的各跨跨度不相等但相差不超过 10% 时，仍可近似按等跨内力系数表进行计算。

（3）内力包络图

将所有活荷载不利布置情况的内力图与恒荷载的内力图叠加，并将这些内力图全部叠画在一起，其外包线就是内力包络图。现以承受均布线荷载的五跨连续梁的弯矩、剪力包络图来说明。将 6 种不同活荷载布置情况与恒荷载组合起来，如图 2-5 所示。每跨都有 4 个弯矩图形，分别对应于跨内最大正弯矩、跨内最小正弯矩（或负弯矩）和左、右支座截面的最大负弯矩。当端支座是简支时，边跨只能画出 3 个弯矩图形。把这些弯矩图形全部叠画在一起，就是弯矩叠合图形。弯矩叠合图形外包线所构成的弯矩图称作弯矩包络图，即图 2-6(a) 中用实线表示的。

同理可画出剪力包络图，即图 2-6(b) 中用实线表示的。

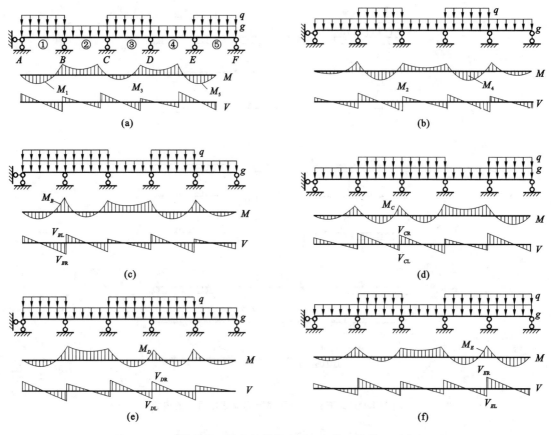

图 2-5 五跨连续梁(或板)的荷载布置与各截面的最不利内力图

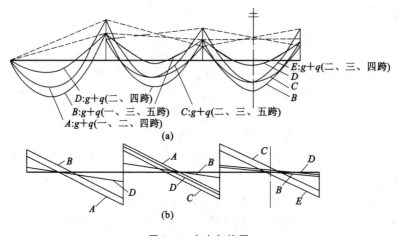

图 2-6 内力包络图

（4）支座弯矩与剪力计算

按弹性理论计算连续梁内力时,中间跨的计算跨度取为支座中心线间的距离,故所求得的支座弯矩和支座剪力都是指支座中心线的最大内力。实际上,支座与支承构件整浇在一起,支座处截面内力明显增大,因此正截面受弯承载力和斜截面承载力的控制截面应在支座边缘。其内力设计值近似地按下式取,如图 2-7 所示。

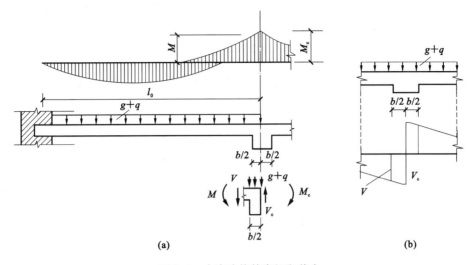

图 2-7 支座边缘的弯矩和剪力

(a) 支座边缘弯矩图；(b) 支座边缘剪力图

弯矩设计值：

$$M = M_c - V_0 \times \frac{b}{2} \tag{2-7}$$

剪力设计值：

$$V = V_c - (g+q) \times \frac{b}{2} \tag{2-8}$$

集中荷载：

$$V = V_c \tag{2-9}$$

式中　M_c,V_c——支座中心处截面的弯矩和剪力；

　　　V_0——按简支梁计算的支座剪力；

　　　b——支座宽度。

2.2.3　按塑性理论计算结构内力

按照弹性理论分析连续梁、板的内力，认为结构是理想弹性体。而实际上，钢筋混凝土是一种弹塑性材料，钢筋达到屈服后，还会产生一定的塑性变形，由此结构的实际承载能力通常大于按弹性理论计算的结果。因此，结构按弹性理论分析方法并不能真实地反映结构的实际受力与工作状态，在设计过程中考虑材料的塑性性质来分析结构内力，将更加合理。

2.2.3.1　钢筋混凝土受弯构件塑性铰

钢筋混凝土适筋梁正截面受弯的全过程分为未裂阶段、裂缝阶段和破坏阶段三个阶段。图 2-8 为跨中有一集中荷载作用的钢筋混凝土简支梁在不同荷载值作用下的弯矩图，以及弯矩曲率、M-φ曲线图。在破坏阶段，钢筋屈服后，承载能力提高很小，但曲率增长非常迅速（水平段）。这表明在截面承载能力基本保持不变的情况下，截面相对转角激增，相当于该截面形成一个能转动的"铰"，其实质是在该处塑性变形的集中发展。对于这种塑性变形集中的区域，在杆系结构中称为塑性铰，在板内称为塑性铰线。

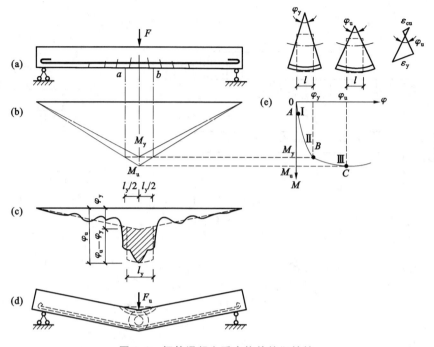

图 2-8　钢筋混凝土受弯构件的塑性铰

(a) 构件；(b) 弯矩；(c) 曲率分布；(d) 塑性铰；(e) M-φ 曲线

塑性铰与结构力学中的理想铰相比较,有三个主要区别:① 理想铰不能承受任何弯矩,而塑性铰则能承受基本不变的弯矩;② 理想铰集中于一点,塑性铰则有一定的长度;③ 理想铰在两个方向都可产生无限的转动,而塑性铰则是有限转动的单向铰,只能在弯矩作用方向做有限的转动。

在静定结构中,任一截面形成塑性铰后,结构成为几何可变体系而达到极限承载能力。但在超静定结构中,由于存在多余约束,构件一截面形成塑性铰,只是减少了超静定次数,结构仍可继续加荷,直至出现足够多的塑性铰,使结构成为几何可变体系,才达到其极限承载能力。

2.2.3.2　超静定结构的塑性内力重分布

超静定钢筋混凝土结构在未裂阶段各截面内力之间的关系是由各构件弹性刚度确定的;到了裂缝阶段,刚度就改变了,裂缝截面的刚度小于未开裂截面的;当内力最大的截面进入破坏阶段出现塑性铰后,结构的计算简图也改变了,致使各截面内力间的关系改变得更大。即在超静定钢筋混凝土结构中,由于构件开裂塑性铰的出现,结构各截面内力分布状态与弹性阶段相比有较大不同,这种现象称为内力重分布或塑性内力重分布。

现以承受集中荷载的两跨连续梁为例,如图 2-9 所示,在跨度中点作用有集中荷载 F。按弹性理论计算,支座弯矩 $M_e = -0.188Fl$,跨中弯矩 $M_1 = 0.156Fl$。设支座和跨中截面的抗弯承载力均为 30 kN,跨度 $l = 6$ m,则支座截面出现塑性铰时,梁所承受的集中荷载 $F_1 = 26.6$ kN。跨中截面已产生的弯矩 $M_1 = 0.156Fl = 0.156 \times 26.6 \times 6 = 24.9 (\text{kN} \cdot \text{m})$。此后,相当于两根简支梁继续承受荷载,跨中还能承受的弯矩 $M_2 = 30 - M_1 = 30 - 24.9 = 5.1 (\text{kN} \cdot \text{m})$。梁上承受的集中荷载可以增加 $F_2 = 4M_2/l = 4 \times 5.1/6 = 3.4 (\text{kN})$。因此,按弹性理论计算时,梁能承受的荷载为26.6 kN;按塑性理论计算时,梁能承受荷载则为 30 kN。

在 F_2 作用下,可按简支梁来计算跨内弯矩,支座弯矩不增加,维持在 M_{uB}。按弹性方法计算

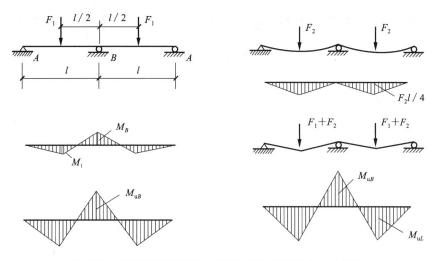

图 2-9 两跨连续梁在集中荷载作用下的塑性内力重分布

时，M_B 和 M_1 的大小都与外荷载呈线性关系，在 M-F 图上应为两条虚直线，但梁的实际工作却如图 2-8 中实线所示，即在受力过程中发生了内力重分布。

综上所述，钢筋混凝土超静定结构的内力重分布可概括为两个过程：第一个过程发生在受拉混凝土裂缝出现到第一个塑性铰形成以前，主要是由于结构各部分抗弯刚度比值的改变而引起的内力重分布；第二个过程发生在第一个塑性铰形成以后直到结构破坏，主要是由于结构计算简图的改变而引起的内力重分布。显然，第二个过程的内力重分布比第一个过程的大得多。

目前，在超静定混凝土结构设计中，结构的内力分析与构件截面设计是不相协调的，结构的内力分析仍采用传统的弹性理论，而构件的截面设计考虑了材料的塑性性能。实际上，超静定混凝土结构在承载过程中，由于混凝土的非弹性变形、裂缝的出现和发展、钢筋的锚固滑移，以及塑性铰的形成和转动等因素的影响，结构构件的刚度在各受力阶段不断发生变化，使得结构的实际内力与变形明显不同于按刚度不变的弹性理论算得的结果。因此，在设计混凝土连续梁、板时，恰当地考虑结构的塑性内力重分布，不仅可以使结构的内力分析与截面设计相协调，而且具有以下优点：

① 能更正确地估计结构的承载力和使用阶段的变形、裂缝；

② 利用结构塑性内力重分布的特性，合理调整钢筋布置，可以克服支座钢筋拥挤的现象，简化配筋构造，方便混凝土浇捣，从而提高施工效率和质量；

③ 根据结构塑性内力重分布规律，在一定条件和范围内可以人为控制结构中的弯矩分布，从而使设计得以简化；

④ 可以使结构在破坏时有较多的截面达到其承载力，从而充分发挥结构的潜力，有效地节约材料。

2.2.3.3 塑性内力重分布的计算方法

在实际工程设计中考虑连续梁、板塑性内力重分布的方法有极限平衡法、塑性铰法、弯矩调幅法以及非线性全过程分析法等，其中，弯矩调幅法概念清晰、使用方便，被许多国家采用，因此本书主要讲述此法。

（1）弯矩调幅法及其基本原则

弯矩调幅法是一种实用的设计方法，它把连续梁、板按弹性理论算得的弯矩值和剪力值进行适当的调整,通常是对那些弯矩绝对值较大的截面弯矩进行调整,然后按调整后的内力进行截面设计。

弯矩调幅系数可用下式表示:

$$\beta = \frac{M_e - M_a}{M_e} \tag{2-10}$$

式中　β——弯矩调幅系数;

　　　M_e——按弹性方法计算得的弯矩;

　　　M_a——调幅后的弯矩。

在上例中,按弹性方法计算,支座弯矩 $M_e = -0.188Fl$,跨中弯矩 $M_1 = 0.156Fl$,现将支座弯矩调整为 $M_a = -0.15Fl$,则支座弯矩调幅系数 $\beta = (0.188 - 0.15)/0.188 = 0.202$,即调幅系数为 20.2%。支座下调的弯矩值 $\Delta M = (0.188 - 0.15)Fl = 0.038Fl$,这相当于在原来的弹性弯矩图形上叠加一个高度为 $\Delta M_B = 0.038Fl$ 的倒三角形。此时跨度中点的弯矩变成:

$$M_1' = M_1 + \frac{1}{2}\Delta M_B = 0.156Fl + \frac{1}{2} \times 0.038Fl = 0.175Fl$$

设 M_0 为按简支梁确定的跨度中点弯矩,由 $M_1' + \frac{1}{2}\Delta M_a = M_0$ 可变换成:

$$M_1' = M_0 - \frac{1}{2}\Delta M_a = \frac{1}{4}Fl - \frac{1}{2} \times 0.15Fl = 0.175Fl$$

可见,两者的计算结果完全相同。由此可知,当调整支座弯矩后,相应的(指同一荷载组合下)跨内弯矩有变化。

综合考虑塑性内力重分布的影响因素后,我国《混凝土结构设计标准(2024 年版)》(GB/T 50010—2010)提出了下列设计原则:

① 弯矩调幅后引起结构内力图形和正常使用状态的变化,应进行验算,或有构造措施加以保证;

② 受力钢筋宜采用 HPB300、HRB400 及 HRB500 级热轧钢筋;混凝土强度等级宜在 C20～C45 范围内;截面的相对受压区高度应满足 $0.10 \leqslant \xi \leqslant 0.35$。

(2)调幅计算步骤

① 用线弹性方法计算,并确定荷载最不利布置下的结构控制截面的弯矩最大值 M_e。

② 采用调幅系数法降低各支座截面弯矩,即设计值按下式计算:$M = (1 - \beta)M_e$。其中 β 值不宜超过 0.20。

③ 结构的跨中截面弯矩值应取弹性分析所得的最不利弯矩值和按下式计算值中之较大值:

$$M = 1.02M_0 - \frac{M^l + M^r}{2}$$

式中　M_0——按简支梁计算的跨中弯矩设计值;

　　　M^l, M^r——连续梁或连续单向板的左、右支座截面弯矩调幅后的设计值。

④ 调幅后,支座和跨中截面的弯矩值均应不小于 M_0 的 1/3。

⑤ 各控制截面的剪力设计值按荷载最不利布置和调幅后的支座弯矩由静力平衡条件计算确定。

(3)调幅法计算等跨连续梁、板

根据上述调幅法的概念和调幅原则,在相等均布荷载和间距相同、大小相等的集中荷载作用下,等跨连续梁、板考虑内力重分布后各跨跨中和支座截面的弯矩设计值 M 可分别按下列公式计算。

承受均布荷载时:

$$M = \alpha_m (g + q) l_0^2 \tag{2-11}$$

承受间距相同、大小相等的集中荷载时:

$$M = \eta \alpha_m (G + Q) l_0 \tag{2-12}$$

式中　g——沿梁单位长度上的永久荷载设计值；

　　　q——沿梁单位长度上的可变荷载设计值；

　　　G——一个集中永久荷载设计值；

　　　Q——一个集中可变荷载设计值；

　　　α_m——连续梁和连续单向板考虑塑性内力重分布的弯矩系数，按表2-3确定；

　　　η——集中荷载修正系数，依据一跨内集中荷载的不同情况按表2-4确定；

　　　l_0——计算跨度，梁、板的计算跨度按表2-5确定。

表2-3　　　　　　　　　　**连续梁和连续单向板考虑塑性内力重分布的弯矩系数 α_m**

支承情况		截面					
		端支座	边跨跨中	离端第二支座	离端第二跨跨中	中间支座	中间跨跨中
		A	Ⅰ	B	Ⅱ	C	Ⅲ
搁置在墙上		0	$\frac{1}{11}$	$-\frac{1}{10}$（两跨连续）$-\frac{1}{11}$（三跨以上连续）	$\frac{1}{16}$	$-\frac{1}{14}$	$\frac{1}{16}$
梁 板	与梁整浇连接	$-\frac{1}{24}$ $-\frac{1}{16}$	$\frac{1}{14}$				
梁与柱整浇连接		$-\frac{1}{16}$	$\frac{1}{14}$				

表2-4　　　　　　　　　　　　　　**集中荷载修正系数 η**

荷载情况	截面					
	A	Ⅰ	B	Ⅱ	C	Ⅲ
当在跨中中点处作用一个集中荷载时	1.5	2.2	1.5	2.7	1.6	2.7
当在跨中三分点处作用两个集中荷载时	2.7	3.0	2.7	3.0	2.9	3.0
当在跨中四分点处作用三个集中荷载时	3.8	4.1	3.8	4.5	4.0	4.8

表2-5　　　　　　　　　　　　**梁、板的计算跨度 l_0（塑性理论计算时）**

支撑情况	梁	板
两端与梁（柱）整体连接	净跨 l_n	净跨 l_n
两端支承在砖墙上	$1.05 l_n (\leqslant l_n + a)$	$l_n + h \leqslant l_n + a$
一端与梁（柱）整体连接 另一端支承在砖墙上	$1.025 l_n \left(\leqslant l_n + \dfrac{a}{2} \right)$	$l_n + h/2 \left(\leqslant l_n + \dfrac{a}{2} \right)$

注：h 为板厚；a 为梁或板在砌体墙上的支承长度。

等跨连续梁剪力设计值计算如下。

承受均布荷载时：

$$V = \alpha_V (g + q) l_n \tag{2-13}$$

承受间距相同、大小相等的集中荷载时：

$$V = \alpha_V n (G + Q) \tag{2-14}$$

式中 l_n——净跨,各跨取各自的净跨;

n——一跨内集中荷载的个数;

α_V——梁的剪力系数,按表 2-6 确定。

表 2-6   连续梁考虑塑性内力重分布的剪力系数 α_V

荷载情况	端支座支承情况	截面				
		A 支座内侧	B 支座外侧	B 支座内侧	C 支座外侧	C 支座内侧
		A_{in}	B_{ex}	B_{in}	C_{ex}	C_{in}
均布荷载	搁置在墙上	0.45	0.60	0.55	0.55	0.55
	梁与梁或梁与柱整体连接	0.50	0.55			
集中荷载	搁置在墙上	0.42	0.65	0.60	0.55	0.55
	梁与梁或梁与柱整体连接	0.50	0.60			

注:A_{in}、B_{ex}、B_{in}、C_{ex}、C_{in} 分别为支座内、外侧截面的代号。

表 2-3 中的弯矩系数也适用于跨度相差不大于 10% 的不等跨连续梁(板)。此时,计算跨中弯矩时取本跨的跨度值,支座弯矩则按相邻两跨的较大跨度值计算。

现以承受均布荷载的五跨连续梁为例,用弯矩调幅法来阐明表 2-3 中的弯矩系数的确定方法。设次梁的边支座为砖墙。

取 $q/g=3$,可以写成:

$$g+q=\frac{q}{3}+q=\frac{4}{3}q \quad 或 \quad g+q=g+3g=4g$$

于是

$$q=\frac{3}{4}(g+q), \quad g=\frac{1}{4}(g+q)$$

次梁的折算荷载:

$$g'=g+\frac{1}{4}q=\frac{1}{4}(g+q)+\frac{3}{16}(g+q)=0.437(g+q)$$

$$q'=\frac{3}{4}q=\frac{3}{4}\times\frac{3}{4}(g+q)=0.563(g+q)$$

按弹性方法,当边跨支座 B 弯矩最大时(绝对值),活荷载应布置在一、二、四跨。查附表 8 得:

$$M_{B,max}=-0.105g'l^2-0.119g'l^2=-0.1129(g+q)l^2$$

考虑调幅为 20%(不超过允许最大调幅值 25%),则:

$$M_B=0.8M_{B,max}=-0.09032(g+q)l^2$$

表 2-3 中取弯矩系数为 $-1/11$,则 $M_B=-(g+q)l^2/11=-0.0909(g+q)l^2$,相当于支座调幅值为 19.5%。

支座弯矩调整后,相应的跨中弯矩应满足静力平衡条件来确定。跨内最大弯矩值出现在距端支座 $x=0.409l$ 处,其值为:

$$M_1=(g+q)(0.409l)^2-0.5(g+q)(0.409l)^2=0.0836(g+q)l^2$$

按照弹性理论的分析方法,根据活荷载最不利布置的基本原则,当活荷载布置在一、三、五跨时,相应的第一跨内最大弯矩值为:

$$M_{1,max}=0.078g'l^2+0.1q'l^2=0.0903(g+q)l^2$$

故有

$$M_{1,\max} > M_1 = 0.0836(g+q)l^2$$

即第一跨跨内弯矩最大值仍应按 $M_{1,\max}$ 计算,为使用方便,取 $M_{1,\max} = (g+q)l^2/11$。

其余系数可按类似方法确定。

(4) 调幅法计算不等跨连续梁、板

对不等跨连续梁或各跨荷载相差较大的等跨连续梁,按考虑内力重分布方法计算时,可依下列步骤进行。

① 按荷载的最不利布置,用弹性理论分别求出连续梁各控制截面的弯矩最大值 M_e。

② 在弹性弯矩的基础上,降低各支座截面的弯矩,其调幅系数 β 不宜超过 0.2;在进行正截面受弯承载力计算时,连续梁各支座截面的弯矩设计值可按下列公式计算。

当连续梁搁支在墙上时:

$$M = (1-\beta)M_e \tag{2-15}$$

当连续梁两端与梁或柱整体连接时:

$$M = (1-\beta)M_e - \frac{V_c b}{2} \tag{2-16}$$

式中　V_c——按简支梁计算的支座剪力设计值;

　　　b——支座宽度。

③ 连续梁各跨中截面的弯矩不宜调整,其弯矩设计值取考虑荷载最不利布置并按弹性理论求得的最不利弯矩值和按式(2-15)算得的弯矩值之间的较大值。

④ 连续梁各控制截面的剪力设计值,可按荷载最不利布置,根据调整后的支座弯矩用静力平衡条件计算,也可近似地取考虑活荷载最不利布置按弹性理论算得的剪力值。

不等跨连续板的计算步骤可以采用与连续梁相同的步骤。根据工程经验,当判断结构的变形和裂缝宽度均能满足设计要求时,可按下列步骤进行内力重分布计算。

从较大跨度开始,其跨中弯矩值在下列范围内选定。

边跨:

$$(g+q)l_0^2/11 \geqslant M \geqslant (g+q)l_0^2/14 \tag{2-17}$$

中间跨:

$$(g+q)l_0^2/16 \geqslant M \geqslant (g+q)l_0^2/20 \tag{2-18}$$

按照所选定的跨内弯矩值,遵照各跨静力平衡条件,可确定出该较大跨度板的两端支座弯矩值,再以两端的支座弯矩为已知值,利用上述步骤和条件确定邻跨的跨中和另一支座的弯矩设计值。

2.2.4　单向板肋梁楼盖配筋计算和构造要求

2.2.4.1　单向板的计算要点与构造

(1) 计算要点

连续板一般可按塑性理论方法计算,计算宽度可取 1 m,按单筋矩形截面设计。

由于板的跨高比远比梁小,对于一般工业与民用建筑楼盖,仅混凝土就足以承担剪力,因此可不必进行斜截面受剪承载力计算。

板的配筋率一般为 0.3%~0.8%。为了保证刚度,单向板的厚度应不小于跨度的 1/30(连续板)、1/35(简支板)以及 1/12(悬臂板)。

为了考虑四边与梁整体连接的中间区格单向板拱作用的有利因素,对中间区格的单向板,其中间跨的跨中截面弯矩及支座截面弯矩可各折减 20%,但边跨的跨中截面弯矩及第一支座截面弯矩则不折减。

(2) 构造要求

板应尽可能薄些,因为板的混凝土用量占整个楼盖的 50% 以上,即板厚每增加 1 cm,整个楼盖的混凝土用量将会增加很多。

现浇板在砌体墙上的支承长度不宜小于 120 mm。

一般板中配有受力筋和构造钢筋,构造钢筋通常有分布钢筋、防裂构造钢筋、与主梁垂直的附加负筋、与承重砌体墙垂直的负筋和板角附加短钢筋。

① 板中受力筋。

由计算确定的受力钢筋有承受负弯矩的板面负筋和承受正弯矩的板底正筋两种。常用直径为 6 mm、8 mm、10 mm、12 mm 等。正钢筋采用 HPB300 级钢筋时,端部采用半圆弯钩,负钢筋端部应做成直钩支撑在底模上。为了施工中不易被踩下,负钢筋直径一般不小于 8 mm。对于绑扎钢筋,当板厚 $h \leqslant 150$ mm 时,间距不应大于 200 mm;$h > 150$ mm 时,间距不应大于 $1.5h$,且不宜大于 250 mm。伸入支座的钢筋,其间距不应大于 400 mm,且截面积不得少于受力钢筋的 1/3。钢筋间距也不宜小于 70 mm。

为了施工方便,选择板内正、负钢筋时,一般宜使它们的间距相同而直径不同,且直径不宜多于两种。

连续板受力钢筋的配筋方式有弯起式和分离式两种,如图 2-10 所示。弯起式配筋可先按跨内正弯矩的需要确定所需钢筋的直径和间距,然后在支座附近弯起 1/2~2/3,如果还不满足所要求的支座负钢筋需要,再另加直的负钢筋,通常取相同的间距。其弯起角一般为 30°;当板厚大于 120 mm 时,可采用 45°。弯起式配筋的钢筋锚固较好,可节省钢材,但施工较复杂。

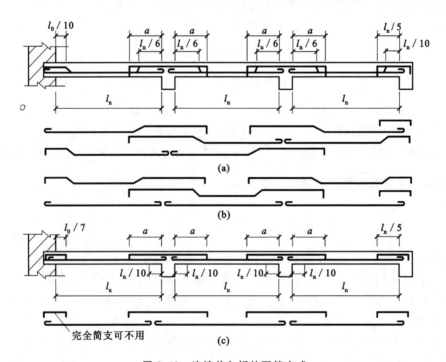

图 2-10　连续单向板的配筋方式

(a) 一端弯起式;(b) 两端弯起式;(c) 分离式

连续单向板内受力钢筋的弯起和截断,一般可以按图 2-10 确定,图 2-10 中 a 的取值为:当板上均布活荷载 q 与均布恒荷载 g 的比值 $q/g \leqslant 3$ 时,$a = l_n/4$;当 $q/g > 3$ 时,$a = l_n/3$。其中,l_n 为板的净跨长。当连续板的相邻跨度之差超过 20%,或各跨荷载相差很大时,则钢筋的弯起与切断应按弯矩包络图确定。

② 板中分布筋。

在平行于单向板的长跨,与受力钢筋垂直的方向设置分布筋,分布筋放在受力筋的内侧。分布筋的截面面积不应少于受力钢筋的 15%,且不宜小于该方向板截面面积的 0.15%;分布钢筋的间距不宜大于 250 mm,直径不小于 6 mm,在受力钢筋的弯折处也宜设置分布筋。

分布筋具有以下主要作用:浇筑混凝土时固定受力钢筋的位置;承受混凝土收缩和温度变化所产生的内力;承受并分布板上局部荷载产生的内力;对四边支承板,可承受在计算中未考虑但实际存在的长跨方向的弯矩。

③ 防裂构造钢筋。

在温度、收缩应力较大的现浇板区域,应在板的表面双向配置防裂构造钢筋。每一方向的配筋率均不宜小于 0.10%,间距不宜大于 200 mm。防裂构造钢筋可利用原有钢筋贯通布置,也可另外设置钢筋并与原有钢筋按受拉钢筋的要求搭接或在周边构造中锚固。

④ 与承重砌体墙垂直的附加负筋。

嵌入承重砌体墙内的单向板,计算时按简支考虑,但实际上有部分嵌固作用,将产生局部负弯矩。为此,应沿承重砌体墙配置不少于 $\phi 8@200$ 的附加短负筋,伸出墙边长度大于或等于 $l_0/7$,如图 2-11(a) 所示。

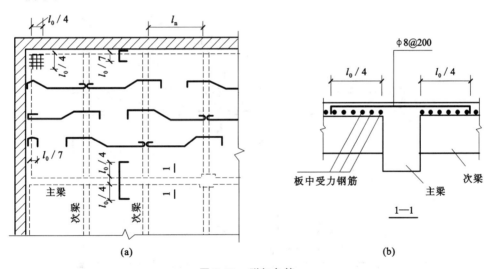

图 2-11　附加负筋

(a) 与承重砌体墙垂直的附加负筋;(b) 与主梁垂直的附加负筋

⑤ 与主梁垂直的附加负筋。

力总是按最短距离传递的,所以靠近主梁的竖向荷载,大部分是传给主梁而不是往单向板的跨度方向传递。所以主梁梁肋附近的板面存在一定的负弯矩,必须在主梁上部的板面配置附加短钢筋。其规格不低于 $\phi 8@200$,且沿主梁单位长度内的总截面面积不少于板中单位宽度内受力钢筋截面积的 1/3,伸入板中的长度从主梁梁肋边算起不小于板计算跨度 l_0 的 1/4,如图 2-11(b) 所示。

⑥ 板角附加短钢筋。

两边嵌入砌体墙内的板角部分,应在板面双向配置附加的短负钢筋。其中,沿受力方向配置的负钢筋截面面积不宜小于该方向跨中受力钢筋截面面积的1/3,且不低于Φ8@200;另一方向也应配不低于Φ8@200的负钢筋。每一方向伸出墙边的长度不小于$l_0/4$,如图2-11(a)所示。

2.2.4.2 次梁的计算要点与配筋构造

(1) 计算要点

次梁的梁高为跨度的1/18~1/12,主梁的梁高为跨度的1/14~1/8。梁宽为梁高的1/3~1/2,因梁与板整浇在一起,故梁宽可取偏小值,纵向钢筋经济配筋率一般为0.6%~1.5%。

在现浇肋梁楼盖中,在跨内正弯矩作用下,板位于受压区,故梁的跨内截面按T形截面计算,翼缘计算宽度b_f'可按《混凝土结构设计标准(2024年版)》(GB/T 50010—2010)的有关规定确定。在支座附近的负弯矩区段,板处于受拉区,故按矩形截面计算纵向受拉钢筋。

当次梁按考虑内力重分布方法设计时,调幅截面的相对受压区高度应满足$\xi \leqslant 0.35h_0$。此外,在斜截面受剪承载力计算中,还应注意将计算所需的箍筋面积增大20%,增大范围如下:当为集中荷载时,取支座边至最近一个集中荷载之间的区段;当为均布荷载时,取$1.05h_0$,此处h_0为梁截面有效高度。

(2) 配筋构造

次梁的配筋方式有弯起式和连续式两种,如图2-12所示。沿梁长纵向钢筋的弯起和切断,原则上应按弯矩及剪力包络图确定。但对于相邻跨跨度相差不超过20%,活荷载和恒荷载的比值$q/g \leqslant 3$的连续梁,可参考图2-12配置钢筋。

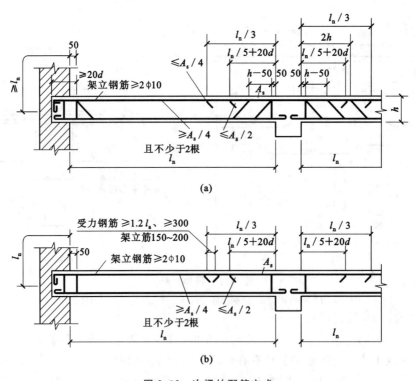

图2-12 次梁的配筋方式

(a) 弯起式;(b) 连续式

2.2.4.3　主梁的计算要点与构造

（1）计算要点

主梁的跨度一般以 $5\sim8$ m 为宜；梁高为跨度的 $1/14\sim1/8$。主梁除承受自重和直接作用在主梁上的荷载外，主要承受次梁传来的集中荷载。为简化计算，可将主梁的自重等效成集中荷载，其作用点与次梁的位置相同。因梁、板整体浇筑，故主梁跨内截面按 T 形截面计算，支座截面按矩形截面计算。

由于主梁为整个楼盖结构中受力最大的构件，需要较大的强度储备，所以应按弹性理论进行计算。

在主梁支座处，主梁与次梁截面的上部纵向钢筋相互交叉重叠（图 2-13），致使主梁承受负弯矩的纵筋位置下移，梁的有效高度减小。所以在计算主梁支座截面负钢筋时，截面有效高度 h_0 应取：单排钢筋，$h_0=h-(65\sim70)\text{mm}$；双排钢筋，$h_0=h-(90\sim100)\text{mm}$。

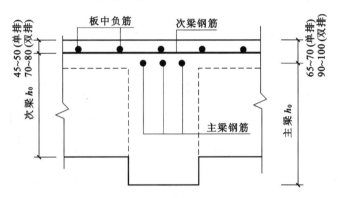

图 2-13　板、主梁、次梁负筋相对位置

（2）附加横向钢筋

次梁与主梁相交处，在主梁高度范围内受到次梁传来的集中荷载的作用[图 2-14（a）]。此集中荷载并非作用在主梁顶面，而是靠次梁的剪压区传递至主梁的腹部。所以在主梁局部长度上将引起主拉应力，特别是当集中荷载作用在主梁的受拉区时，会在梁腹部产生斜裂缝，而引起局部破坏。为此，需设置附加横向钢筋，把此集中荷载传递到主梁顶部受压区，如图 2-14（b）所示。

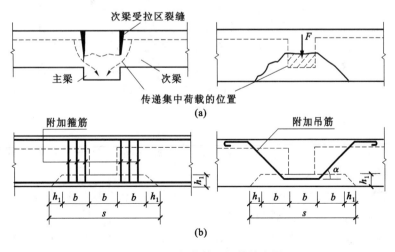

图 2-14　附加箍筋和吊筋的布置

附加横向钢筋应布置在长度为 $s=2h_1+3b$ 的范围内,以便能充分发挥作用。附加横向钢筋可采用附加箍筋和吊筋,宜优先采用附加箍筋。附加箍筋和吊筋的总截面面积按下式计算:

$$F_l \leqslant 2f_y A_{sb}\sin\alpha + mnA_{sv1}f_{yv} \tag{2-19}$$

式中　F_l——由次梁传递的集中力设计值;

　　　f_y——吊筋的抗拉强度设计值;

　　　f_{yv}——附加箍筋的抗拉强度设计值;

　　　A_{sb}——一根吊筋的截面面积;

　　　A_{sv1}——单肢箍筋的截面面积;

　　　m——附加箍筋的排数;

　　　n——在同一截面内附加箍筋的肢数;

　　　α——吊筋与梁轴线间的夹角。

2.2.5　单向板肋梁楼盖设计典型例题

某设计使用年限为 50 年的多层工业建筑的楼盖,平面布置如图 2-15 所示,安全设计等级为二级,环境类别为一类。楼面均布可变荷载标准值为 6 kN/m²,采用现浇钢筋混凝土单向板肋梁楼盖,试对其进行设计,其中板、次梁按考虑塑性内力重分布设计,主梁内力按弹性理论计算。

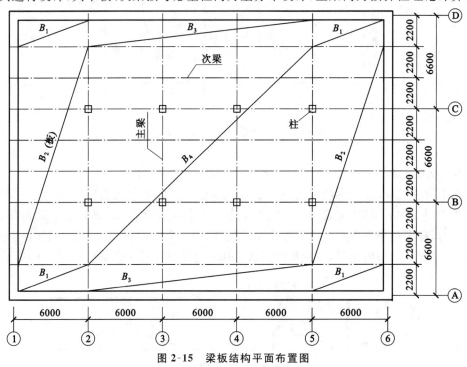

图 2-15　梁板结构平面布置图

2.2.5.1　设计资料

① 楼面做法:20 mm 的水泥砂浆面层,钢筋混凝土板 80 mm,20 mm 的石灰砂浆天棚抹灰。

② 楼面活荷载标准值:6 kN/m²。

③ 按《工程结构通用规范》(GB 55001—2021),恒荷载分项系数为 1.3;活荷载分项系数取 1.4 (工业房屋楼面活荷载标准值大于 4 kN/m²)。

④ 材料:混凝土强度等级 C30 ($f_c=14.3$ N/mm², $f_t=1.43$ N/mm²),梁内受力纵筋为

HRB400 级（$f_y = 360$ N/mm²），其他钢筋为 HPB300 级（$f_y = 270$ N/mm²）。

2.2.5.2 构件截面尺寸的确定

根据结构平面布置，主梁的跨度为 6.6 m，次梁的跨度为 6 m，主梁每跨跨内布置两根次梁，板的跨度为 2.2 m。

板厚：$h \geqslant l/40 = 2200/40 = 55$(mm)，对工业建筑的楼盖板建议 $h \geqslant 80$ mm，取 $h = 80$ mm。

次梁的梁高 $h = l/(12 \sim 18) = 6000/(12 \sim 18) = 333 \sim 500$(mm)，考虑到活荷载较大，取 $h = 500$ mm，梁宽 $b = 200$ mm。

主梁的梁高 $h = l/(8 \sim 14) = 6600/(8 \sim 14) = 470 \sim 830$(mm)，取 $h = 600$ mm，梁宽 $b = 250$ mm。

2.2.5.3 板的计算

考虑到内力重分布，设计标准要求单向板的长宽比大于或等于 3，本例中 $\frac{l_2}{l_1} = \frac{6000}{2200} = 2.73 < 3$，宜按双向板设计，按单向板设计时，应沿长边方向布置足够数量的构造钢筋。本例按单向板进行设计。

（1）荷载

板的荷载标准值如下。

20 mm 水泥砂浆面层：	$0.02 \times 20 = 0.4$(kN/m²)
80 mm 钢筋混凝土板：	$0.08 \times 25 = 2$(kN/m²)
20 mm 石灰砂浆	$0.02 \times 17 = 0.34$(kN/m²)
小计：	2.74 kN/m²
活荷载标准值：	6 kN/m²
恒荷载设计值：	$g = 2.74 \times 1.3 = 3.56$(kN/m²)
活荷载设计值：	$q = 6.00 \times 1.4 = 8.4$(kN/m²)
荷载总设计值：	$g + q = 3.56 + 8.4 = 11.96$(kN/m²)

（2）计算简图

次梁截面为 200 mm×500 mm，板在墙上的支承宽度为 120 mm，如图 2-16(a)所示。

边跨：

$$l_n + \frac{h}{2} = 1980 + \frac{80}{2} = 2020(\text{mm}) < l_n + \frac{a}{2} = 1980 + \frac{120}{2} = 2040(\text{mm})$$

中间跨：

$$l_{02} = l_n = 2200 - 200 = 2000(\text{mm})$$

跨度相差小于 10%，工程上可以按等跨计算，满足工程设计要求，取 1 m 宽板带作为计算单元，计算简图如图 2-16(b)所示。

（3）弯矩设计值

单向板的弯矩系数：边跨跨中 1/11；离端第二支座 $-1/11$；中间跨跨中 1/16；中间支座 $-1/14$，因而有如下计算：

$$M_1 = -M_B = \frac{(g+q)l_{01}^2}{11} = \frac{11.96 \times 2.02^2}{11} = 4.44(\text{kN} \cdot \text{m})$$

$$M_c = \frac{-(g+q)l_{02}^2}{14} = \frac{-11.96 \times 2.00^2}{14} = -3.42(\text{kN} \cdot \text{m})$$

$$M_2 = \frac{(g+q)l_{02}^2}{16} = \frac{11.96 \times 2.00^2}{16} = 2.99(\text{kN} \cdot \text{m})$$

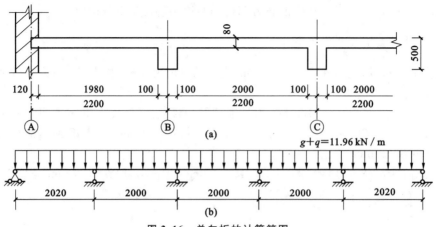

图 2-16 单向板的计算简图

（4）正截面受弯承载力计算

板厚 80 mm，$h_0 = 80 - 20 = 60$（mm）。C30 混凝土 $\alpha_1 f_c = 14.3$ N/mm^2，HPB300 钢筋 $f_y = 270$ N/mm^2。板配筋计算见表 2-7。

表 2-7　　　　　　　　　　　　　　　连续板各截面的配筋计算

板带部位截面	边缘板带（①～②，⑤～⑥轴线间）				中间板带（②～⑤轴线间）			
	边跨跨内	离端第二支座	离端第二跨跨中、中间跨跨中	中间支座	边跨跨中	离端第二支座	离端第二跨跨中、中间跨跨中	中间支座
M/(kN·m)	4.44	−4.44	2.99	−3.42	4.44	−4.44	2.392	−2.736
$x = h_0 - \sqrt{h_0^2 - \dfrac{2M}{\alpha_1 f_c b}}$ / mm	$5.42 < \xi_b h_0$	$5.42 < \xi_b h_0$	$3.592 < \xi_b h_0$	$4.128 < \xi_b h_0$	$5.42 < \xi_b h_0$	$5.42 < \xi_b h_0$	$2.856 < \xi_b h_0$	$3.278 < \xi_b h_0$
$\xi = x/h_0$	0.09	0.09 < 0.1	0.06	0.069 < 0.1	0.09	0.09 < 0.1	0.048	0.055 < 0.1
$A_s = \dfrac{\alpha_1 f_c b x}{f_y}$ / mm^2	286	318	191	318	286	318	153	318
选配钢筋	φ8@150	φ8@150	φ8@200	φ8@150	φ8@150	φ8@150	φ8@200	φ8@150
实配钢筋面积/ mm^2	335	335	251	335	335	335	251	335

计算结果表明：$A_s/bh = 251/(1000 \times 80) = 0.31\%$，大于 $0.45 f_t/f_y = 0.45 \times 1.43/270 = 0.24\%$，同时大于 0.2%，满足最小配筋率的要求。

对轴线②～⑤间的板带，因各板区格的四周均与梁整体连接，各跨跨内和中间支座可考虑板的内拱作用，将其弯矩设计值减少 20%；支座截面，当 $\xi < 0.1$ 时，取 $\xi = 0.1$。

2.2.5.4　次梁的计算

按考虑内力重分布进行设计，根据本楼盖的实际使用情况，楼盖的次梁和主梁的活荷载一律不考虑梁从属面积的荷载折减。

（1）荷载设计值

板传来恒荷载： $3.56 \times 2.2 = 7.83 (\text{kN/m})$

次梁自重： $0.2 \times (0.5 - 0.08) \times 25 \times 1.3 = 2.73 (\text{kN/m})$

次梁粉刷： $(0.5 - 0.08) \times 0.02 \times 17 \times 1.3 \times 2 = 0.37 (\text{kN/m})$

恒荷载设计值： $g = 10.93 (\text{kN/m})$

活荷载设计值（由板传来）： $q = 8.4 \times 2.2 = 18.48 (\text{kN/m})$

荷载总设计值： $g + q = 10.93 + 18.48 = 29.41 (\text{kN/m})$

（2）计算简图

次梁在砖墙上支承长度为 240 mm，主梁截面为 250 mm×600 mm。按塑性理论计算次梁的内力，取计算跨度如下。

边跨：

$$l_{n1} = 6000 - 120 - \frac{250}{2} = 5755 (\text{mm})$$

$$l_{01} = l_{n1} + \frac{a}{2} = 5755 + \frac{240}{2} = 5875 (\text{mm})$$

又

$$1.025 l_{n1} = 1.025 \times 5755 = 5899 (\text{mm}) > 5875 \text{ mm}$$

应取：

$$l_{01} = 5875 \text{ mm}$$

中间跨：

$$l_0 = l_n = 6000 - 250 = 5750 (\text{mm})$$

跨度差：

$$\frac{5875 - 5750}{5750} = 2.2\% < 10\%$$

故可按等跨连续梁计算。次梁的计算简图如图 2-17 所示。

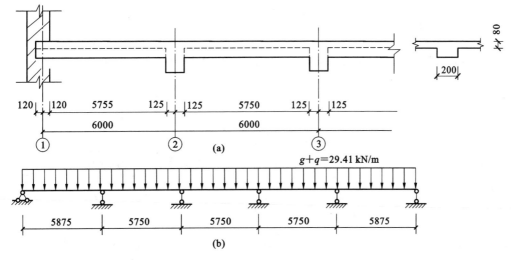

图 2-17　次梁的计算简图

（3）内力计算

次梁各截面的弯矩及剪力计算分别见表2-8和表2-9。

表2-8 连续次梁的弯矩计算

截面	边跨跨中	离端第二支座	离端第二跨跨中、中间跨跨中	中间支座
弯矩计算系数 α	$\dfrac{1}{11}$	$-\dfrac{1}{11}$	$\dfrac{1}{16}$	$-\dfrac{1}{14}$
$M=\alpha(g+q)l_0^2$	92.28	−92.28	60.77	−69.45

表2-9 连续次梁的剪力计算

截面	端支座内侧	离端第二支座外侧	离端第二支座内侧	中间支座内、外侧
剪力计算系数 β	0.45	0.6	0.55	0.55
$V=\beta(g+q)l_n$	76.16	101.55	93.01	93.01

（4）各截面承载力计算

进行正截面受弯承载力计算时,考虑板的作用,跨中截面按 T 形截面计算,翼缘计算宽度取值如下。

边跨：

$$b_f'=\frac{l_0}{3}=\frac{5875}{3}=1958(\text{mm})$$

又

$$b+s_n=200+2000=2200(\text{mm})>1958\ \text{mm}$$

故取 $b_f'=1960$ mm。

离端第二跨、中间跨：

$$b_f'=\frac{l_0}{3}=\frac{5750}{3}=1917(\text{mm})$$

故取 $b_f'=1920$ mm。

所有截面纵向受拉钢筋均布置成一排。梁高 $h=500$ mm, $h_0=500-35=465(\text{mm})$。翼缘厚 $h_f'=80$ mm。

连续次梁的正截面抗弯承载力计算见表2-10。

表2-10 连续次梁的正截面抗弯承载力计算

截面	边跨跨内	离端第二支座	离端第二跨跨内、中间跨跨内	中间支座
$M/(\text{kN}\cdot\text{m})$	92.28	−92.28	60.77	−69.45
$M_u=\alpha_1 f_c b_f' h_f'(h_0-0.5\times h_f')/$ $(\text{kN}\cdot\text{m})$	1042.6	—	1021.4	—
判断 T 形截面类型	$M<M_u$	—	$M<M_u$	—
$x=h_0-\sqrt{h_0^2-\dfrac{2M}{\alpha_1 f_c b_f'}}/\text{mm}$	$7.135<\xi_b h_0$	$75.523<\xi_b h_0$	$4.785<\xi_b h_0$	$55.543<\xi_b h_0$

截面	边跨跨内	离端第二支座	离端第二跨跨内、中间跨跨内	中间支座
$A_s = \dfrac{\alpha_1 f_c b'_f x}{f_y}$ 或 $A_s = \dfrac{\alpha_1 f_c bx}{f_y} / \text{mm}^2$	555	600	365	441
选配钢筋	2Φ18+1Φ12	2Φ12+2Φ18	2Φ14+1Φ12	2Φ12+2Φ14
实配钢筋面积/mm²	622	735	421	534
验算最小配筋率 $\rho_{\min} = 0.2\%$	0.66%	0.71%	0.43%	0.51%

斜截面受剪承载力计算按以下步骤进行。

① 验算截面尺寸。

$$h_w = h_0 - h_f = 465 - 80 = 385 (\text{mm})$$

$$\frac{h_w}{b} = \frac{385}{200} = 1.925 < 4$$

故

$$0.25\beta_c f_c bh_0 = 0.25 \times 1 \times 14.3 \times 200 \times 465 = 332475(\text{N}) > V_{\max} = 101.55 \text{ kN}$$

即截面尺寸满足要求。

$$0.7 f_t bh_0 = 0.7 \times 1.43 \times 200 \times 465 = 93039(\text{N}) < V_{\max}$$

则除端支座内侧,其他支座边缘均需按计算配置腹筋。

② 计算所需腹筋。

《混凝土结构设计标准(2024 年版)》(GB/T 50010—2010)规定,对于截面高度不大于 800 mm 的梁,箍筋直径不宜小于 6 mm。采用 Φ6 双肢箍筋,计算离端第二支座外侧截面,$V = 101.55$ kN。

由

$$V \leqslant 0.7 f_t bh_0 + f_{yv} \frac{A_{sv}}{s} h_0$$

可得到所需箍筋间距为:

$$s \geqslant \frac{f_{yv} A_{sv} h_0}{V_{b1} - 0.7 f_t bh_0} = \frac{270 \times 2 \times 28.3 \times 465}{101550 - 0.7 \times 1.43 \times 200 \times 465} = 840(\text{mm})$$

如前所述,考虑弯矩调幅确定弯矩设计值时,应在梁塑性铰范围内将计算的箍筋面积增大 20%。现调整箍筋间距:

$$s = 840/0.8 = 1050(\text{mm})$$

根据箍筋最大间距要求,取箍筋间距 $s = 200$ mm。

③ 验算箍筋下限值。

弯矩调幅时要求的配箍率下限值为:

$$\rho_{sv,\min} = 0.24 \frac{f}{f_{yv}} = 0.24 \times \frac{1.43}{270} = 0.127\%$$

实际配箍率:

$$\rho_{sv} = \frac{A_{sv}}{bs} = \frac{2 \times 28.3}{200 \times 200} = 0.14\% > \rho_{sv,\min}$$

满足要求。沿梁全长按 Φ6@200 配箍。

2.2.5.5　主梁的计算

主梁的内力可按弹性理论计算。

（1）荷载设计值

为简化计算，主梁的自重按集中荷载考虑。

次梁传来恒荷载：　　　　　　　　　　　　　　　　$10.93 \times 6 = 65.58 (\text{kN})$

主梁自重：　　　　　　　$0.25 \times (0.6 - 0.08) \times 2.2 \times 25 \times 1.3 = 9.30 (\text{kN})$

主梁粉刷：　　　　　　　$(0.6 - 0.08) \times 2 \times 2.2 \times 0.34 \times 1.3 = 1.01 (\text{kN})$

恒荷载设计值：　　　　　　　　　　　　　　　　　　　　　$G = 75.89 (\text{kN})$

活荷载设计值：　　　　　　　　　　　　　　　　　$Q = 18.48 \times 6 = 110.88 (\text{kN})$

（2）计算简图

梁两端支承在砖墙上，支承长度为 370 mm，中间支承在 400 mm×400 mm 的钢筋混凝土柱上，如图 2-18(a)所示，墙、柱作为主梁的铰支座，主梁按连续梁计算。

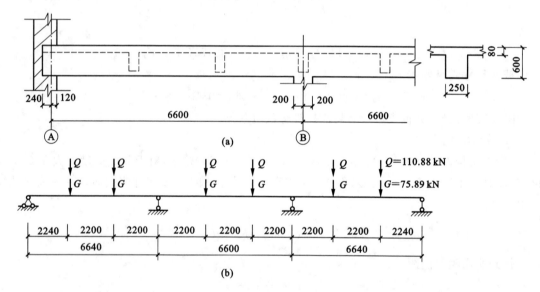

图 2-18　主梁的尺寸及计算简图

计算跨度如下。

边跨：

$$l_{\text{n}} = 6600 - 120 - \frac{400}{2} = 6280 (\text{mm})$$

$$l_{01} = l_{\text{n}} + \frac{b}{2} + 0.025 l_{\text{n}} = 6280 + 200 + 0.025 \times 6280 = 6637 (\text{mm})$$

$$l_{01} = l_{\text{n}} + \frac{a}{2} + \frac{b}{2} = 6280 + \frac{370}{2} + \frac{400}{2} = 6665 (\text{mm})$$

故边跨取：　　　　　　　　　　　$l_{01} = 6640 \text{ mm}$

中间跨：　　　　　　　　　　　　$l_0 = 6600 \text{ mm}$

因跨度相差小于 10%，故可利用附表 8 按等跨连续梁计算内力。主梁的计算简图如图2-18(b)所示。

（3）弯矩、剪力计算及内力包络图

① 弯矩设计值。

弯矩：

$$M = k_1 G l_0 + k_2 Q l_0$$

式中 k_1, k_2——系数，具体计算结果及最不利荷载组合见表 2-11。

表 2-11　　　　　主梁的弯矩计算

序号	计算简图	边跨跨内 $\dfrac{k}{M_1}$	中间支座 $\dfrac{k}{M_B\,(M_C)}$	中间跨跨内 $\dfrac{k}{M_2}$
①		$\dfrac{0.244}{122.95}$	$\dfrac{-0.267}{-134.14}$	$\dfrac{0.067}{33.56}$
②		$\dfrac{0.289}{212.77}$	$\dfrac{-0.133}{-97.63}$	$\dfrac{-0.133}{-97.33}$
③		$\dfrac{-0.044}{-32.39}$	$\dfrac{-0.133}{-97.63}$	$\dfrac{0.200}{146.36}$
④		$\dfrac{0.229}{168.60}$	$\dfrac{-0.311(-0.089)}{-228.28(-65.33)}$	$\dfrac{0.170}{124.41}$
⑤		$\frac{1}{3}M_B = -21.78$	$-65.33(-228.28)$	124.41
最不利荷载组合	①+②	335.72	−231.77	−63.77
	①+③	90.56	−231.77	179.92
	①+④	291.55	−362.42(−199.47)	157.97
	①+⑤	101.17	−199.47(−362.42)	157.97

② 剪力设计值。

$$V = k_3 G + k_4 Q$$

式中 k_3, k_4——系数，具体计算结果及最不利荷载组合见表 2-12。

表 2-12　　　　　主梁的剪力计算

序号	计算简图	端支座 $\dfrac{k}{V_{Ain}}$	中间支座 $\dfrac{k}{V_{B左}\,(V_{B右})}$	$\dfrac{k}{V_{C左}\,(V_{C右})}$
①		$\dfrac{0.733}{55.63}$	$\dfrac{-1.267(1.000)}{-96.15(75.89)}$	$\dfrac{-1.000(1.267)}{-75.89(96.15)}$

序号	计算简图	端支座	中间支座	
		$\dfrac{k}{V_{Ain}}$	$\dfrac{k}{V_{B左}(V_{B右})}$	$\dfrac{k}{V_{C左}(V_{C右})}$
②	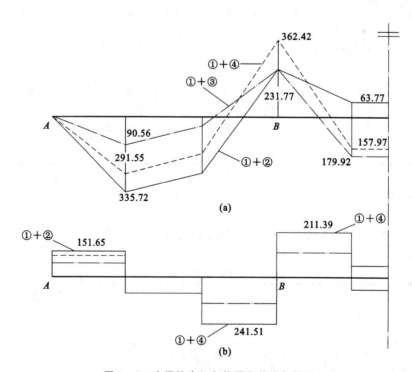 $QQ\qquad QQ$ $l_0\ \ l_0\ \ l_0$	$\dfrac{0.866}{96.02}$	$\dfrac{-1.134}{-125.74}(0)$	$0\left(\dfrac{1.134}{125.74}\right)$
④	$QQ\quad QQ$	$\dfrac{0.689}{76.40}$	$\dfrac{-1.311}{-145.36}\left(\dfrac{1.222}{135.50}\right)$	$\dfrac{-0.778}{-86.26}\left(\dfrac{0.089}{9.87}\right)$
⑤	$QQ\quad QQ$	-9.87	$-9.87(86.26)$	$-135.50(145.36)$
最不利荷载组合	①+②	151.65	$-221.89(75.89)$	$-75.89(221.89)$
	①+④	132.03	$-241.51(211.39)$	$-162.15(106.02)$
	①+⑤	45.76	$-106.02(162.15)$	$-211.39(241.51)$

③ 弯矩、剪力包络图。

由表2-11和表2-12荷载组合情况和表内的弯矩值来绘制弯矩、剪力叠合图。将以上最不利荷载组合下的四种弯矩图及三种剪力图分别叠画在同一坐标图上,即可得弯矩叠合图和剪力叠合图。叠合图的外包线分别为弯矩包络图和剪力包络图,如图2-19所示。

图 2-19 主梁的弯矩包络图和剪力包络图

（4）主梁的截面承载力计算

① 正截面抗弯承载力计算。

跨内按 T 形截面计算，因 $h'_f/h_0=80/560=0.14>0.1$，所以翼缘计算宽度取：

$$b'_f=\frac{l}{3}=\frac{6.6}{3}=2.2(\text{m})<b+s_n$$

取 $b'_f=2.2$ m 计算，故：

$$h_0=600-40=560(\text{mm})$$

支座截面按矩形截面计算，考虑到支座负弯矩较大，采用双排配筋，故：

$$h_0=600-90=510(\text{mm})$$

主梁的正截面承载力计算见表 2-13。

表 2-13　　　　　　　　　　　　　　主梁的正截面承载力计算

截面	边跨跨内	中间支座	中间跨跨内	
$M/(\text{kN}\cdot\text{m})$	335.72	-362.42	179.92	-63.77 （$h_0=535$ mm）
$V_0\dfrac{b}{2}$	—	37.35	—	—
$M-V_0\dfrac{b}{2}/(\text{kN}\cdot\text{m})$	—	-325.07	—	—
$M_u=$ $\alpha_1 f_c b'_f h'_f(h_0-0.5\times h'_f)/$ $(\text{kN}\cdot\text{m})$	1409.4	—	1409.4	—
判断 T 形截面类型	$M<M_u$	—	$M<M_u$	—
$x=h_0-\sqrt{h_0^2-\dfrac{2M}{\alpha_1 f_c b'_f}}/$ mm^2	$19.39<\xi_b h_0$	$230.28<\xi_b h_0$	$10.31<\xi_b h_0$	$34.45<\xi_b h_0$
是否超筋（$\xi_b=0.518$）	否	否	否	否
$A_s=\dfrac{\alpha_1 f_c b'_f x}{f_y}$ 或 $A_s=\dfrac{\alpha_1 f_c b x}{f_y}/\text{mm}^2$	1694	2287	901	342
选配钢筋	4⚈25	4⚈25+2⚈20	2⚈25	2⚈20
实配钢筋面积/mm²	1964	2592	982	628
纵筋最小配筋率 ρ_{min}	0.2%	0.2%	0.2%	0.2%
$\rho=\dfrac{A_s}{bh}$	1.31%	1.73%	0.65%	0.42%

② 斜截面抗剪承载力计算。

a. 验算截面尺寸。

截面验算剪力最大的 B 支座左,是否按计算配置腹筋验算剪力较小的 A 支座右,即:

$$0.25\beta_c f_c bh_0 = 0.25 \times 1 \times 11.9 \times 250 \times 510$$
$$= 379.31(kN) > V_{max}$$
$$= 241.51(kN)$$

取 A 支座 $h_0 = 535$ mm,故:

$$0.7 f_t bh_0 = 0.7 \times 1.27 \times 250 \times 535 = 118.90(kN) < V_A = 151.65(kN)$$

由此可见,截面尺寸符合要求,但均应按计算配置腹筋。

b. 计算所需腹筋。

采用 $\Phi 8@150$ mm 双肢箍筋:

$$V_{cs} = 0.7 f_t bh_0 + \frac{f_{yv} h_0 A_{sv}}{s} = 0.7 \times 1.43 \times 250 \times 510 + \frac{270 \times 510 \times 2 \times 50.3}{150}$$
$$= 219978(N) \begin{cases} > V_A = 151650(N) \\ > V_{Br} = 211390(N) \\ < V_{Bl} = 241510(N) \end{cases}$$

故支座 B 左侧应按计算配置弯起钢筋,所需弯起钢筋面积为:

$$A_{sb} = \frac{V_{Bl} - V_{cs}}{0.8 f_y \sin\alpha} = \frac{223860 - 219978}{0.8 \times 360 \times 0.707}$$
$$= 19.3(mm^2)$$

按 45°弯起 $1\Phi 25$, $A_{sb} = 490.9$ mm^2 > 106 mm^2。因主梁剪力图呈矩形,故在支座 B 截面左边 2.2 m 长度内分两批弯起 $2\Phi 25$,再加鸭筋 $2\Phi 16(A_s = 402$ mm$^2)$,以覆盖最大的剪力区段。

③ 主梁吊筋计算。

次梁传来集中力为:

$$F_l = 65.58 + 110.88 = 176.46(kN)$$

由 $F \leqslant 2 f_y A_{sb} \sin\alpha$,得:

$$A_{sb} \geqslant \frac{176460}{2 \times 360 \times \sin 45°} = 347(mm^2)$$

可选 $2\Phi 16(A_{sb} = 402$ mm$^2)$ 吊筋。

主梁边支座下设现浇垫块,砌体局部受压验算从略。

2.2.5.6 绘制施工图

主梁配筋图中支座负筋截断位置由梁的抗弯材料图覆盖弯矩包络图决定(图 2-20)。该梁 $V >$ $0.7 f_t bh_0$,负筋实际切断点到理论切断点(即按正截面承载力计算不需要该钢筋的截面)的距离不应小于 $20d$ 及 h_0,且从该钢筋强度充分利用截面伸出的长度应不小于 $1.2l_a + h_0$;如果按上述确定的断点仍在负弯矩受拉区内,则从充分利用截面伸出的长度应不小于 $1.2l_a + 1.7h_0$,计算不需要该钢筋的截面伸出长度,其长度应不小于 $20d$ 及 $1.3h_0$ 的最大值。B 支座左侧相邻弯起钢筋上、下弯点之间的距离不应超过箍筋的最大允许间距 s_{max}(本例为 250 mm)。由于边跨跨中只能弯起 $2\Phi 25$(分两次弯起),为满足剪力区段的承载力和构造要求,在 B 支座处专门设置 $2\Phi 16$ 鸭筋抗剪。

主、次梁和板的配筋施工图分别如图 2-20~图 2-22 所示。

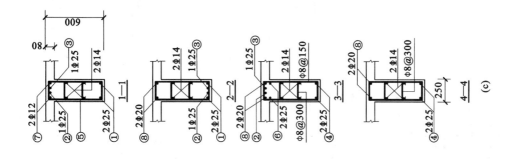

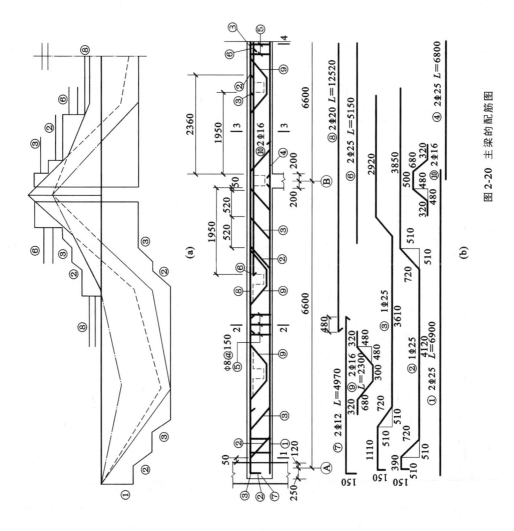

图 2-20 主梁的配筋图

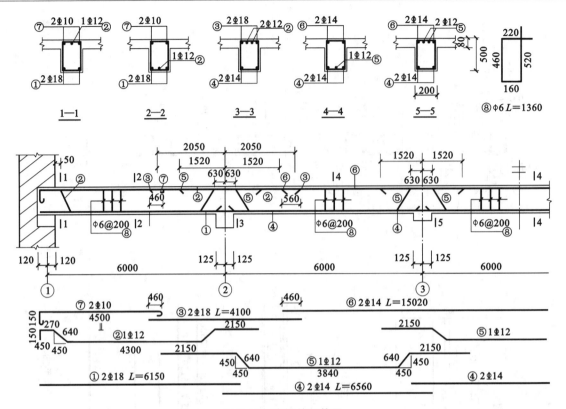

图 2-21　次梁的配筋图

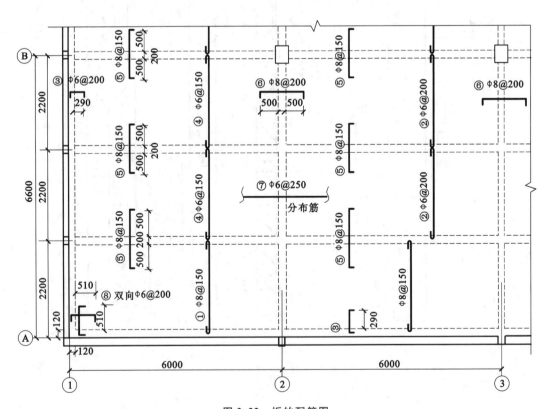

图 2-22　板的配筋图

2.3　整体式现浇双向板肋梁楼盖的设计

2.3.1　双向板的受力特征及试验结论

荷载作用下,在纵、横两个方向弯曲且都不能忽略的板称为双向板。双向板的支承形式可以是四边支承、三边支承、两邻边支承或四点支承;板的平面形状可以是正方形、矩形、圆形、三角形或其他形状。这里讲述的是最常见的四边支承的正方形板和矩形板。

四边简支双向板的均布加载试验表明:

① 板的竖向位移呈碟形,板的四角有翘起的趋势,因此板传给四边支座的压力沿边长是不均匀的,其特点是中部大、两端小,大致按正弦曲线分布。

② 在裂缝出现前,矩形双向板基本上处于弹性工作阶段,短跨方向的最大正弯矩出现在中点,而长跨方向的最大正弯矩偏离跨中截面。

③ 两个方向配筋相同的正方形板,由于跨中正弯矩最大,板的第一批裂缝出现在板底中间部分,随后由于主弯矩的作用,沿对角线方向向四角发展,如图 2-23(a)所示,随着荷载不断增加,板底裂缝继续向四角扩展,直至因板的底部钢筋屈服而破坏。

④ 当接近破坏时,由于主弯矩的作用,板顶面靠近四角附近,出现垂直于对角线方向,大体上呈圆形的环状裂缝,这些裂缝的出现,又促进了板底对角线方向裂缝的进一步扩展。两个方向配筋相同的矩形板板底的第一批裂缝,出现在中部,平行于长边方向,这是短跨跨中的正弯矩 M_1 大于长跨跨中的正弯矩 M_2 所致。随着荷载进一步加大,这些板底的跨中裂缝逐渐延长,并沿 $45°$ 角向板的四角扩展,如图 2-23(b)所示,板顶四角也出现大体呈圆形的环状裂缝,如图 2-23(c)所示。矩形板最终因板底裂缝处受力钢筋屈服而破坏。

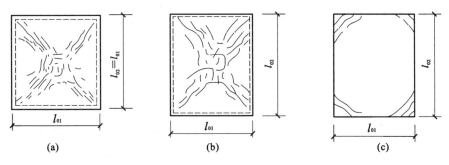

图 2-23　均布荷载作用下双向板中的裂缝分布
(a)正方形板板底裂缝;(b)矩形板板底裂缝;(c)矩形板板面裂缝

2.3.2　按弹性理论计算结构内力

双向板的内力分析有两种方法:一种将混凝土视为弹性体,按弹性理论的分析方法求解板的内力和变形;另一种视混凝土为弹塑性材料,按塑性理论的方法求解板的内力和配筋。弹性理论设计方法简便且偏于安全,在实际工程中使用较多。

2.3.2.1　单区格双向板

对于工程应用而言,当板厚远小于板短边边长的 1/8,且板的挠度远小于板的厚度时,双向板可采用根据弹性薄板小挠度理论的内力和变形计算结果编制的表格,进行双向板的内力和变形计算。6 种不同支承条件的双向板(图 2-24)在均布荷载作用下的弯矩系数见附表 9。

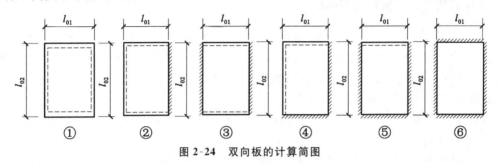

图 2-24　双向板的计算简图

计算时,只需根据支承情况和短跨与长跨的比值,直接查出弯矩系数,即可算得双向板的最大弯矩和挠度值:

$$m = 系数 \times pl_{01}^2 \tag{2-20}$$

式中　m——跨中或支座单位板宽内的弯矩设计值,$kN \cdot m/m$;

　　　p——均布荷载设计值,kN/m^2;

　　　l_{01}——短跨方向的计算跨度,计算方法与单向板计算时相同,m。

必须指出,表中系数是根据材料的泊松比 $\mu=0$ 制定的。当 $\mu \neq 0$ 时,可按下式计算:

$$m_1^\mu = m_1 + \mu m_2 \tag{2-21}$$

$$m_2^\mu = m_2 + \mu m_1 \tag{2-22}$$

式中　m_1^μ , m_2^μ——考虑双向弯矩相互影响后两个方向的跨中或支座单位板宽内的弯矩设计值;

　　　m_1 , m_2——$\mu=0$ 时两个方向的跨中或支座单位板宽内的弯矩设计值。

对混凝土,可取 $\mu=0.2$。对于支座截面弯矩值,由于另一个方向板带弯矩等于零,故不存在两个方向板带弯矩相互影响的问题。

2.3.2.2　多跨连续双向板

多跨连续双向板的内力计算相当复杂,因此,多跨连续双向板的计算多采用以单区格板计算为基础的实用计算方法。此法假定支承梁不产生竖向位移且不受扭;同时还假定,双向板沿同一方向相邻跨度的比值 $l_{0,min}/l_{0,max} \geq 0.75$,以免计算误差过大。

(1)跨中最大弯矩

为了求连续双向板跨中最大正弯矩,活荷载应按棋盘式布置。对这种荷载分布情况可以分解成满布荷载 $g+\dfrac{q}{2}$ 及间隔布置 $\pm\dfrac{q}{2}$ 两种情况,具体见表 2-14。

(2)支座最大负弯矩

支座最大负弯矩可近似按满布活荷载时求得。这时认为各区格板都固定在中间支座上,楼盖周边仍按实际支承情况确定,然后按单块双向板计算出各支座的负弯矩。由相邻区格板分别求得的同一支座负弯矩不相等时,取绝对值的较大值作为该支座的最大负弯矩。

表 2-14   **双向板跨中最大弯矩的计算方法**

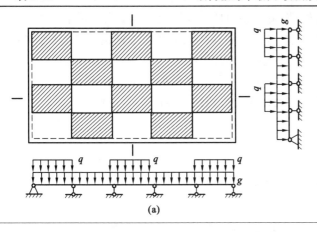

(a)

在求连续双向板跨中最大弯矩时,应在该区格及其前后左右每隔一区格布置活荷载,即棋盘式布置[图(a)];

如前所述,梁可视为双向板的不动铰支座,因此任一区格的板边既不是完全固定也不是理想简支。而附表 9 中各单块双向板的支承情况却只有固定和简支。为了能利用附表,可将活荷载设计值 q 分解为满布各区格的对称荷载 $q/2$ 和逐区格间隔布置的反对称荷载 $\pm q/2$ 两部分[图(b)、(c)]

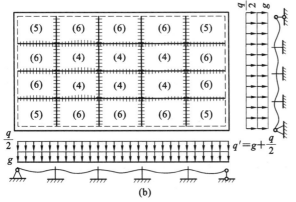

(b)

当全板区格作用有 $g+q/2$ 时,可将中间支座视为固定支座,内区格板均看作四边固定的单块双向板;而边区格的内支座按固定、外边支座按简支(支承在砖墙上)或固定(支承在梁上)考虑。然后按相应支承情况的单区格板查表计算

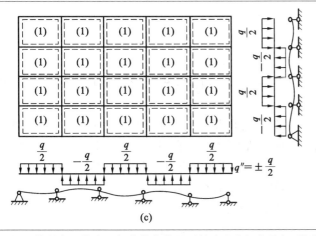

(c)

当连续板承受反对称荷载 $\pm q/2$ 时,可视为简支,从而内区格板的跨中弯矩可近似按四边简支的单块双向板计算;而边区格的内支座按简支、外边支座根据实际情况确定,然后查表计算其跨中弯矩即可

最后,将所求区格在两部分荷载作用下的跨中弯矩值叠加,即为该区格的跨中最大弯矩

2.3.3 按塑性理论计算结构内力

由于混凝土为弹塑性材料,因此,双向板按弹性理论分析方法所得内力与实验结果有较大的差异。双向板是超静定结构,在受力过程中将产生塑性内力重分布。所以考虑混凝土的塑性性能来确定双向板的内力计算,将更好地反映双向板的实际受力状态。

双向板按塑性理论计算的方法很多,塑性铰线法是最常用的方法之一。用塑性铰线法计算双向板受力分两个步骤:首先假定板的破坏机构,即由一些塑性铰线把板分割成由若干个刚性板所构成的破坏机构;然后利用虚功原理,建立荷载与作用在塑性铰线上的弯矩之间的关系,从而求出各塑性铰线上的弯矩,以此作为各截面的弯矩设计值进行配筋设计。

从理论上讲,塑性铰线法得到的是一个上限解,即板的承载力将小于等于该解。实际上由于弯顶作用等有利因素,试验结果得到的板的破坏荷载都超过按塑性铰线法算得的值。

2.3.3.1 塑性铰线法的基本假定

塑性铰和塑性铰线两者的概念相仿,但前者发生在杆件结构中,后者发生在板式结构中。通常裂缝出现在板面上部的称为负塑性铰线,裂缝出现在板面下部的称为正塑性铰线。塑性铰线法的基本假定如下:

① 双向板达到承载力极限状态时,最大弯矩处形成塑性铰线,将整块板分割成若干块,即成为几何可变体系;

② 均布荷载下,塑性铰线是直线,塑性铰线的位置与板的形状、尺寸、边界条件、荷载形式、配筋情况等有关;

③ 板块的弹性变形远小于塑性铰线处的变形,故板块可视为刚性板,双向板的变形集中在塑性铰线上,板达到承载力极限状态时,各板块均绕塑性铰线转动;

④ 双向板满足几何条件和平衡条件的塑性铰线位置有多种可能,在所有可能的破坏模式中,必有一种是最危害的,其极限荷载最小;

⑤ 塑性铰线上,钢筋屈服,截面具有一定的极限弯矩(受弯承载力),其他内力忽略不计。

2.3.3.2 塑性铰线位置的确定

判别塑性铰线的位置可以依据以下四个原则进行:

① 对称结构具有对称的塑性铰线分布,如图 2-25(a)中的四边简支正方形板,在两个方向都对称,因而塑性铰线也应该在两个方向对称;

② 正弯矩部位出现正塑性铰线(如图中的实线所示),负塑性铰线(如图中的虚线所示)则出现在负弯矩区域,如图 2-25(b)中四边固支板的支座边;

③ 塑性铰线应满足转动要求,每一条塑性铰线都是两相邻刚性板块的公共边界,应能随两相邻板块一起转动,因而塑性铰线必须通过相邻板块转动轴的交点,在图 2-25(b)中,板块Ⅰ和Ⅱ、Ⅱ和Ⅲ、Ⅲ和Ⅳ,以及Ⅳ和Ⅰ的转动轴交点分别在四角,因而塑性铰线 1、2、3、4 需通过这些点,塑性铰线 5 与长向支承边(即板块Ⅰ、Ⅲ的转动轴)平行,意味着它们在无穷远处相交;

④ 塑性铰线的数量应使整块板成为一个几何可变体系。

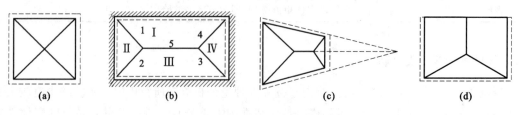

图 2-25 板块的塑性铰线

2.3.3.3　四边支承矩形双向板的基本计算公式

现在来分析连续双向板楼盖中,中间区格双向板在均布荷载作用下的破坏模式。在极限荷载 p 作用下,双向板发生如图 2-26 所示的破坏模式。即板的支座处出现负塑性铰线,板跨内下部出现正塑性铰线。为了简化计算,对跨内斜向正塑性铰线与板边的夹角,可近似取为 $45°$。五条正塑性铰线将板分割成四块,每个板块均应满足静力平衡条件,根据板块的平衡条件即可求得板的极限荷载 p_u。

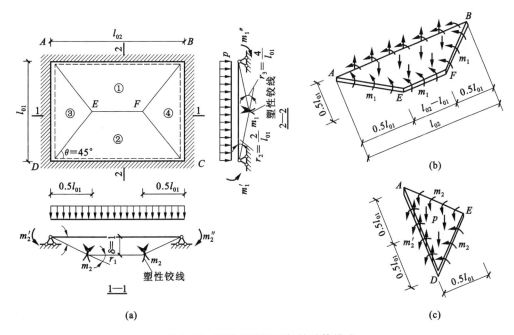

图 2-26　四边固定双向板的计算模式

设 w 为该板形成破坏机构瞬间跨中的竖向位移,p_u 为极限均布荷载值,l_{01}、l_{02} 分别为板的短跨和长跨的计算跨度(其取值方法与单向板相同)。短跨方向支座截面总的受弯承载力分别为 M_{1u}'、M_{1u}'',长跨方向支座截面总的受弯承载力分别为 M_{2u}'、M_{2u}''。正塑性铰线上,短跨度方向每单位长度的截面受弯承载力为 m_{1u},总的受弯承载力 $M_{1u}=m_{1u}l_{02}$;长跨方向每单位长度的截面受弯承载力为 m_{2u},总的受弯承载力 $M_{2u}=m_{2u}l_{01}$。

根据虚功原理,外力所做的功等于内力所做的功。内力所做的功等于各条塑性铰线上的弯矩向量与转角向量相乘的总和。据此,可以确定形成破坏机构时,板上所承受的极限均布荷载 p_u。

外功等于 p_u 乘以高度为 w 的倒角锥体体积,即:

$$p_u V = p_u\left(\frac{l_{01}w}{2}\times l_{02}-2\times\frac{l_{02}w}{2}\times\frac{1}{3}\times\frac{l_{01}}{2}\right)=\frac{p_u l_{01}}{2}(3l_{02}-l_{01})w$$

由图 2-26 所示的几何关系可知,支座塑性铰线的转角均为 $2w/l_{01}$,板块 A 与 C 的相对转角为 $4w/l_{01}$,其他板块间的相对转角均为 $2\sqrt{2}w/l_{01}$(如图 2-26 所示剖面 1—1)。

沿 $45°$ 斜塑性铰线,每单位长度上截面的受弯承载力为:

$$m_u=\frac{m_{1u}}{\sqrt{2}\times\sqrt{2}}+\frac{m_{2u}}{\sqrt{2}\times\sqrt{2}}=0.5(m_{1u}+m_{2u})$$

因此内功为:

$$\sum M_u^x \theta = (l_{02} - l_{01}) m_{1u} \frac{4}{l_{01}} w + 4 \frac{\sqrt{2} l_{01}}{2} \times 0.5 (m_{1u} + m_{2u}) \frac{2\sqrt{2}}{l_{01}} w$$

$$+ \left[(m'_{1u} + m''_{1u}) l_{02} + (m'_{2u} + m''_{2u}) l_{01} \right] \frac{2w}{l_{01}}$$

$$= \frac{2w}{l_{01}} (2M_{1u} + 2M_{2u} + M'_{1u} + M''_{1u} + M'_{2u} + M''_{2u})$$

令 $p_u V = \sum M_u^x \theta$，即得：

$$2M_{1u} + 2M_{2u} + M'_{1u} + M''_{1u} + M'_{2u} + M''_{2u} = \frac{p_u l_{01}^2}{12} (3l_{02} - l_{01}) \tag{2-23}$$

式(2-23)即为四边固定时均布荷载作用下连续双向板按塑性铰线法计算的基本公式，它反映了双向板内塑性铰线上总的截面受弯承载力与极限荷载 p_u 之间的平衡关系。若为四边简支板，由于支座处弯矩为零，则其极限平衡方程为：

$$M_{1u} + M_{2u} = \frac{p_u l_{01}^2}{24} (3l_{02} - l_{01}) \tag{2-24}$$

2.3.3.4 双向板的设计公式

双向板设计时，各塑性铰线上总的受弯承载力用相应的弯矩设计值代替。把上述极限均布荷载 p_u 用板的均布荷载设计值 p 代替，塑性铰线上总的截面受弯承载力 M_{1u}，M_{2u}，…分别用相应截面上的弯矩设计值 M_1，M_2，…代替，且用单位板宽的截面弯矩设计值 m_1，m_2，…表示，即 $M_1 = m_1 l_{02}$，$M_2 = m_2 l_{01}$，…当已知均布荷载设计值 p 时，m_1，m_2，…即为要求的弯矩设计值。

令 $n = \frac{l_{02}}{l_{01}}$，$\alpha = \frac{m_2}{m_1}$，$\beta = \frac{m'_1}{m_1} = \frac{m''_1}{m_1} = \frac{m'_2}{m_2} = \frac{m''_2}{m_2}$，则有：

$$M_1 = m_1 l_{02} = n m_1 l_{01}$$

$$M_2 = \alpha m_1 l_{01}$$

$$M'_1 = M''_1 = m'_1 l_{02} = n\beta m_1 l_{01}$$

$$M'_2 = M''_2 = m'_2 l_{01} = \alpha\beta m_1 l_{01}$$

将上列 4 式代入式(2-23)，即得：

$$m_1 = \frac{p l_{01}^2}{8} \frac{(n - 1/3)}{(n\beta + \alpha\beta + n + \alpha)} \tag{2-25}$$

$$p = \frac{8m_1 (n\beta + \alpha\beta + n + \alpha)}{l_{01}^2 (n - 1/3)} \tag{2-26}$$

进行双向板设计时，通常荷载设计值 p 与长短跨跨度比 n 已知，若再指定 α 与 β 值，即可由式(2-25)求得 m_1 和其余的截面弯矩设计值。考虑到 α 的取值应尽量使按塑性铰线法得出的两个方向跨中正弯矩的比值与按弹性理论得出的比值相接近，以期在使用阶段跨中两个方向的截面应力较接近，宜取 $\alpha = 1/n^2$；同时考虑到节约钢材及配筋方便，根据经验，宜取 $\beta = 1.5 \sim 2.5$，通常取 $\beta = 2$。

参考按弹性理论的内力分析结果，通常将两个方向的跨中正弯矩钢筋同时在距支座 $l_{01}/4$ 处弯起一半，弯起的钢筋可以承担部分支座负弯矩。这样在距支座 $l_{01}/4$ 以内的跨中塑性铰线上单位板宽的极限弯矩分别为 $m_1/2$ 与 $m_2/2$，故此时两个方向的跨中总弯矩分别为：

$$M_1 = m_1 \left(l_{02} - \frac{l_{01}}{2} \right) + \frac{m_1}{2} \frac{l_{01}}{2} = m_1 \left(n - \frac{1}{4} \right) l_{01} \tag{2-27}$$

$$M_2 = m_2 \frac{l_{01}}{2} + \frac{m_2}{2} \frac{l_{01}}{2} = \frac{3}{4} m_2 l_{01} = \frac{3}{4} \alpha m_1 l_{01} \tag{2-28}$$

支座上负弯矩钢筋沿全长均匀分布，即各支座塑性铰线上的总弯矩值不变。将各式代入式(2-23)，即得：

$$\left[n\beta + \alpha\beta + \left(n - \frac{1}{4}\right) + \frac{3}{4}\alpha\right]m_1 l_{01} = \frac{p l_{01}^3}{8}\left(n - \frac{1}{3}\right)$$

则

$$m_1 = \frac{p l_{01}^2 \left(n - \frac{1}{3}\right)}{8\left[n\beta + \alpha\beta + \left(n - \frac{1}{4}\right) + \frac{3}{4}\alpha\right]} \tag{2-29}$$

式(2-29)即为四边固定连续双向板在距支座 $l_{01}/4$ 处将跨中正弯矩钢筋弯起一半时的设计公式。

对于具有简支边的连续双向板，则需将下列不同情况的支座及跨中弯矩表达式代入式(2-23)，即可得到相应的设计公式。

① 三边连续、一长边简支。此时简支边的支座弯矩等于零，其余支座弯矩和长跨跨中弯矩不变，而短跨因简支边不需要弯起部分跨中钢筋，故跨中弯矩为：

$$M_{1u} = \frac{1}{2}\left[n + \left(n - \frac{1}{4}\right)\right]m_{1u} l_{01} = \left(n - \frac{1}{8}\right)m_{1u} l_{01} \tag{2-30}$$

② 三边连续、一短边简支。此时简支边的支座弯矩等于零，其余支座弯矩和短跨跨中弯矩不变，长跨跨中正截面受弯承载力设计值为：

$$M_{2u} = \frac{1}{2}\left(\alpha + \frac{3}{4}\alpha\right)m_{1u} l_{01} = \frac{7}{8}\alpha m_{1u} l_{01} \tag{2-31}$$

③ 两相邻边连续、另两相邻边简支。此时的两个方向的跨中弯矩分别取①、②两种情况的弯矩值。

2.3.4 双向板的配筋计算与构造要求

2.3.4.1 截面设计

① 板的截面有效高度。由于短跨方向的弯矩比长跨方向的大，故应将短跨方向的跨中受拉钢筋放在长跨方向受拉钢筋的外侧，以获得较大的截面有效高度。通常分别取如下值。

短跨 l_{01} 方向：

$$h_{01} = h - 20 \text{ mm}$$

长跨 l_{02} 方向：

$$h_{02} = h - 30 \text{ mm}$$

式中 h——板厚，mm。

② 板的空间内拱作用。对于周边与梁整体连接的双向板区格，由于在两个方向受到支承构件的变形约束，整块板内存在弯顶作用，使板内弯矩大大减小。鉴于这一有利因素，对四边与梁整体连接的板，有关规范允许其弯矩设计值按下列情况进行折减：

a. 中间跨的跨内截面及支座截面，减小 20%。

b. 边跨的跨中截面及楼板边缘算起的第二个支座截面，当 $l_b/l_0 < 1.5$ 时，减小 20%；当 $1.5 \leqslant l_b/l_0 \leqslant 2$ 时，减小 10%，式中，l_0 为垂直于楼板边缘方向板的计算跨度；l_b 为沿楼板边缘方向板的计算跨度。

c. 楼盖的角区格板不折减。

2.3.4.2　配筋构造

双向板的厚度不宜小于 80 mm。由于挠度不另作验算,双向板的板厚与短跨跨长的比值 h/l_{01} 应满足刚度要求:简支板 $h/l_{01} \geqslant 1/45$;连续板 $h/l_{01} \geqslant 1/50$。

为了方便施工,双向板的受力钢筋沿纵横两个方向布置。采用绑扎钢筋时,双向板的配筋形式与单向板相似,有弯起式和分离式两种。目前,工程中较多采用分离式配筋。

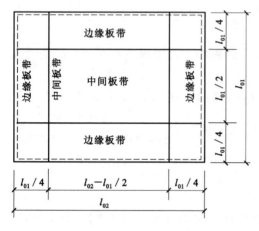

按弹性理论方法设计时,所求得的跨中正弯矩钢筋数量是指板的中央处的数量,靠近板的两边,其数量可逐渐减少。考虑到施工方便,可按下述方法配置:将板在 l_{01} 和 l_{02} 方向各分为三个板带,如图 2-27 所示。两个方向的边缘板带宽度均为 $l_{01}/4$,其余则为中间板带。在中间板带上,按跨中最大正弯矩求得的单位板宽内的钢筋数量均匀布置;而在边缘板带上,按中间板带单位板宽内的钢筋数量的 1/2 均匀布置。

支座上承受负弯矩的钢筋,按计算值沿支座均匀布置,并不在板带内减少。受力钢筋的直径、间距及弯起点、切断点的位置等规定,与单向板的有关规定相同。

按塑性铰线法设计时,其配筋应符合内力计算的

图 2-27　板带的划分

假定,跨中钢筋或全板均匀布置;或划分成中间及边缘板带后,分别按计算值的 100% 和 50% 均匀布置,跨中钢筋的全部或一部分伸入支座下部。支座上的负弯矩钢筋按计算值沿支座均匀布置。

双向板沿墙边、墙角处的构造钢筋与单向板相同。

2.3.5　双向板的支承梁设计

双向板传给支承梁的作用反力可按下述近似方法求得。以 45°等分角线为界,分别传至两相邻支座。这样,沿短跨方向的支承梁,承受板面传来的三角形分布荷载;沿长跨方向的支承梁,承受板面传来的梯形分布荷载,如图 2-28 所示。

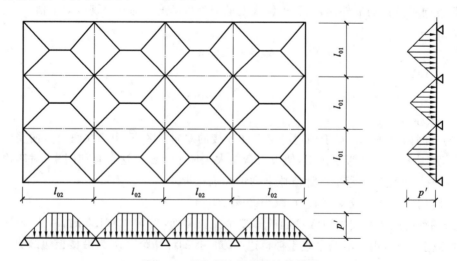

图 2-28　双向板支承梁的计算简图

双向板的支承梁可按弹性理论或塑性理论进行内力分析。按弹性理论计算时,可采用支座弯矩等效的原则,用等效均布荷载 p_e 代替三角形荷载和梯形荷载计算支承梁的支座弯矩。p_e 的取值如下。

当为三角形荷载作用时:

$$p_e = \frac{5}{8} p' \qquad (2\text{-}32)$$

当为梯形荷载作用时:

$$p_e = (1 - 2\alpha_1^2 + \alpha_1^3) p' \qquad (2\text{-}33)$$

式中　　p'——$p' = p \cdot \dfrac{l_{01}}{2} = (g + q) \cdot \dfrac{l_{01}}{2}$,其中 g、q 分别为板面均布恒载和活载;

　　　　α_1——$\alpha_1 = \dfrac{l_{01}}{2l_{02}}$,其中 l_{01}、l_{02} 分别为双向板的短跨和长跨的计算跨度。

对于无内柱的双向板楼盖,通常称为井字形楼盖。这种楼盖的双向板仍按连续双向板计算,其支承梁的内力则按结构力学的交叉梁系进行计算,或查阅有关结构设计手册。

当考虑塑性内力重分布计算支承梁内力时,可在弹性理论求得的支座弯矩基础上,进行调幅,选定支座弯矩后,利用静力平衡条件求出跨中弯矩。

2.3.6 双向板肋梁楼盖设计典型例题

某厂房双向板肋梁楼盖的结构平面布置如图 2-29 所示,支承梁截面为 200 mm×500 mm,楼盖四周支承在 240 mm 砖墙上,支承长度 $a = 240$ mm,柱为 400 mm×400 mm。设计资料为:楼面活荷载 $q_k = 5.0$ kN/m²,板厚为 100 mm,加上面层、粉刷等重量,楼板恒荷载 $g_k = 3.16$ kN/m²,混凝土强度等级采用 C20,板中钢筋采用 HPB300 级钢筋。试计算板的内力,并进行截面设计。

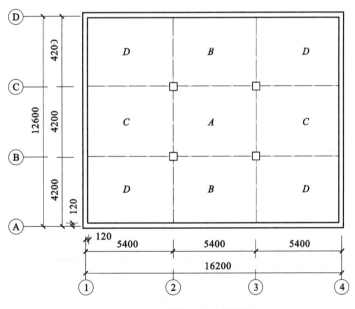

图 2-29　结构平面布置图

2.3.6.1 按弹性理论设计

(1) 设计荷载

$$q=1.4\times5=7.0(\text{kN/m}^2)$$

$$g=1.3\times3.16=4.11(\text{kN/m}^2)$$

$$g'=g+\frac{q}{2}=4.11+\frac{7.0}{2}=7.61(\text{kN/m}^2)$$

$$q'=\frac{q}{2}=3.5(\text{kN/m}^2)$$

$$p=g+q=4.11+7.0=11.11(\text{kN/m}^2)$$

(2) 计算跨度

弹性计算法取轴线间距离 $l_0=l_c$。

(3) 弯矩计算

如前所述,计算跨中最大正弯矩时,内支座固定,$g+q/2$ 作用下中间支座固定;$q/2$ 作用下中间支座铰支。跨中最大正弯矩为以上两种荷载产生的弯矩值之和。本题应考虑泊松比的影响。支座最大负弯矩为当中间支座固定时,在 $g+q$ 作用下的支座弯矩值。

各区格板的计算跨度值见表 2-15。

表 2-15   **双向板各截面的弯矩计算**

区格			A	B
l_{01}/l_{02}			$4.2/5.4=0.78$	$4.13/5.4=0.76$
跨内	计算简图		g' + q'	g' + q'
	$\mu=0$	m_1	$(0.0281\times7.61+0.0585\times3.5)\times4.2^2$ $=7.38(\text{kN}\cdot\text{m/m})$	$(0.0321\times7.61+0.0608\times3.5)\times4.13^2$ $=7.80(\text{kN}\cdot\text{m/m})$
		m_2	$(0.0138\times7.61+0.0327\times3.5)\times4.2^2$ $=3.87(\text{kN}\cdot\text{m/m})$	$(0.021\times7.61+0.0320\times3.5)\times4.13^2$ $=4.64(\text{kN}\cdot\text{m/m})$
	$\mu=0.2$	m_1^μ	$7.38+0.2\times3.87=8.15(\text{kN}\cdot\text{m/m})$	$7.80+0.2\times4.64=8.73(\text{kN}\cdot\text{m/m})$
		m_2^μ	$3.87+0.2\times7.38=5.35(\text{kN}\cdot\text{m/m})$	$4.64+0.2\times7.80=6.20(\text{kN}\cdot\text{m/m})$
支座	计算简图		$g+q$	$g+q$
	m_1'		$-0.0679\times11.11\times4.2^2$ $=-13.31(\text{kN}\cdot\text{m/m})$	$-0.0824\times11.11\times4.13^2$ $=-15.61(\text{kN}\cdot\text{m/m})$
	m_2'		$-0.0561\times11.11\times4.2^2$ $=-10.99(\text{kN}\cdot\text{m/m})$	$-0.0725\times11.11\times4.13^2$ $=-13.74(\text{kN}\cdot\text{m/m})$

区格			C	D
l_{01}/l_{02}			4.2/5.33＝0.79	4.13/5.33＝0.77
跨内		计算简图	g' + q'	g' + q'
	$\mu=0$	m_1	$(0.0314\times7.61+0.0573\times3.5)\times4.2^2$ $=7.75(\text{kN}\cdot\text{m/m})$	$(0.0376\times7.61+0.0596\times3.5)\times4.13^2$ $=8.44(\text{kN}\cdot\text{m/m})$
		m_2	$(0.0121\times7.61+0.0331\times3.5)\times4.2^2$ $=3.67(\text{kN}\cdot\text{m/m})$	$(0.0195\times7.61+0.0324\times3.5)\times4.13^2$ $=4.47(\text{kN}\cdot\text{m/m})$
	$\mu=0.2$	m_1^μ	$7.75+0.2\times3.67=8.48(\text{kN}\cdot\text{m/m})$	$8.44+0.2\times4.47=9.33(\text{kN}\cdot\text{m/m})$
		m_2^μ	$3.67+0.2\times7.75=5.22(\text{kN}\cdot\text{m/m})$	$4.47+0.2\times8.44=6.16(\text{kN}\cdot\text{m/m})$
支座		计算简图	$g+q$	$g+q$
		m_1'	$-0.0728\times11.11\times4.2^2$ $=-14.27(\text{kN}\cdot\text{m/m})$	$-0.0916\times11.11\times4.13^2$ $=-17.36(\text{kN}\cdot\text{m/m})$
		m_2'	$-0.0570\times11.11\times4.2^2$ $=-11.17(\text{kN}\cdot\text{m/m})$	$-0.0755\times11.11\times4.13^2$ $=-14.31(\text{kN}\cdot\text{m/m})$

由表 2-15 可见,板间支座弯矩是不平衡的,实际应用时可近似取相邻两区格支座弯矩的平均值。

A-B 支座: $m_1'=\dfrac{1}{2}\times(-13.31-15.61)=-14.46(\text{kN}\cdot\text{m/m})$

A-C 支座: $m_2'=\dfrac{1}{2}\times(-10.99-11.17)=-11.08(\text{kN}\cdot\text{m/m})$

B-D 支座: $m_2'=\dfrac{1}{2}\times(-13.74-14.31)=-14.03(\text{kN}\cdot\text{m/m})$

C-D 支座: $m_1'=\dfrac{1}{2}\times(-14.27-17.36)=-15.82(\text{kN}\cdot\text{m/m})$

（4）截面设计

截面有效高度按前述方法确定。截面设计用的弯矩,考虑到区格 A 的四周与梁整体连接,对表 2-15 中求得的弯矩值乘以折减系数 0.8,作为区格 A 跨中和支座弯矩设计值。为了便于计算,可近似取 $A_\text{s}=\dfrac{m}{\gamma_\text{s}h_0 f_\text{y}}$,式中 γ_s 为内力臂系数,取 $\gamma_\text{s}=0.9\sim0.95$。弹性法配筋计算结果略。

2.3.6.2　按塑性法设计

（1）弯矩计算

为便于比较,采用板底钢筋全部伸入支座,分离式配筋形式,板支承在梁上与梁整浇时,计算跨度取净跨度,计算从 A 区格开始,对所有区格,均取 $\alpha=0.60\approx\dfrac{1}{n^2}$,$\beta=2$。

① A 区格板。

$$l_{01} = 4.2 - 0.2 = 4.0(\text{m})$$

$$l_{02} = 5.4 - 0.2 = 5.2(\text{m})$$

$$n = \frac{l_{02}}{l_{01}} = \frac{5.2}{4.0} = 1.3$$

$$M_1 = m_1 l_{02} = 5.2 m_1$$

$$M_2 = \alpha l_{01} m_1 = 0.6 \times 4.0 m_1 = 2.4 m_1$$

$$M_1' = M_1'' = \beta l_{02} m_1 = 2 \times 5.2 m_1 = 10.4 m_1 (\text{支座总弯矩取绝对值计算,下同})$$

$$M_2' = M_2'' = \alpha \beta l_{01} m_1 = 0.6 \times 2 \times 4.0 m_1 = 4.8 m_1$$

将上列各值代入双向板总弯矩极限平衡方程式(2-23),并考虑区格板 A 的内力折减系数 0.8,

则根据 $2M_1 + 2M_2 + M_1' + M_1'' + M_2' + M_2'' = \dfrac{pl_{01}^2}{12}(3l_{02} - l_{01})$,得:

$$2 \times 5.2 m_1 + 2 \times 2.4 m_1 + 2 \times 10.4 m_1 + 2 \times 4.8 m_1 = \frac{0.8 \times 11.11 \times 4.0^2 \times (3 \times 5.2 - 4.0)}{12}$$

解得:

$$m_1 = 3.01(\text{kN} \cdot \text{m/m})$$

$$m_2 = 0.6 m_1 = 0.6 \times 3.01 = 1.81(\text{kN} \cdot \text{m/m})$$

$$m_1' = m_1'' = 2 m_1 = 2 \times 3.01 = 6.02(\text{kN} \cdot \text{m/m})$$

$$m_2' = m_2'' = 2 m_2 = 2 \times 1.81 = 3.62(\text{kN} \cdot \text{m/m})$$

② B 区格板。

$$l_{01} = 4.2 - \frac{0.2}{2} - 0.12 + \frac{0.1}{2} = 4.03(\text{m})$$

$$l_{02} = 5.4 - 0.2 = 5.2(\text{m})$$

$$n = \frac{l_{02}}{l_{01}} = \frac{5.2}{4.03} = 1.29$$

由于 B 板为边区格,无边梁,内力不做折减,由于长边支座弯矩为已知,$m_1' = 6.02 \text{ kN} \cdot \text{m/m}$,

则有:

$$M_1 = m_1 l_{02} = 5.2 m_1$$

$$M_2 = \alpha l_{01} m_1 = 0.6 \times 4.03 m_1 = 2.42 m_1$$

$$M_1' = 6.02 \times 5.2 = 31.30(\text{kN} \cdot \text{m}), M_1'' = 0$$

$$M_2' = M_2'' = 0.6 \times 2 \times 4.03 m_1 = 4.84 m_1$$

将上列各值代入双向板总弯矩极限平衡方程式(2-23),即得:

$$2 \times 5.2 m_1 + 2 \times 2.42 m_1 + 29.02 + 2 \times 4.84 m_1 = \frac{10.3 \times 4.03^2 \times (3 \times 5.2 - 4.03)}{12}$$

解得:

$$m_1 = 5.73(\text{kN} \cdot \text{m/m})$$

$$m_2 = 0.6 m_1 = 0.6 \times 5.73 = 3.44(\text{kN} \cdot \text{m/m})$$

$$m_2' = m_2'' = 2 m_2 = 2 \times 3.44 = 6.88(\text{kN} \cdot \text{m/m})$$

③ C 区格板,也按同理进行计算,详细过程从略。

$$m_1 = 4.39(\text{kN} \cdot \text{m/m})$$

$$m_2 = 0.6 m_1 = 0.6 \times 4.39 = 2.63(\text{kN} \cdot \text{m/m})$$

$$m_1' = m_1'' = 2 m_1 = 2 \times 4.39 = 8.78(\text{kN} \cdot \text{m/m})$$

④ D 区格板。

$$m_1 = 6.65(\text{kN} \cdot \text{m/m})$$

$$m_2 = 0.6m_1 = 0.6 \times 6.65 = 3.99(\text{kN} \cdot \text{m/m})$$

（2）截面设计

对各区格板的截面计算与配筋见表 2-16，配筋图如图 2-30 所示。

由上述弯矩计算可知，相对于按弹性法计算的结果，塑性法具有一定的经济效益。

表 2-16　　　　　　　　　　　　　　　　板的配筋计算

截面		$M/(\text{kN} \cdot \text{m})$	h_0/mm	A_s/mm^2	选配钢筋	实配面积$/\text{mm}^2$
跨中	A 区格 l_{01} 方向	3.01	80	155	Φ6@150	189
	A 区格 l_{02} 方向	1.81	70	106	Φ6@150	189
	B 区格 l_{01} 方向	5.73	80	295	Φ8@170	296
	B 区格 l_{02} 方向	3.44	70	202	Φ8@170	296
	C 区格 l_{01} 方向	4.39	80	226	Φ8@200	251
	C 区格 l_{02} 方向	2.63	70	155	Φ6@150	189
	D 区格 l_{01} 方向	6.65	80	342	Φ10@200	393
	D 区格 l_{02} 方向	3.99	70	235	Φ8@200	251
支座	A-B	6.02	80	310	Φ8@150	335
	A-C	3.62	80	186	Φ6@150	189
	B-D	6.88	80	354	Φ10@200	393
	C-D	8.78	80	452	Φ10@170	462

注：表中配筋计算，取内力臂系数为 0.90。

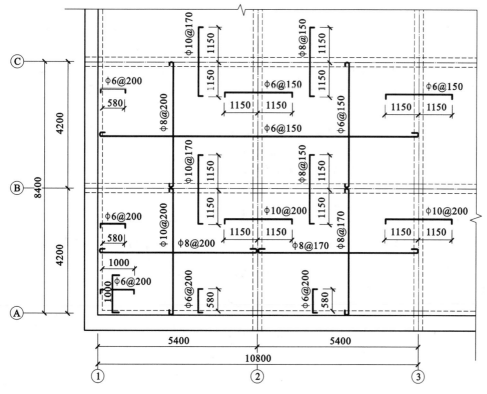

图 2-30　双向板配筋图

无梁楼盖

2.4 楼梯和雨篷的设计

楼梯、雨篷、阳台等是建筑物的重要组成部分,楼梯是斜向结构,雨篷、阳台和挑檐是悬挑结构。楼梯的类型较多,按施工方法的不同,可分为整体式楼梯和装配式楼梯;按梯段结构形式的不同,可分为板式楼梯和梁式楼梯。本节主要讲述板式楼梯、梁式楼梯和雨篷的结构计算及构造要点。

楼梯的结构设计步骤包括:① 根据建筑要求和施工条件,确定楼梯的结构形式和结构布置;② 根据建筑类别,确定楼梯的活荷载标准值;③ 进行楼梯各部件的内力分析和截面设计;④ 绘制施工图,处理连接部件的配筋构造。

2.4.1 板式楼梯的计算与构造要求

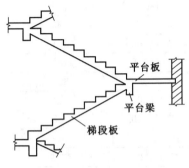

图 2-31 板式楼梯的组成

板式楼梯由梯段板、平台梁和平台板组成(图 2-31)。梯段板是一块带踏步的斜板,支承在平台梁上和楼层梁上,底层下端一般支承在地垄墙或基础上,为了方便施工和保证墙体结构安全,其不宜支承于两侧墙体上。平台梁一般支承于楼梯间两侧的承重墙体上。平台板支承于平台梁和墙体上。板式楼梯下表面平整,施工支模较方便。但斜板较厚,约为梯段斜板长的 $1/30\sim1/25$,其混凝土和钢材用量都较多。因此,当梯段的水平跨度不超过 3 m 时,宜采用板式楼梯。

板式楼梯的设计内容包括梯段板、平台板和平台梁的计算与构造。

2.4.1.1 梯段板

梯段斜板计算时,取 1 m 宽的斜向板带作为结构及荷载计算单元,按斜放的简支梁计算,如图 2-32 所示。它的正截面是与梯段板垂直的,计算其正截面内力时,应将荷载转换为垂直于斜板方向和平行于斜板方向的均布荷载。设楼梯单位水平长度上的竖向均布荷载 $p=g+q$,则沿斜板单位斜长方向上的竖向均布荷载 $p'=p\cos\alpha$,如图 2-33 所示,此处 α 为梯段板与水平面间的夹角,将 p' 分解为:

$$p'_x = p'\cos\alpha = p\cos\alpha \cdot \cos\alpha$$
$$p'_y = p'\sin\alpha = p\cos\alpha \cdot \sin\alpha$$

式中 p'_x, p'_y——p' 在垂直于斜板方向及平行于斜板方向的分力。

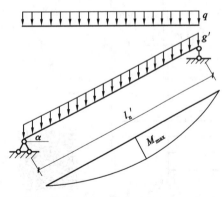

图 2-32 梯段板计算简图

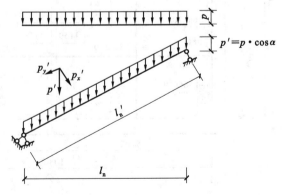

图 2-33 梯段上的受力分解

计算内力时，一般忽略平行于斜板方向的均布荷载。

设 l_n 为梯段板的水平净跨长，l_n' 为其斜向净跨长，则斜板的跨中最大弯矩和支座最大剪力可以表示为：

$$M_{max} = \frac{1}{8} p_x' l_n'^2 = \frac{1}{8} p\cos^2\alpha \times \left(\frac{l_n}{\cos\alpha}\right)^2 = \frac{1}{8} p l_n^2 \tag{2-34}$$

$$V_{max} = \frac{1}{2} p_x' l_n' = \frac{1}{2} p\cos^2\alpha \times \frac{l_n}{\cos\alpha} = \frac{1}{2} p l_n \cos\alpha \tag{2-35}$$

考虑到梯段板与平台梁整浇，平台对斜板的转动变形有一定的约束作用，故计算板的跨中正弯矩时，常近似取 $M_{max} = p l_n^2 / 10$。

截面承载力计算时，斜板的截面高度应垂直于斜面量取，并取齿形的最薄处。

为避免斜板在支座处产生过大的裂缝，应在板面配置一定数量的钢筋，一般取 $\Phi 8@200$，长度为 $l_n/4$。斜板内分布钢筋可采用 $\Phi 6$ 或 $\Phi 8$，每级踏步不少于 1 根，放置在受力钢筋的内侧。板一般不必进行斜截面受剪承载力计算。斜板的配筋可采用弯起式或分离式，如图 2-34 所示。

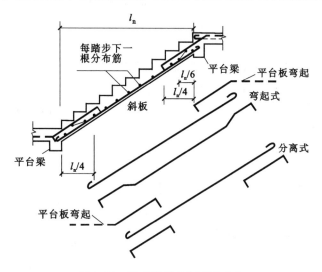

图 2-34　板式楼梯斜板配筋方案

2.4.1.2　平台板和平台梁

平台板一般设计成单向板，可取 1 m 宽板带进行计算，平台板一端与平台梁整体连接，另一端可能支承在砖墙上，也可能与过梁整浇。跨中弯矩可近似取 $M = p l^2 / 8$，或 $M \approx p l^2 / 10$。考虑到板支座的转动会受到一定约束，一般应将板下部钢筋在支座附近弯起一半，或在板面支座处另配短钢筋，伸出支承边缘长度为 $l_n/4$，图 2-35 为平台板的配筋。

平台梁承受梯段板、平台板传来的均布荷载和自重。平台梁两端支承在楼梯间承重墙上时，可按简支梁的倒 L 形梁计算。其他构造要求与一般梁相同。

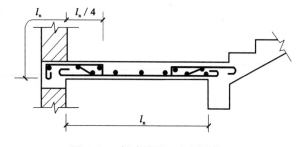

图 2-35　板式楼梯平台板配筋

2.4.2 梁式楼梯的计算与构造要求

梁式楼梯由踏步板、梯段斜梁、平台板和平台梁组成,如图 2-36 所示。踏步板支承于两侧斜梁

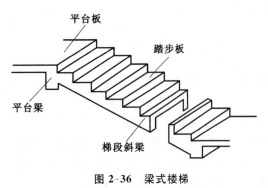

上,为便于施工和结构安全,不得将踏步板一端搁置在楼梯间承重墙体上。梯段斜梁支承在两端的平台梁上,斜梁可设在踏步板下面或上面,也可以用现浇栏板代替斜梁。当楼梯间两侧为承重墙体时,平台梁可直接支承于该墙体上;为非承重墙体时,应采取适当的措施为平台梁创造支承点。当梯段跨度大于 3 m 时,采用梁式楼梯较为经济,但支撑和施工比较复杂,外观也显得比较笨重。

图 2-36　梁式楼梯

梁式楼梯设计包括踏步板、梯段斜梁、平台板和平台梁的计算与构造。

2.4.2.1　踏步板

踏步板两端支承在梯段斜梁上,按两端简支的单向板计算,一般取一个踏步作为计算单元(图 2-37)。踏步板为梯形截面,板的截面高度可近似取平均高度 $h=(h_1+h_2)/2$(图 2-38),板厚一般不小于 30~40 mm。每一踏步一般需配置不少于 2Φ6 的受力钢筋,沿斜向布置的分布筋直径不小于 6 mm,间距不大于 250 mm。

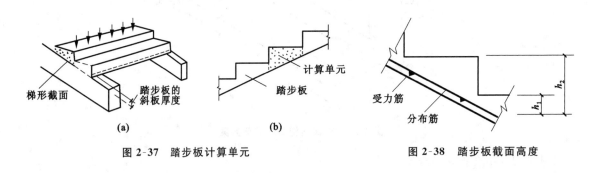

图 2-37　踏步板计算单元　　　　　　图 2-38　踏步板截面高度

2.4.2.2　梯段斜梁

梯段斜梁不做刚度验算时,梯段斜梁高度通常取 $h=(1/14\sim1/10)l_0$,l_0 为梯段斜梁水平方向的计算跨度。梯段斜梁的内力计算特点与梯段梁板相同。踏步板可能位于梯段斜梁截面高度的上部,也可能位于下部,计算时可近似取为矩形截面,梯段斜梁内力计算与板式楼梯的斜板相同。图 2-39 为梯段斜梁的配筋构造。

2.4.2.3　平台梁

平台梁主要承受斜边梁传来的集中荷载(由上、下楼梯斜梁传来)和平台板传来的均布荷载,平台梁一般按简支梁计算。

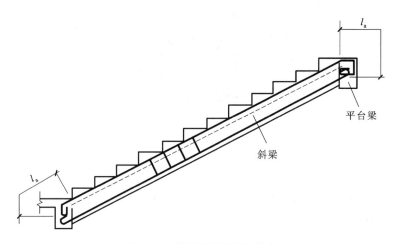

图 2-39　楼梯斜梁的配筋构造

2.4.3　现浇楼梯的一些构造处理

① 当楼梯下净高不够，可将楼层梁向内移动（图 2-40），这样板式楼梯的梯段就成为折线形。对此，设计中应注意两个问题：a. 梯段中的水平段，其板厚应与梯段相同，不能处理成和平台板同厚；b. 折角处的下部受拉纵筋不允许沿板底弯折，以免产生向外的合力将该处的混凝土崩脱，应将此处纵筋断开，各自延伸至上面再行锚固。若板的弯折位置靠近楼层梁，板内可能出现负弯矩，则板上面还应配置承担负弯矩的短钢筋，如图 2-41 所示。

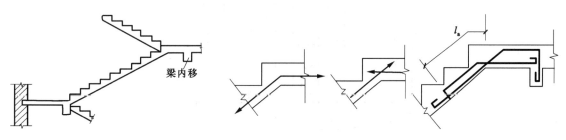

图 2-40　楼层梁内移的情况　　　　　　　**图 2-41　板内折角处配筋要求**

② 楼层梁内移后，梁式楼梯会出现折线形斜梁。梁内折角处的受拉纵向钢筋应分开配置，并各自延伸以满足锚固要求，同时还应在该处增设箍筋。该箍筋应足以承受未伸入受压区域的纵向受拉钢筋的合力，且在任何情况下不应小于全部纵向受拉钢筋合力的 35%。由箍筋承受的纵向受拉钢筋的合力，可按下式计算（图 2-42）。

未在受压区锚固的纵向受拉钢筋的合力为：

$$N_{s1} = 2f_y A_{s1} \cos \frac{\alpha}{2} \tag{2-36}$$

全部纵向受拉钢筋合力的 35% 为：

$$N_{s2} = 0.7f_y A_s \cos \frac{\alpha}{2} \tag{2-37}$$

式中　A_s——全部纵向受拉钢筋的截面面积；

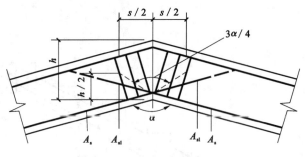

图 2-42　斜梁内折角处配筋

A_{s1}——未在受压区锚固的纵向受拉钢筋的截面面积；

α——构件的内折角。

按上述条件求得的箍筋,应设置在长度为 $s = h \cdot \tan \dfrac{3}{8}\alpha$ 的范围内。

2.4.4　楼梯设计典型例题

某公共建筑现浇板式楼梯结构平面布置见图 2-43。楼梯上均布活荷载标准值 $q = 3.5\ \text{kN/m}^2$,层高 3.6 m,踏步尺寸为 150 mm×300 mm。采用混凝土强度等级为 C30,所有钢筋均采用 HRB400,试设计此楼梯。

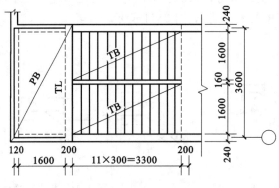

图 2-43　楼梯的结构布置图

2.4.4.1　梯段板设计

取板厚 $h = 120$ mm,约为板斜长的 1/30。踏步尺寸为 150 mm×300 mm,设斜板与水平面的夹角为 α,则 $\cos\alpha = \dfrac{300}{\sqrt{150^2 + 300^2}} = 0.894$,$\tan\alpha = 150/300 = 0.5$。

（1）荷载计算

荷载分项系数 $\gamma_G = 1.3$,$\gamma_Q = 1.5$,梯段板的荷载计算具体见表 2-17。

表2-17   梯段板的荷载计算

荷载种类		荷载标准值/(kN/m)
恒载	水磨石面层	$(0.3+0.15)\times0.65/0.3=0.98$
	三角形踏步	$0.5\times0.3\times0.15\times25/0.3=1.88$
	混凝土斜板	$0.12\times25/0.894=3.38$
	底板抹灰	$0.02\times17/0.894=0.38$
	小计	6.6
活荷载		3.5

基本组合的总荷载设计值为：

$$p=6.6\times1.3+3.5\times1.5=13.83(\text{kN/m})$$

（2）截面设计

板的计算跨度为：

$$l_n=3.3\ \text{m}$$

板的跨中弯矩设计值为：

$$M=\frac{1}{10}pl_n^2=\frac{1}{10}\times13.83\times3.3^2=15.06(\text{kN}\cdot\text{m})$$

板的有效高度为：

$$h_0=120-20=100(\text{mm})$$

$$x=h_0-\sqrt{h_0^2-\frac{2M}{\alpha_1 f_c b}}=100-\sqrt{100^2-\frac{2\times15060000}{1.0\times14.3\times1000}}=11.15(\text{mm})<\xi_b h_0$$

$$A_s=\frac{\alpha_1 f_c bx}{f_y}=\frac{1.0\times14.3\times1000\times11.15}{360}=443(\text{mm}^2)$$

板选配$\Phi 10@160(A_s=491\ \text{mm}^2)$，分布筋每级踏步1根$\Phi 100$，梯段板配筋见图2-44。

2.4.4.2　平台板设计

（1）荷载计算

设平台板厚$h=70$ mm，取1 m宽板带计算。平台板的荷载计算具体见表2-18。

表2-18   平台板的荷载计算

荷载种类		荷载标准值/(kN/m)
恒载	水磨石面层	0.65
	70mm厚混凝土板	$0.07\times25=1.75$
	底板抹灰	$0.02\times17=0.34$
	小计	2.74
活荷载		3.5

基本组合的总荷载设计值为：

$$p=2.74\times1.3+3.5\times1.5=8.81(kN/m)$$

（2）截面设计

平台板的计算跨度为：

$$l_0=1.8-0.2/2+0.12/2=1.76(m)$$

板的跨中弯矩设计值为：

$$M=\frac{1}{10}pl_n^2=\frac{1}{10}\times8.81\times1.76^2=2.73(kN\cdot m)$$

板的有效高度：

$$h_0=70-20=50(mm)$$

$$x=h_0-\sqrt{h_0^2-\frac{2M}{\alpha_1f_cb}}=50-\sqrt{50^2-\frac{2\times8810000}{1.0\times14.3\times1000}}=3.98(mm)<\xi_bh_0$$

$$A_s=\frac{\alpha_1f_cbx}{f_y}=\frac{1.0\times14.3\times1000\times3.98}{360}=158(mm^2)$$

选配 $\underline{\Phi}6@160(A_s=177\ mm^2)$，配筋见图2-44。

2.4.4.3 平台梁设计

（1）荷载计算

设平台梁的截面尺寸为 200 mm×350 mm，平台梁的荷载计算具体见表2-19。

表2-19　　　　　　　　　　　　　　　　　　　**平台梁的荷载计算**

荷载种类		荷载标准值/(kN/m)
恒载	梁自重	0.02×(0.35−0.17)×25=1.4
	梁侧粉刷	0.02×(0.35−0.17)×2×17=0.19
	平台板传来	2.74×1.8/2=2.47
	梯段板传来	6.6×3.3/2=10.89
	小计	14.95
活荷载		3.5×(3.3/2+1.8/2)=8.93

基本组合的总荷载设计值为：

$$p=14.95\times1.3+8.93\times1.5=32.83(kN/m)$$

（2）截面设计

平台梁的计算跨度为：

$$l_0=1.05l_n=1.05\times(3.6-0.24)=3.53(m)$$

平台梁的跨中弯矩设计值为：

$$M=\frac{1}{8}pl_0^2=\frac{1}{8}\times32.83\times3.53^2=51.14(kN\cdot m)$$

剪力设计值为：

$$V=\frac{1}{2}pl_n=\frac{1}{2}\times32.83\times3.36=55.15(kN)$$

截面按倒L形计算，则：

$$b_{f}'=\frac{l_0}{6}=\frac{3530}{6}=558(\text{mm})$$

梁的有效高度：

$$h_0=350-35=315(\text{mm})$$

经判别属第一类 T 形截面

$$x=h_0-\sqrt{h_0^2-\frac{2M}{\alpha_1 f_c b_f'}}=315-\sqrt{315^2-\frac{2\times47400000}{1.0\times14.3\times1000}}=19.75(\text{mm})<\xi_b h_0$$

$$A_s=\frac{\alpha_1 f_c bx}{f_y}=\frac{1.0\times14.3\times1000\times19.75}{300}=518(\text{mm}^2)$$

选配 $3\,\Phi\,6(A_s=603\ \text{mm}^2)$，配筋见图 2-44。

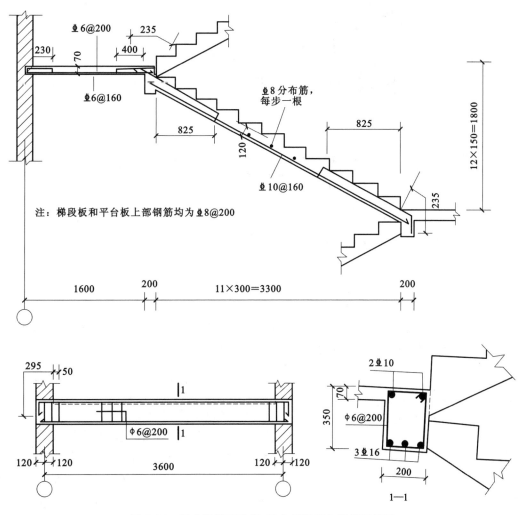

图 2-44 梁式楼梯踏步板、平台板及平台梁的配筋图

2.4.5 雨篷

雨篷、外阳台、挑檐是建筑工程中常见的悬挑构件，它们的设计除了与一般梁板结构相同之外，还应进行抗倾覆验算。下面以雨篷为例，介绍其设计要点。

2.4.5.1 雨篷的一般要求

雨篷一般由雨篷板和雨篷梁组成,如图 2-45 所示。雨篷梁除支承雨篷板外,还兼有门窗洞口过梁的作用。一般雨篷板的挑出长度为 0.6~1.2 m 或更大,视建筑要求而定。现浇雨篷板多数做成变厚度的,一般取根部板厚为 1/10 挑出长度,但不小于 70 mm,板端不小于 60 mm。雨篷板周围往往设置凸沿以便能有组织地排泄雨水。雨篷梁的宽度一般与墙厚相同,梁的高度应按承载能力要求确定。梁两端伸进砌体的长度应考虑抗倾覆的因素确定,不宜小于 370 mm。

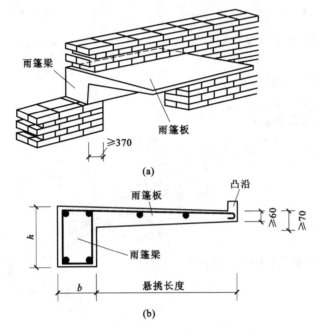

图 2-45 雨篷的结构组成及配筋构造

雨篷计算包括以下三方面内容:① 雨篷板的正截面抗弯承载力计算;② 雨篷梁在弯矩、剪力、扭矩共同作用下的承载力计算;③ 雨篷抗倾覆验算。

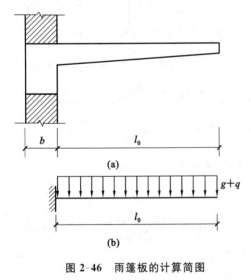

图 2-46 雨篷板的计算简图

2.4.5.2 雨篷板和雨篷梁的承载能力计算

(1) 雨篷板的计算

雨篷板上的荷载有恒载(包括自重、粉刷等)、雪荷载、雨篷板上的均匀荷载以及施工和检修集中荷载。《荷载规范》规定施工集中荷载为:在进行雨篷板承载力计算时,在每延米范围内为 1.0 kN;在进行雨篷抗倾覆验算时,每 2.5~3.0 m 范围内为 1.0 kN。上述三种活荷载不同时考虑,按最不利的情况进行设计。

雨篷板的内力分析,当无边梁时,其受力特点和一般悬臂板相同,如图 2-46 所示,应分别按上述荷载组合作用,取较大的弯矩值进行正截面受弯承载力计算,计算截面取在梁截面外边缘。构造上应保证板中纵向受拉钢筋在雨篷梁内有足够的受拉锚固长度。施工时应经常检查钢筋,注意维持雨篷板截面的有效高度,特别是板根部的纵筋,应防止被踩下沉。

对于有边梁的雨篷,其受力特点与一般梁、板体系的构件相同。

(2) 雨篷梁的计算

雨篷梁所承受的荷载有自重、梁上砌体重、可能计入的楼盖传来的荷载,以及雨篷板传来的荷载。梁上砌体重量和楼盖传来的荷载应按过梁荷载的规定计算。

雨篷板传来的荷载可简化为一个竖向线荷载和一个线扭矩荷载,如图 2-47 所示。下面以雨篷板上作用均布荷载 $p=g+q$ 为例,来介绍雨篷梁的扭矩问题。

对于雨篷梁横截面的对称轴,板传给梁的内力有沿板宽每 1 m 的竖向力 $V=pl_0$ 和力矩 m_T(图 2-47),此外有:

$$m_T = pl_0\left(\frac{b+l_0}{2}\right) \qquad (2\text{-}38)$$

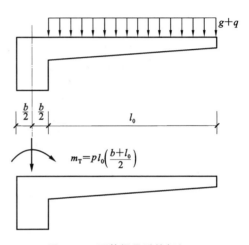

力矩 m_T 使雨篷梁发生转动,但由于梁两端嵌固于墙体内可阻止梁转动,故梁中产生了扭矩。梁上矩分布规律是,在跨度中点处为零,按直线规律向两端增大直至梁支座处达到最大值,雨篷梁扭矩计算简图如图 2-48(b) 所示。

根据平衡条件,在梁两嵌固端所产生的大小相等、方向相反的扭矩值为:

$$T = \frac{m_T l_{01}}{2} \qquad (2\text{-}39)$$

图 2-47 雨篷梁承受的扭矩

式中 l_{01}——雨篷梁的跨度,可近似取为 $l_{01}=1.05l_n$(l_n 为梁的净跨)。

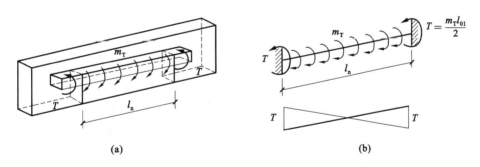

图 2-48 雨篷梁扭矩计算简图

雨篷梁在自重、梁上砌体重力等荷载作用下,产生弯矩和剪力,在雨篷板传来的荷载作用下,产生扭矩,因此雨篷梁是受弯、剪、扭的构件。

雨篷梁应按弯、剪、扭构件确定所需纵向钢筋和箍筋的数量,并满足有关构造要求。

(3) 雨篷抗倾覆验算

雨篷板上的荷载可能使整个雨篷绕雨篷梁底的计算倾覆点转动而倾倒,但是梁的自重、梁上砌体重等却有阻止雨篷倾覆的作用。《砌体结构设计规范》(GB 50003—2011)中取的雨篷计算倾覆点位于墙外边缘 O 点的内侧。如图 2-49 所示,为了保证结构整体作为刚体不致失去平衡,结构抗倾覆验算要求满足:

$$M_r \geqslant M_{ov} \tag{2-40}$$

式中 M_{ov}——雨篷板的荷载设计值对计算倾覆点的倾覆力矩；

　　　M_r——雨篷的抗倾覆力矩设计值,按下式计算：

$$M_r = 0.8G_r \left(\frac{b}{2} - 0.13b \right) \tag{2-41}$$

式中 G_r——雨篷的抗倾覆荷载,为图中阴影部分所示范围内的墙体和楼、屋面恒荷载标准值
　　　　　之和；

　　　0.8——用于抗倾覆计算时的恒荷载分项系数。

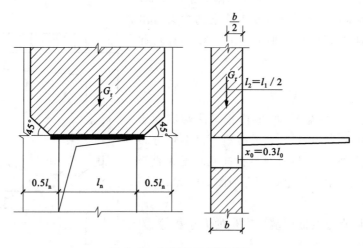

图 2-49　雨篷的抗倾覆荷载

雨篷梁两端埋入砌体愈长,压在梁上的砌体重力愈大,抗倾覆能力愈强,所以当不满足式(2-41)时,可以增大雨篷梁的支承长度,或者采用其他拉结措施。

本章小结

(1)连续梁板楼盖结构主要包括楼板设计和主、次梁设计。

(2)楼盖结构的楼板根据长宽比的不同分为单向板和双向板。其设计的难度在于确定板的跨中和支座处的弯矩和剪力。由于弹性计算方法与实际相差较大,而塑性计算方法考虑了板的塑性变形和内力重分布,因此实际中采用塑性方法,通过附表8中的弯矩和剪力系数来确定梁板的弯矩和剪力。通过考虑荷载等效及荷载组合的方式来确定最终的内力。对于楼板、次梁和主梁,在获得其内力后,可以按照构件的设计理论来进行截面设计。

(3)楼梯按结构形式不同可分为梁式楼梯和板式楼梯,其设计的难点在于确定斜向板和梁的内力。一般来说,为简化计算,可以把斜向构件简化成水平受力构件,承受竖向力的作用。雨篷结构应进行抗倾覆验算和抗扭验算,同时完成在弯扭等荷载作用下的内力计算。

习题与思考题

2-1　什么是单向板?什么是双向板?

2-2　按考虑塑性内力重分布设计连续梁,是否在任何情况下总是比按弹性方法设计节省钢筋?

2-3 试比较塑性内力重分布和应力重分布的异同点。

2-4 按弹性理论计算肋梁楼盖中板与次梁的内力时,为什么要采用折算荷载?

2-5 板内拱的作用是怎样产生的?它对弯矩值有什么影响?

2-6 说明单向板肋梁盖中板的计算简图。

2-7 雨篷梁和雨篷板有哪些计算要点和构造要求?

2-8 两跨连续梁如图 2-50 所示,梁上作用集中恒荷载设计值 $G=50$ kN,集中活荷载设计值 $Q=85$ kN,求:

① 按弹性理论计算的弯矩包络图;

② 按考虑塑性内力重分布,中间支座弯矩调幅 19% 后的弯矩包络图。

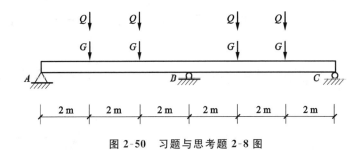

图 2-50 习题与思考题 2-8 图

2-9 某多层民用建筑的平面柱网布置如图 2-51 所示,楼盖采用整体式钢筋混凝土结构。

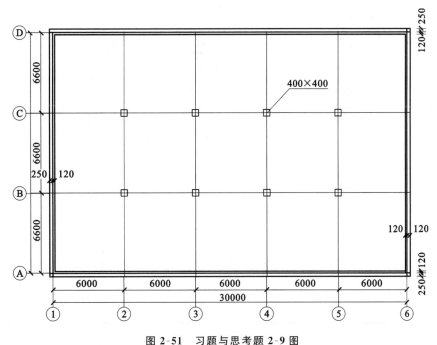

图 2-51 习题与思考题 2-9 图

① 基本资料如下。

a. 楼面构造层做法:20 mm 厚水泥砂浆面层,20 mm 厚混合砂浆板底抹灰。

b. 楼面荷载:均布活荷载标准值为 8 kN/m²。

c. 材料采用如下。

混凝土:C30。

钢筋:梁中受力钢筋采用 HRB400 级,其余采用 HPB300 级钢筋。

② 对该梁进行结构平面布置及设计,设计内容和要求如下。

a. 板和次梁按考虑塑性内力重分布方法计算内力;主梁按弹性理论计算内力,并绘出弯矩包络图和剪力包络图。

b. 绘制结构施工图,具体包括楼板结构布置图、次梁配筋图、主梁配筋图及材料图。

2-10 某厂房采用双向板肋梁楼盖,结构平面布置如图 2-52 所示,支承梁为 250 mm×500 mm,板厚取 100 mm。已知楼面活荷载设计值 $q = 10.4$ kN/m²,恒荷载设计值 $g = 3.9$ kN/m²。采用 C20 混凝土,HPB300 级钢筋,试按弹性理论设计该板,并绘出板的配筋图。

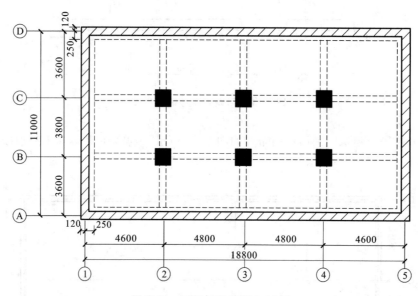

图 2-52 习题与思考题 2-10 图

3 单层工业厂房

【内容提要】
　　本章主要内容包括单层装配式钢筋混凝土厂房的结构设计,即钢筋混凝土单层厂房的结构组成和布置、排架内力分析及主要构件的设计;关于单层厂房的设计方法和步骤的典型例题。

【能力要求】
　　通过本章的学习,学生应掌握单层钢筋混凝土厂房结构的布置、排架结构的荷载计算和内力分析与组合、排架柱及柱下独立基础的设计。

3.1　单层厂房的结构组成和布置

3.1.1　结构组成

　　单层厂房结构是指用于从事工业生产的单层空间结构骨架。在设计时应配合生产工艺的要求,并保证有足够的工业生产空间,还要满足室内采光及通风等多方面的需要。

　　单层厂房广泛应用于各种工业和企业,它对于具有大型生产设备、振动设备、地沟、地坑或重型起重运输设备的生产有较大的适应性。单层厂房根据其结构的平面体系可分为排架结构和刚架结构两种主要结构形式,如图 3-1 和图 3-2 所示。

　　排架结构由屋架(或屋面梁)、柱和基础组成,柱与屋架铰接,与基础刚接。刚架结构由横梁、柱和基础组成,柱与横梁刚接,与基础铰接。屋架或横梁、柱、基础均为厂房结构的横向骨架,除此之外,厂房的组成构件还包括屋面板(或檩条)、吊车梁、支撑等纵向联系构件,这些构件相互联系在一起,以保证厂房结构的整体刚度和稳定性。钢筋混凝土单层厂房的组成如图 3-3 所示,概括起来可分成屋盖结构、横向平面排架、纵向平面排架和围护结构四大部分。

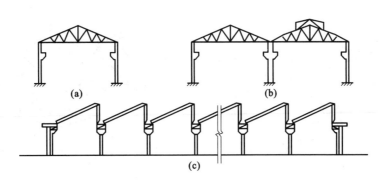

图 3-1　排架结构

(a)单跨排架;(b)双跨等高排架;(c)多跨锯齿形等高排架

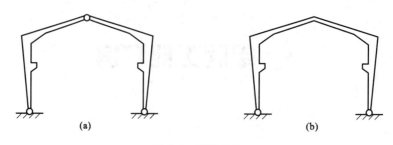

图 3-2　刚架结构

（a）三铰门式刚架；（b）两铰门式刚架

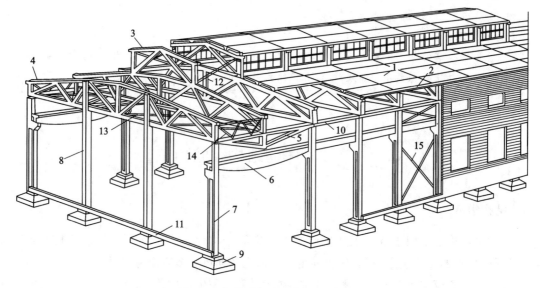

图 3-3　钢筋混凝土单层厂房的组成

1—屋面板；2—天沟板；3—天窗架；4—屋架；5—托架；6—吊车梁；7—排架柱；8—抗风柱；9—基础；10—连系梁；
11—基础梁；12—天窗架垂直支撑；13—屋架下弦横向水平支撑；14—屋架端部垂直支撑；15—柱间支撑

3.1.1.1　屋盖结构

屋盖结构分为无檩体系和有檩体系，如图 3-4 所示。无檩体系由大型屋面板、屋架或屋面梁、屋盖支撑组成，其刚度和整体性好，目前应用很广泛；有檩体系由小型屋面板、檩条、屋架或屋面梁、屋盖支撑组成，其刚度小且整体性较差，仅适用于小型厂房。

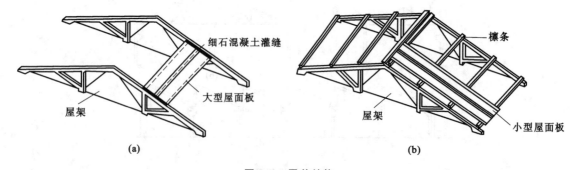

图 3-4　屋盖结构

（a）无檩体系；（b）有檩体系

为满足厂房内通风和采光需要,屋盖结构中有时还需要设置天窗架及天窗架支撑。当因为生产设备布置的需要,必须去掉某个柱子时,就需要通过设置托架来承受和分散屋架或屋面梁传来的荷载。

（1）屋面板

屋面板支承在屋架（屋面梁）或檩条上,承受屋面构造层重量、活荷载（如雪荷载、积灰或施工荷载）,并将它们传给屋架（屋面梁）,起覆盖、维护和传递荷载的作用。目前常采用 $1.5\ m \times 6\ m$ 的预应力混凝土屋面板。

（2）屋架或屋面梁

屋架或屋面梁是厂房屋盖结构的主要承重构件,通常直接支撑在排架柱上,承受屋盖上的全部竖向荷载,并将它们传给排架柱。常用的屋架形式有钢筋混凝土或预应力混凝土两铰屋架、三铰屋架、三角形屋架、梯形屋架、折线形屋架等,如图 3-5 所示。

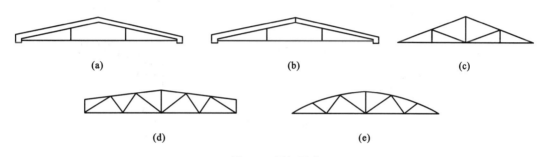

图 3-5 屋架形式
(a) 两铰屋架;(b) 三铰屋架;(c) 三角形屋架;(d) 梯形屋架;(e) 折线形屋架

（3）檩条

在有檩体系屋盖中,檩条直接放置在屋架或屋面梁上,用来支撑小型屋面板,承受屋面板传来的荷载,并将荷载传给屋架或屋面梁。它与屋架间用预埋钢板焊接,并与屋盖支撑一起保证屋盖结构的整体刚度和稳定性。常用的檩条有混凝土檩条、预应力混凝土檩条以及轻钢檩条。

（4）天窗架

天窗架支承于屋架上,承受天窗架上的屋面板传来的荷载及天窗上的风荷载,并将它们传给屋架。天窗架削弱了屋盖的整体刚度,应加强支撑,宜采用钢结构。

（5）托架

托架支承于两个相邻柱子之上,用来支承屋架,并将屋架传来的荷载传给柱子。

（6）天沟板

天沟板支承于屋架上,承受屋面积水及天沟板上的构造层自重、施工荷载等,并将它们传给屋架。

3.1.1.2 横向平面排架

横向平面排架由屋架（屋面梁）、横向柱列和基础组成,是主要承重结构,主要承受竖向荷载（结构自重、屋面活荷载、竖向吊车荷载等）和横向水平力（风荷载、吊车横向制动力、地震作用）,如图 3-6 所示。

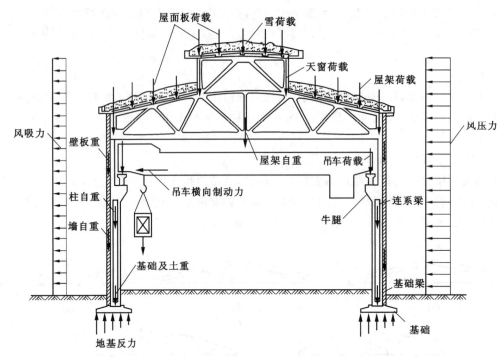

图 3-6 横向平面排架

3.1.1.3 纵向平面排架

纵向平面排架由连系梁、吊车梁、纵向柱列、柱间支撑和基础组成。纵向平面排架一方面承受着纵向水平荷载(屋盖结构传来纵向风荷载、吊车纵向制动力、纵向水平地震力等),另一方面还起着保证结构纵向刚度和稳定性的作用,如图 3-7 所示。

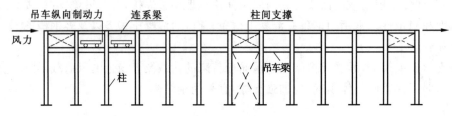

图 3-7 纵向平面排架

纵向平面排架所包含的构件数量多,同时又有柱间支撑的有效作用,一般均是刚度较大,而内力较小,通常不必计算。

3.1.1.4 围护结构

围护结构由纵墙、横墙(或山墙)、抗风柱、连系梁、基础梁组成。围护结构承受墙体和结构自重,同时还承受作用在墙面上的风荷载等,设置在山墙的抗风柱主要作用是将山墙上的风荷载传递给屋盖和基础。山墙及抗风柱如图 3-8 所示。

钢筋混凝土单层厂房结构构件中,除柱和基础外,一般都可以根

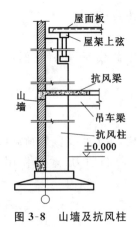

图 3-8 山墙及抗风柱

据工程的具体情况,从工业厂房结构构件标准图集中选用合适的标准构件,不必另行设计。

3.1.2　主要荷载及传递途径

（1）恒载

恒载主要包括屋面板、屋架或屋面梁、墙体、柱子等结构构件的自重及固定生产设备的重量。

（2）活载

活载主要包括屋面活荷载、积灰荷载、吊车荷载、风荷载、雪荷载、施工和检修荷载及地震作用等。其中,不上人的屋面均布活荷载可不与雪荷载和风荷载同时组合,积灰荷载应与雪荷载或不上人的屋面均布活荷载两者中的较大值同时考虑。

以上这些荷载按其作用方向可分为竖向荷载、横向水平荷载和纵向水平荷载三种。前两者是通过横向平面排架传至地基,后者通过纵向平面排架传至地基。单层厂房的荷载传递途径如图3-9所示。

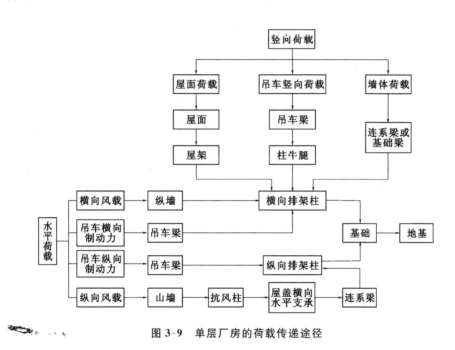

图 3-9　单层厂房的荷载传递途径

3.1.3　结构平面布置

3.1.3.1　定位轴线

结构平面的主要尺寸都由定位轴线表示。定位轴线有纵向和横向之分:与厂房横向平面排架平行的轴线称为横向定位轴线,用①、②、③、…表示;与厂房横向定位轴线相垂直的轴线称为纵向定位轴线,用Ⓐ、Ⓑ、Ⓒ、…表示,如图3-10所示。

定位轴线之间的距离应和主要构件的标志尺寸相一致,且符合建筑模数。标志尺寸就是构件的实际尺寸加上两端必要的构造尺寸。例如,18 m屋架的实际跨度是17950 mm,屋架两端到外墙内边缘各留出25 mm的构造尺寸,标志尺寸就是18000 mm。

厂房横向定位轴线主要用来标定纵向构件的标志端部,如屋面板、吊车梁、连系梁、基础梁、墙板、纵向支撑等。一般情况下,横向定位轴线应通过柱截面的几何中心,且通过屋架中心线与屋面

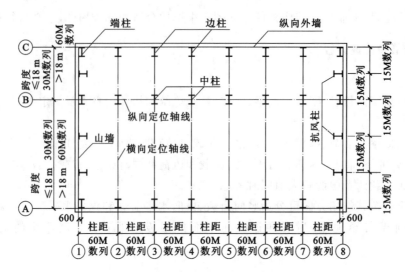

图 3-10　定位轴线与柱网布置

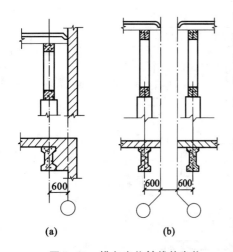

图 3-11　横向定位轴线的定位

（a）山墙处；（b）伸缩缝处

板等横向接缝,但在厂房端部,横向定位轴线应与山墙内边缘重合,需将山墙内侧第一排柱中心线内移 600 mm,以保证端部屋架与抗风柱和山墙的位置不发生冲突,而伸缩缝两边的柱中心线也需要向两边各移 600 mm,横向伸缩缝、防震缝处的柱应采用双柱及两条横向定位轴线,如图 3-11 所示。

纵向定位轴线主要用来标定厂房横向构件的标志端部,如屋架的标志尺寸以及大型屋面板的边缘。

3.1.3.2　柱网布置

厂房中承重结构柱子在平面排列时形成的网格,称为柱网。厂房柱网的布置就是确定纵向定位轴线之间(跨度)和横向定位轴线之间(柱距)的尺寸。

《厂房建筑模数协调标准》(GB/T 50006—2010)中规定,统一模数制以 100 mm 为基本单位,用 M 表示;并规定建筑的平面和竖向协调模数的基数值均应取扩大模数 3M。厂房的跨度在 18 m 或 18 m 以下时,应采用扩大模数 30M 数列;在 18 m 以上时,应采用扩大模数 60M 数列。单层厂房的柱距应采用扩大模数 60M 数列;厂房山墙处抗风柱柱距宜采用扩大模数 15M 数列,如图 3-10 所示。

3.1.3.3　变形缝的设置

变形缝包括伸缩缝、沉降缝和防震缝三种。

（1）伸缩缝

当厂房的长度较长时,厂房因受温度变化的影响而产生伸缩,这种影响在上部结构中表现得更为明显,对下部结构影响较小,因而厂房上部的变形受到限制,使屋面、墙体产生不规则裂缝。为了预防这种情况的发生,常沿建筑物长度方向每隔一定距离或结构变化较大处预留缝隙,将结构分割为较小的单元,避免引起较大的约束应力或导致开裂,这种缝称为伸缩缝。

厂房结构的伸缩缝宜将墙体、楼板层、屋顶等基础以上部分全部断开,基础部分因受温度变化影响较小,不需断开。《混凝土结构设计标准(2024 年版)》(GB/T 50010—2010)中规定,装配式钢筋混凝土排架结构伸缩缝的最大间距为:当处于室内或土中的环境时,为 100 m;当处于露天环境时,为 70 m。伸缩缝处的构造如图 3-11 所示。

(2)沉降缝

当单层厂房建在土层性质差别较大的地基上,或相邻两部分的高度、荷载和结构形式差别较大时,厂房会出现不均匀的沉降,使某些部位错动开裂。为防止这种情况的发生,可在适当位置预留缝隙,把厂房划分成几个可以自由沉降的单元,这种缝称为沉降缝。

厂房结构的沉降缝应从基础底面至屋顶全部断开,使沉降缝两侧的结构在发生不同沉降的时候不会影响厂房的使用功能。

(3)防震缝

在地震区的单层厂房,当厂房建筑平面复杂、立面存在错层,或厂房各部分的刚度、重量相差悬殊,或厂房侧边贴建生活间、变电所等房屋时,为了减少厂房的震害,宜用防震缝将其分开。

防震缝应从基础顶面至上部结构完全断开,并留有足够的缝隙,使防震缝两侧在预期的地震中不发生碰撞或减轻碰撞引起的局部损坏。防震缝的宽度应符合下列规定:在厂房纵横跨交接处、大柱网厂房或不设柱间支撑的厂房,防震缝宽度可采用 100～150 mm,其他情况可采用 50～90 mm。地震区单层厂房中设置的伸缩缝、沉降缝均应符合防震缝要求。

3.1.4 支撑的作用与布置原则

在装配式单层厂房结构中,支撑不是主要承重构件,却是联系各主要承重构件以构成整体厂房空间结构的重要组成部分,对厂房的刚度和稳定性起着很重要的作用。如果布置不当,不仅会影响厂房的正常使用,甚至还会导致主要承重结构受到破坏。

3.1.4.1 支撑的作用

支撑的主要作用如下:
① 施工阶段和使用阶段保证厂房结构的几何稳定性;
② 保证厂房结构的纵横向水平刚度及空间整体性;
③ 提供侧向支撑,改善结构的侧向稳定性;
④ 传递水平荷载至主要承重构件或基础。

3.1.4.2 支撑的布置

厂房支撑包括屋盖支撑和柱间支撑两部分。

(1)屋盖支撑的布置

屋盖支撑包括上弦横向水平支撑、下弦横向水平支撑、下弦纵向水平支撑、垂直支撑和水平系杆、天窗架支撑。

① 上弦横向水平支撑。

上弦横向水平支撑是沿跨度方向用交叉角钢、直腹杆和屋架上弦杆构成的水平桁架。其作用是增强屋盖整体刚度和上弦的侧向稳定性,将抗风柱传来的风荷载传给排架柱。

a. 当屋盖为有檩体系时,在变形缝的两端及厂房的第一或是第二柱间应设置上弦横向水平支撑,如图 3-12(a)所示。

b. 当屋盖为无檩体系,但屋面板和屋架的连接质量不能保证时,上弦横向水平支撑的设置同有檩体系;若屋面设有天窗,且天窗通过厂房端部的第二柱间或通过伸缩缝时,应在第一或第二柱间的天窗范围内设置上弦横向水平支撑,如图 3-12(b)所示。

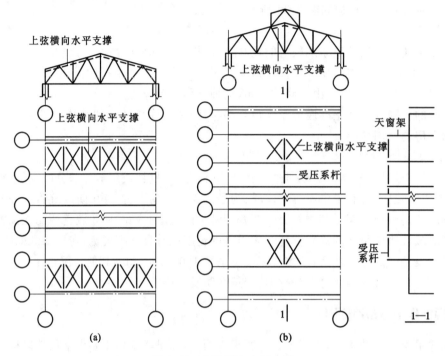

图 3-12　上弦横向水平支撑

(a) 有檩体系;(b) 无檩体系(有连续天窗)

② 下弦横向水平支撑。

下弦横向水平支撑是沿跨度方向用交叉角钢、直腹杆和屋架下弦杆构成的水平桁架。其作用是将山墙风荷载及纵向水平荷载传至纵向柱列,也能防止屋架下弦发生侧向振动。

当具有下列情况之一时,应设置下弦横向水平支撑,其布置方法如图 3-13 所示。

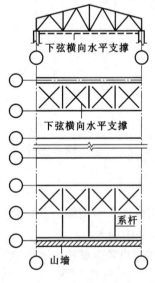

图 3-13　下弦横向水平支撑

a. 当抗风柱与屋架下弦连接传递纵向水平力;

b. 设有硬钩桥吊或设有大于或等于 5 t 的锻锤等振动设备;

c. 屋架下弦设有沿纵向或横向运行的悬挂吊车;

d. $l \geqslant 18$ m 且下弦设有纵向水平支撑时(形成封闭水平支撑系统)。

③ 下弦纵向水平支撑。

下弦纵向水平支撑是用交叉角钢、直杆和屋架下弦第一节间构成的纵向水平桁架。其作用如下:

a. 加强屋盖结构的横向水平刚度;

b. 保证横向水平荷载的纵向分布,加强厂房的空间作用;

c. 保证托架上弦的侧向稳定;

d. 传递山墙风荷载及纵向水平荷载。

当具有下列情况之一时,应设置下弦纵向水平支撑,其布置方法如图 3-14 所示。

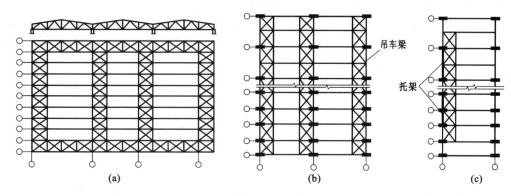

图 3-14 下弦横向水平支撑

a. 当已设有下弦横向水平支撑时,为保证厂房空间刚度,应尽可能与横向水平支撑连接,以形成封闭的水平支撑系统;

b. 当设有软钩桥式吊车且厂房高度大、吊车起重量较大时,应在屋架下弦端节间沿厂房纵向通长或局部设置一道下弦纵向水平支撑;

c. 厂房设有托架,应沿托架一侧设置下弦纵向水平支撑。

④ 垂直支撑和水平系杆。

垂直支撑和水平系杆宜配合使用,如图 3-15 所示。

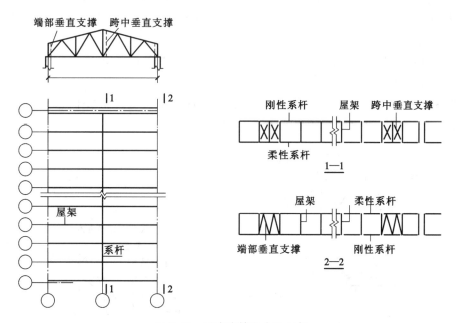

图 3-15 垂直支撑和水平系杆

垂直支撑一般是由角钢杆件与屋架的直腹杆或天窗架的立柱组成的垂直桁架。其作用是保证屋架或天窗架平面外的稳定,将纵向水平力由屋架上弦平面传至屋架下弦平面内。

垂直支撑的设置应遵循以下原则:

a. 垂直支撑与屋架下弦横向水平支撑应布置在同一柱间;

b. 当厂房跨度小于 18 m 且无天窗时,一般可不设垂直支撑和水平系杆;

c. 当厂房跨度为 18～30 m、屋架间距为 6 m,采用大型屋面板时,应在每一伸缩缝区段端部的第一或第二柱间屋架跨中设置一道垂直支撑;

d. 当屋架跨度大于 30 m 时,应在每一伸缩缝区段端部的第一或第二柱间,屋架跨度 1/3 左右的节点处设置两道垂直支撑;

e. 当伸缩缝区间长度大于 60 m 时,应在柱间支撑部位增设一道垂直支撑;

f. 设有大于 3 t 锻锤的厂房,应在其所处柱间及其以锻锤为中心的 30 m 范围内的屋架间,每跨连续增设一道垂直支撑。

水平系杆是单根的联系杆件。既能承拉又能承压的系杆称为刚性系杆,一般为双角钢杆件或 RC 杆件。只能承受拉力的称为柔性系杆,多为单角钢,截面较小。水平系杆分为上弦水平系杆和下弦水平系杆,上弦水平系杆是为保证屋架上弦或屋面梁受压翼缘的侧向稳定,下弦水平系杆是为防止在吊车或有其他水平振动时屋架下弦的侧向颤动。

水平系杆的设置应遵循以下原则:

a. 当屋盖设置垂直支撑时,未设置垂直支撑的屋架间,在相应于垂直支撑平面内的屋架上弦和下弦节点处,设置通长的水平系杆。

b. 跨中设垂直支撑时,一般沿其纵向垂直平面设通长上弦刚性和下弦柔性系杆;端部设垂直支撑时,一般沿其铅垂面设通长下弦刚性系杆。

c. 设有下弦横向或纵向水平支撑时,均应设相应的下弦刚性系杆,以形成水平桁架。

d. 天窗侧柱处应设柔性系杆,在天窗范围内沿纵向设 1～3 道通长上弦刚性系杆,以保证屋架上弦侧向稳定。

e. 当屋架横向水平支撑设在端部第二柱间时,应在第一柱间设置上、下弦刚性系杆。

⑤ 天窗架支撑。

天窗架支撑包括天窗架上弦横向水平支撑、天窗架间的垂直支撑和水平系杆。其作用是保证天窗架上弦的侧向稳定,传递天窗端壁上的风荷载,如图 3-16 所示。

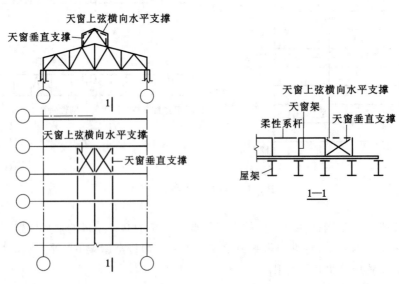

图 3-16　天窗架支撑

天窗架支撑的设置应遵循以下原则：

a. 垂直支撑设置在天窗两侧；

b. 横向水平支撑和垂直支撑均设置在天窗端部第一柱间内；

c. 未设置上弦横向水平支撑的天窗架间的上弦节点处应设置柔性系杆。

（2）柱间支撑的布置

柱间支撑由交叉钢杆件组成，交叉倾角为 35°～55°。其作用是提高厂房的纵向刚度和稳定性，传递纵向水平力到两侧柱列。

柱间支撑一般采用十字交叉支撑，当柱间因交通、设备布置或柱距较大而不能采用交叉支撑时，可以做出门架式柱间支撑，如图 3-17 所示。

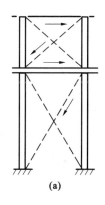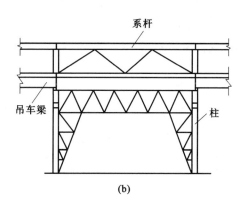

图 3-17　柱间支撑形式

(a) 十字交叉支撑；(b) 门架式柱间支撑

对于有吊车的厂房，柱间支撑按其位置分为上柱柱间支撑和下柱柱间支撑。上柱柱间支撑一般布置在伸缩缝区段两端与屋盖横向水平支撑相对应的柱间以及伸缩缝区段中央或临近中央的柱间，下柱柱间支撑一般布置在伸缩缝区段中部与上柱柱间支撑相应的位置，如图 3-18 所示。

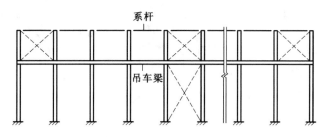

图 3-18　柱间支撑布置

当厂房中存在下列工况时，应设置柱间支撑：

① 当设有 A6～A8 的吊车，或 A1～A5 的吊车起重量大于或等于 10 t 时；

② 厂房跨度大于或等于 18 m，或柱高大于或等于 8 m 时；

③ 厂房每列纵向柱总数小于 7 根时或设有 3 t 以上的悬挂吊车时；

④ 露天吊车栈桥的柱列。

3.1.5 围护结构布置

单层厂房围护结构的布置包括屋面板、抗风柱、圈梁、连系梁、过梁、基础梁和墙体等构件的布置。下面主要讨论抗风柱、圈梁、连系梁、过梁及基础梁的布置原则。

3.1.5.1 抗风柱的布置

单层厂房的山墙受风荷载面积大,一般需设置抗风柱将山墙分成几个区格,使墙面受到的风荷载一部分(靠近纵向柱列的区格)直接传给纵向柱列,另一部分则经抗风柱下端直接传给基础和经抗风柱上端通过屋盖结构传给纵向柱列。

单层厂房的抗风柱一般采用钢筋混凝土柱,当厂房的高度和跨度均不大(柱顶高度不大于 8 m,跨度不大于 12 m)时,可在山墙设置砖壁柱作为抗风柱;当厂房高度很大时,可在山墙内侧设置水平抗风梁或钢抗风桁架,如图 3-19 所示。

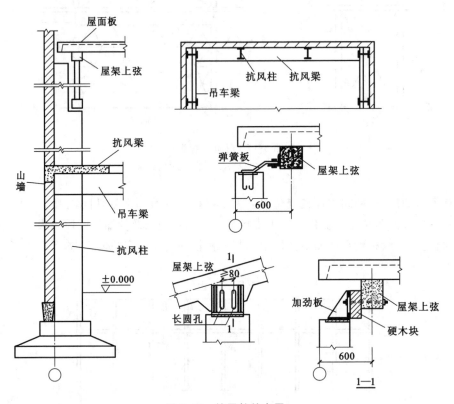

图 3-19 抗风柱的布置

抗风柱一般与基础刚接,与屋架上弦铰接,当屋架设有下弦横向水平支撑时,可与下弦铰接。抗风柱与屋架连接必须满足两个要求:一是在水平方向必须与屋架有可靠的连接,以保证能有效地传递风荷载;二是在竖向允许两者之间有一定相对位移的可能性,以防厂房与抗风柱不均匀沉降时产生不利影响。因此,抗风柱与屋架之间一般采用竖向可移动、水平有较大刚度的弹簧板连接;当厂房沉降量较大时,宜采用槽形孔螺栓连接,如图 3-19 所示。

3.1.5.2 圈梁、连系梁、过梁和基础梁的布置

当厂房围护墙采用砖墙时，一般要设置圈梁、连系梁、过梁和基础梁。

（1）圈梁的布置

圈梁是设置于墙体内并与柱子连接的现浇钢筋混凝土构件。其作用是将墙体与排架柱、抗风柱等箍在一起，以增强厂房的整体刚度，防止由于地基的不均匀沉降或较大的振动荷载对厂房产生不利影响。

圈梁的布置应根据厂房刚度要求、墙体高度和地基情况等确定。对无桥式吊车的厂房，当檐口标高为 5～8 m 时，应在檐口附近布置一道圈梁；当檐口标高大于 8 m 时，应增设一道圈梁。对有吊车或较大振动设备的单层工业厂房，除在檐口或窗顶标高处设置现浇钢筋混凝土圈梁外，还宜在吊车梁顶面标高处或其他适当位置增设一道圈梁。

圈梁宜连续地设在同一水平面上，并形成封闭状；当圈梁被门窗洞口截断时，应在洞口上部增设相同截面的附加圈梁。附加圈梁与圈梁的搭接长度不应小于其到中垂直间距的 2 倍，且不得小于 1 m，如图 3-20 所示。

（2）连系梁的布置

连系梁是柱与柱之间在纵向的水平联系构件。除承受墙体荷载外，它还具有连系纵向柱列、增强厂房的纵向刚度、传递纵向水平荷载的作用。连系梁通常是预制的，两端搁置在柱牛腿上，用焊接或螺栓连接，如图 3-21 所示。

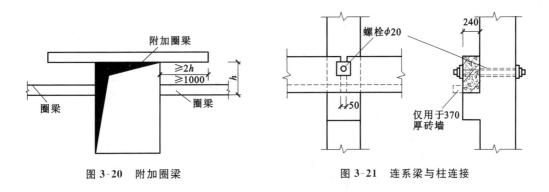

图 3-20 附加圈梁   图 3-21 连系梁与柱连接

（3）过梁的布置

当墙体开有门窗洞口时，需设置钢筋混凝土过梁，以承托门窗洞口上部墙体的重量。在进行围护结构布置时，应尽可能地将圈梁、连系梁和过梁结合起来，使一种梁能兼有两种或三种梁的作用，以简化构造，节约材料，方便施工。

（4）基础梁的布置

在单层厂房中，一般采用基础梁来承托围护墙体的重量，并将其传至柱基础顶面，而不另做墙基础，以使墙体和柱的沉降变形一致。基础梁一般设置在边柱的一侧，两端直接放置在基础的顶部，当基础埋置较深时，则搁置在基础顶面的混凝土垫块上，如图 3-22 所示。

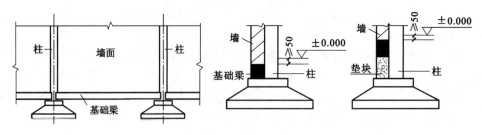

图 3-22 基础梁的布置

3.2 排架内力分析

单层工业厂房是由纵、横向排架组成的空间结构。为了方便,可简化为纵、横向平面排架分别进行分析。纵向平面排架的柱列较多、抗侧移刚度较大,除进行抗震和温度应力分析时,一般不考虑该方向柱列承受弯矩的影响,因此最终简化成横向平面排架进行计算。

3.2.1 计算简图

3.2.1.1 计算单元

在结构平面图上由相邻柱距的中线截出一个典型的区段,作为横向排架的计算单元。如图 3-23 中阴影部分所示。除吊车等移动荷载以外,其他作用于该单元内的荷载,完全由该平面排架承担,阴影部分就是排架的负荷范围,也称为从属面积。

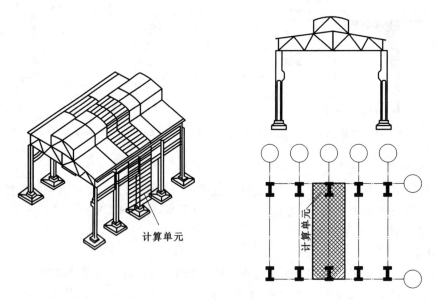

图 3-23 计算单元的选取

3.2.1.2 基本假定

根据实践经验和构造的特点,单层厂房在确定计算简图时,为了简化计算,做以下假定:

① 屋架或屋面梁与柱顶铰接;

② 柱下端刚接于基础顶面；

③ 横梁为轴向变形可忽略的刚杆；

④ 排架柱的高度由基础顶面算至柱顶铰接点；

⑤ 排架与排架之间的相互联系可以忽略不计。

3.2.1.3 计算简图

排架柱的轴线分别取上、下柱截面的形心线，当为变截面柱时，排架柱轴线为一折线，屋面梁或屋架简化为一根刚性杆。

根据上述假定及简化，可得到横向排架的计算简图，如图 3-24 所示。

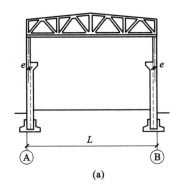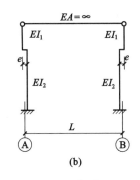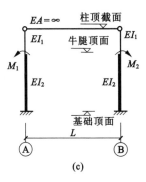

图 3-24　排架的计算简图

排架柱的高度 H 由基础顶面算至柱顶铰接点，则柱总高 H＝柱顶标高－基础顶面标高，或柱总高 H＝上柱高度＋下柱高度，其中，上柱高度为牛腿顶面至柱顶的高度，下柱高度为基础顶面至牛腿顶面的高度。上、下柱截面的惯性矩分别为 I_1 和 I_2。计算简图中的跨度 L 应以厂房的轴线为准，变截面时，需在柱的变截面处增加一个力矩 M，其值等于上柱传来的竖向力乘以上、下柱截面形心线间的距离 e。

3.2.2　荷载计算

作用在单层上方排架上的荷载可以分为永久荷载和可变荷载两类。

3.2.2.1　永久荷载

永久荷载一般包括屋盖、吊车梁、柱和围护结构的自重等，其值可根据结构构件的设计尺寸与材料单位体积的自重计算得到。

（1）屋盖自重 F_1

屋盖自重包括屋架或屋面梁、屋面板、天沟板、天窗架、屋盖支撑以及屋面构造层等重力荷载。这些荷载的总和 F_1 以集中荷载的形式作用在柱顶上。当采用屋架时，是通过上、下弦中心线的交点作用于柱顶；当采用屋面梁时，是通过梁端支承垫板的中心线作用于柱顶。荷载作用点的位置如图 3-25 所示，F_1 对上柱的几何轴线产生偏心距 e_1。

分析作用力 F_1 时，可将屋面横梁截断，在柱顶加以不动铰支座，简化为一次超静定悬臂梁计算，柱顶偏心恒载 F_1 移至相应上柱或下柱的截面中心线处，并附加偏心弯矩，如图 3-26 所示。

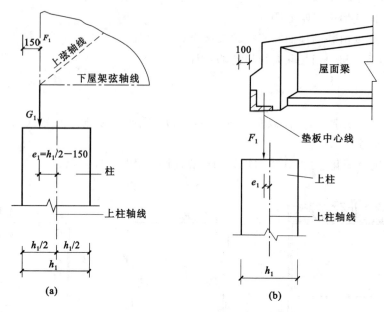

图 3-25 屋架自重作用点

(a) 屋架;(b) 屋面梁

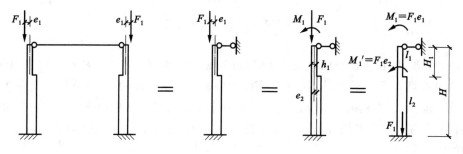

图 3-26 F_1 计算简图

（2）上柱自重 F_2

上柱自重 F_2 对下柱的偏心距,即上、下柱轴线间的距离为 e_2,如图 3-27 所示,则 F_2 对下柱的偏心力矩为 $M_2 = F_2 \cdot e_2$。

（3）下柱自重 F_3

下柱自重(包括牛腿)作用于柱底,与下柱中心线重合。

（4）吊车梁及其轨道自重 F_4

吊车梁及轨道自重 F_4 沿吊车梁中心线作用于牛腿顶面,F_4 对下柱截面的偏心距为 e_4,如图 3-27 所示,则 F_4 对下柱的偏心力矩为 $M_4 = F_4 \cdot e_4$。

各种恒荷载联合作用时,单跨排架结构的计算简图如图 3-28 所示,轴力图如图 3-29 所示。

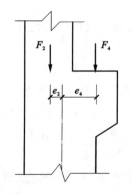

图 3-27 柱自重作用点

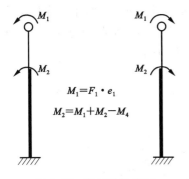

图 3-28 排架计算简图

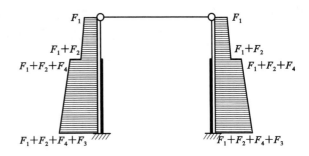

图 3-29 排架轴力图

3.2.2.2 可变荷载

可变荷载包括屋面活荷载、吊车荷载和风荷载。

（1）屋面活荷载

屋面活荷载包括屋面均布活荷载、雪荷载及积灰荷载三种。

① 屋面均布活荷载。

按《荷载规范》取用。

② 雪荷载。

按《荷载规范》第 7.1.1 条，采用屋面水平投影面上的雪荷载标准值，按下式计算：

$$S_k = \mu_r S_0 \tag{3-1}$$

式中　S_k——雪荷载标准值，kN/m^2；

　　　μ_r——屋面积雪分布系数，应根据不同类别的屋顶形式，按《荷载规范》表 7.2.1 采用；

　　　S_0——基本雪压，应按《荷载规范》规定的方法确定 50 年重现期的雪压，对雪荷载敏感的结构，应采用 100 年重现期的雪压，kN/m^2。

③ 积灰荷载。

机械、冶金、水泥等行业在生产过程中排灰量大，易在厂房及其邻近建筑屋面堆积，形成积灰荷载。影响积灰厚度的主要因素有除尘装置的使用、清灰制度的执行、风向和风速、烟囱高度、屋面坡度和屋面挡风板等。当工厂设有一般的除尘装置，且在能坚持正常的清灰制度的前提下，水平投影面上的屋面积灰荷载可按《荷载规范》的表 5.4.1-1 和表 5.4.1-2 取用。

《荷载规范》规定，屋面均布活荷载不与雪荷载同时考虑，只取两者中的较大值；屋面积灰荷载应与雪荷载和屋面均布活荷载两者中的较大值同时考虑。

（2）吊车荷载

工业厂房因工艺上的要求常设有桥式吊车，厂房设计应考虑吊车荷载的作用。计算吊车荷载时，先根据吊车工作频繁程度将吊车工作制度分为轻级、中级、重级和超重级四种工作制。《荷载规范》在吊车荷载的规定中按相应工作级别划分，现在采用的工作级别与以往采用的工作制等级存在对应关系，见表 3-1。

表 3-1　　　　　　　　　　　　吊车的工作制等级与工作级别的对应关系

工作等级制度	轻级	中级	重级	超重级
工作级别	A1～A3	A4、A5	A6、A7	A8

桥式吊车由大车(桥架)和小车组成。大车在吊车梁轨道上沿厂房纵向行驶,小车在桥架大车的轨道上沿厂房横向运行,如图 3-30 所示。大车和小车运行时都有可能产生制动力,因此,吊车荷载可分为吊车竖向荷载和吊车水平荷载,而吊车的水平荷载又分纵向和横向两种。

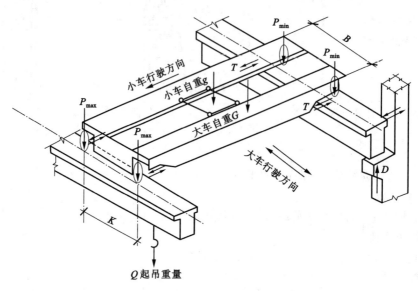

图 3-30 吊车荷载示意图

① 吊车竖向荷载。

吊车竖向荷载是通过吊车轮压作用在吊车梁上,当小车吊有额定的最大起重量开到大车某一极限位置时(图 3-30),这一侧的每个大车轮压即为吊车的最大轮压标准值 $P_{k,max}$,另一侧的每个大车轮压即为吊车的最小轮压标准值 $P_{k,min}$,两者同时发生。最大轮压标准值 $P_{k,max}$ 可从产品目录中查得,最小轮压标准值 $P_{k,min}$ 可由下式确定:

$$P_{k,min} = \frac{1}{2}(G + g + Q) - P_{k,max} \tag{3-2}$$

式中　G——大车重量(标准值);

　　　g——小车重量(标准值);

　　　Q——吊车的额定起重量(标准值)。

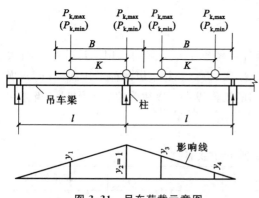

图 3-31 吊车荷载示意图

当两台吊车紧靠在一起,且其中一台起重量较大的吊车的最大轮压位于所计算的排架柱上时,吊车传给柱子的竖向荷载可达到最大,用 $D_{k,max}$ 表示。$D_{k,max}$ 可根据吊车梁(按简支梁考虑)的支座反力影响线来求得,如图 3-31 所示。

$D_{k,max}$ 按下式计算:

$$\left.\begin{array}{l} D_{k,max} = \beta \sum P_{ik,max} y_i \\ D_{k,min} = \beta \sum P_{ik,min} y_i \end{array}\right\} \tag{3-3}$$

式中　y_i——各轮压对应的支座反力影响线的坐标值;

　　　β——多台吊车的荷载折减系数,按表 3-2 采用。

表 3-2　　　　　　　　　　　　　　多台吊车的荷载折减系数

参与组合的吊车台数	吊车工作级别	
	A1～A5	A6～A8
2	0.90	0.95
3	0.85	0.90
4	0.80	0.85

需要考虑的是计算排架考虑多台吊车竖向荷载时,对一层吊车单跨厂房的每个排架,参与组合的吊车台数不宜多于 2 台;对一层吊车的多跨厂房的每个排架,不宜多于 4 台。

吊车最大竖向荷载设计值 $D_{k,max}$ 和最小竖向荷载设计值 $D_{k,min}$ 可按下式计算:

$$\left.\begin{array}{l} D_{max} = 1.4D_{k,max} \\ D_{min} = 1.4D_{k,min} \end{array}\right\} \tag{3-4}$$

D_{max} 和 D_{min} 在同一排架的两侧柱上同时出现,它们对下柱的偏心距和吊车梁及轨道自重对下柱的偏心距 e_4 相同,偏心力矩为 $M_4 = F_4 \cdot e_4$。由于 D_{max} 可能发生在左柱,也可能发生在右柱,因此,在 D_{max} 和 D_{min} 作用下等效计算简图上的轴力和力矩如图 3-32 所示。

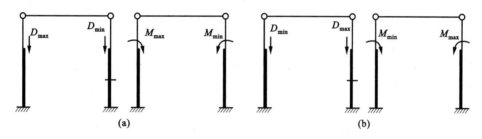

图 3-32　在 D_{max} 和 D_{min} 作用下排架示意图

（a）D_{max} 作用在左柱；（b）D_{max} 作用在右柱

② 吊车横向水平荷载。

吊车横向水平荷载是当小车吊有额定最大起重量时,小车运行机构启动或刹车所引起的水平惯性力,它通过小车制动轮与桥架轨道之间的摩擦力传给大车,等分于桥架两端,再由大车两侧的车轮平均传至吊车梁的轨道,最后由吊车梁与柱的连接钢板传给排架,如图 3-33 所示。吊车的横向水平荷载标准值可按下式计算:

$$T_k = \alpha(Q + Q_1)g \tag{3-5}$$

式中　Q——吊车的额定起质量。

　　　Q_1——横行小车的质量。

　　　g——重力加速度。

　　　α——吊车横向水平荷载系数,《荷载规范》规定,对于软钩吊车,当额定起重量不大于 10 t 时,应取 0.12;当额定起重量为 16～50 t 时,应取 0.1;当额定起重量不小于 75 t 时,应取 0.08;对于硬钩吊车,应取 0.2。

通常起重量 $Q \leqslant 50$ t 时,大车的总轮数为 4,每一侧的轮数为 2,单轮横向水平荷载标准值按下式计算:

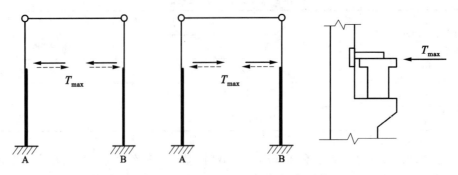

图 3-33　吊车的横向水平荷载作用下排架示意图

$$T_k = \frac{1}{4}\alpha(Q + Q_1)g \tag{3-6}$$

吊车最大横向水平荷载标准值 $T_{k,max}$ 的作用位置与 D_{max} 和 D_{min} 相同。因此，作用在排架柱上的吊车最大横向水平荷载标准值 $T_{k,max}$ 可按下式计算：

$$T_{k,max} = \beta \sum T_{i,k} y_i \tag{3-7}$$

由于小车是沿厂房横向左、右行驶，有左、右两种制动情况。因此，吊车横向水平荷载既可以向左，也可以向右，如图 3-31 所示。

③ 吊车纵向水平荷载。

吊车纵向水平荷载是由吊车的大车运行机构在启动或制动时引起的水平惯性力，此惯性力通过制动轮与钢轨间的摩擦传给厂房结构。吊车纵向水平荷载的作用点位于刹车轮与轨道的接触点，其方向与轨道方向一致，由厂房纵向排架承受荷载。

吊车纵向水平荷载取决于制动轮的轮压和它与钢轨间的滑动摩擦系数，理论分析与现场测试表明，该系数一般可取 0.10。因此，其应按作用在一边轨道上所有刹车轮的最大轮压之和的 10% 采用，可按下式计算：

$$T_{0,k} = \beta m \frac{nP_{k,max}}{10} \tag{3-8}$$

式中　$P_{k,max}$——吊车的最大轮压标准值；

　　　m——起重量相同的吊车台数；

　　　n——吊车每侧的制动轮数，对于一般四轮吊车，取 $n=1$；

　　　β——多台吊车的荷载折减系数，按表 3-3 采用。

对单跨或多跨厂房的每个排架，考虑多台吊车水平荷载时，参与组合的吊车台数不应多于 2 台。

（3）风荷载

《荷载规范》规定，当计算主要承重结构时，垂直作用于建筑物表面上的风荷载标准值按下式计算：

$$w_k = \beta_z \mu_z \mu_s w_0 \tag{3-9}$$

式中　w_0——基本风压，可由《荷载规范》中的"全国基本风压分布图"查得；

　　　β_z——风振系数，对单层厂房取 $\beta_z=1$；

　　　μ_z——风压高度变化系数，查《荷载规范》表 8.2.1 或本书附表 13；

μ_{s}——风载体型系数,查《荷载规范》表 8.3.1 或本书附表 12。

计算单层工业厂房的风荷载时,一般做如下简化:

① 柱顶以下按均布考虑,μ_z 按柱顶高度取值。

② 柱顶以上以集中荷载形式作用于柱顶,μ_z 按下述规定取值:无天窗时,按厂房檐口高度取值;有天窗时,按天窗檐口高度取值。

根据上述简化,单层单跨厂房计算单元宽度范围内风荷载确定方法如下。

以封闭式双坡屋面为例,其风荷载体型系数如图 3-34 所示,均布荷载 q_1 和 q_2 可按下式计算:

$$\left. \begin{array}{l} q_1 = w_{\mathrm{k1}}B = \mu_z\mu_{\mathrm{s1}}w_0B \\ q_2 = w_{\mathrm{k2}}B = \mu_z\mu_{\mathrm{s2}}w_0B \end{array} \right\} \tag{3-10}$$

式中　μ_z——风压高度变化系数,根据柱顶高度确定;

　　　B——计算单元宽度,即排架间距。

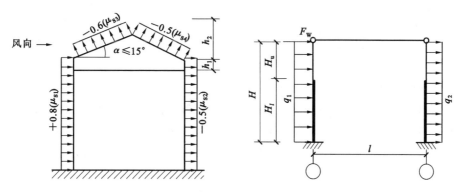

图 3-34　风荷载作用下排架计算简图

作用于柱顶以上的集中风荷载,包括屋面风荷载合力的水平分力及屋架端部高度范围内墙体迎风面和背风面风荷载的合力。其中,屋面斜坡部分风荷载的计算要将垂直屋面表面的荷载投影到水平面上,即仅考虑其水平分力对排架的作用,且以水平集中荷载的形式作用在排架柱顶。对于其风压高度变化系数,当计算屋架(或天窗架)两端的风荷载时,可根据檐口标高(或天窗檐口标高)确定;当计算屋架(或天窗架)斜面上的风荷载时,可根据屋顶(或天窗架)标高确定。

作用于柱顶的集中力 F_{w} 按下式计算:

$$F_{\mathrm{w}} = \sum_{i=1}^{n} w_{\mathrm{k}i}Bl\sin\theta = \left[(\mu_{\mathrm{s1}} + \mu_{\mathrm{s2}})h_1 + (\mp\mu_{\mathrm{s3}} \pm \mu_{\mathrm{s4}})h_2 \right]\mu_z w_0 B \tag{3-11}$$

式中　μ_z——风压高度变化系数,根据厂房檐口高度确定。

进行排架内力分析时,应考虑左风荷载和右风荷载两种情况。

3.2.3　排架内力分析

单层厂房排架结构式空间结构,其内力计算方法有两种:考虑厂房整体空间作用和不考虑厂房整体空间作用。本小节主要讨论不考虑厂房整体空间作用的平面排架计算方法。

3.2.3.1　等高排架内力分析

等高排架是指在荷载作用下,各柱的柱顶水平位移均相当的排架。利用排架的这一特点,按剪力分配法求出各柱柱顶剪力，然后按独立悬臂柱计算在已知剪力和外力作用下任意截面的内力。

（1）单阶悬臂柱的抗侧移刚度

单层厂房排架柱通常是单阶悬臂柱，如图 3-35 所示，由结构力学知，当单位水平力作用在单阶悬臂柱柱顶时，柱顶水平位移为：

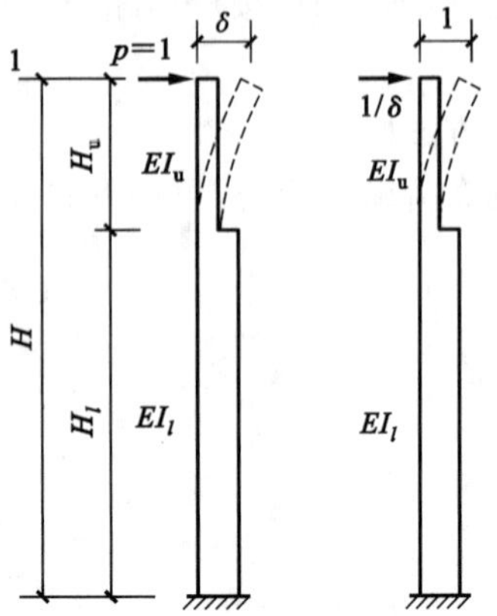

图 3-35　单阶悬臂柱侧移刚度

$$\delta = \frac{H^3}{3E_c I_l}\left[1 + \lambda^3\left(\frac{1}{n} - 1\right)\right] = \frac{H^3}{\beta_0 E_c I_l} \tag{3-12}$$

式中　$\lambda = \dfrac{H_u}{H}, n = \dfrac{I_u}{I_l}, \beta_0 = \dfrac{3}{1 + \lambda^3\left(\dfrac{1}{n} - 1\right)}$，$\beta_0$ 可由附图 1 查得；

I_u——上柱截面惯性矩；

I_l——下柱截面惯性矩；

H_u——上柱长度；

H——柱全高。

可见，要使柱顶产生单位位移，则需要在柱顶施加 $1/\delta$ 的水平力，$1/\delta$ 反映了柱抵抗侧移的能力，称为柱的抗剪刚度或抗侧移刚度。

（2）柱顶作用水平集中力时的内力计算

当排架柱顶作用水平集中力为 F 时，各柱顶内力变形如图 3-36 所示。沿横梁与柱铰接的部位从柱顶切开，排架被分成几个单阶悬臂柱，任一柱的抗侧移刚度为 $1/\delta$。假定横梁为刚性连杆，则每根柱的柱顶位移均为 u，即 $u_1 = u_2 = u_3 = u_i = u$，则每根柱分担的剪力为：

$$V_i = \frac{u_i}{\delta_i} \tag{3-13}$$

由平衡条件可得：

$$F = V_1 + V_2 + \cdots + V_i + \cdots + V_n = \sum_{i=1}^{n} V_i \tag{3-14}$$

将式（3-13）代入式（3-14）中，则有：

$$F = \sum_{i=1}^{n} V_i = \sum_{i=1}^{n} \frac{u}{\delta_i} = u\sum_{i=1}^{n} \frac{1}{\delta_i} \tag{3-15}$$

式（3-15）可变形为：

$$u = \frac{F}{\displaystyle\sum_{i=1}^{n} \frac{1}{\delta_i}} \tag{3-16}$$

将式（3-16）代入式（3-13）中，则可得到任一柱 i 的剪力公式为：

$$V_i = \frac{\dfrac{1}{\delta_i}}{\displaystyle\sum_{i=1}^{n} \frac{1}{\delta_i}} F = \eta_i F \tag{3-17}$$

式中　η_i——第 i 根柱的剪力分配系数，它等于第 i 根柱自身的抗侧移刚度与所有柱的总抗侧移刚度的比值。

根据求出的柱顶剪力，各排架柱按悬臂柱进行内力计算。

（3）柱顶在任意荷载作用下的内力计算

等高排架在任意荷载作用下，其内力可按下述步骤进行计算，如图 3-37 所示。

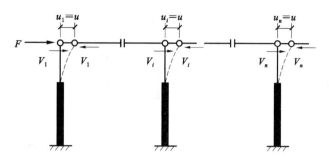

图 3-36 柱顶水平集中力作用下的剪力分配

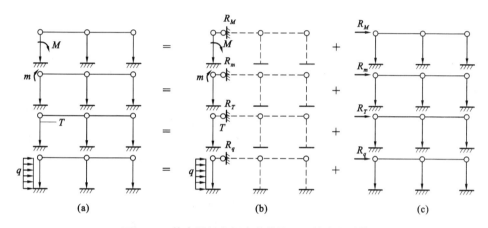

图 3-37 等高排架在任意荷载作用下的内力计算

① 先在排架柱顶部附加一个不动铰支座以阻止其水平侧移,如图 3-37(b)所示。用结构力学的方法,求出一次超静定结构的支座反力 R;

② 撤除附加不动铰支座,并将支座反力 R 反方向作用于排架柱顶,以恢复原结构体系,利用剪力分配法求出各柱顶的剪力;

③ 将上述两步结果叠加即得排架各柱顶的实际剪力。

这里规定,柱顶剪力、柱顶水平集中力和柱顶不动铰支座反力,凡是自左向右方向的取为正,自右向左的取为负。

3.2.3.2 不等高排架内力分析

不等高排架在任意荷载作用下,由于高、低跨的柱顶位移不相等,因此不能用剪力分配法求解,其内力通常用结构力学中的力法进行分析。

如图 3-38 所示两跨不等高排架,取基本结构如图 3-38(b)所示,将刚性横梁切开,代以基本未知力 x_1、x_2。基本结构在未知力 x_1、x_2 及外荷载共同作用下将产生内力和变形。根据每根横梁切断点的相对位移为零的变形条件,利用结构力学中的力法进行求解,可得到下列方程:

$$
\left.\begin{array}{l}
\delta_{11}x_1 + \delta_{12}x_2 + \Delta_{1p} = 0 \\
\delta_{21}x_1 + \delta_{22}x_2 + \Delta_{2p} = 0
\end{array}\right\} \tag{3-18}
$$

式中　δ_{11}、δ_{12}、δ_{21}、δ_{22}——基本结构的柔度系数;

Δ_{1p}，Δ_{2p}——载常数。

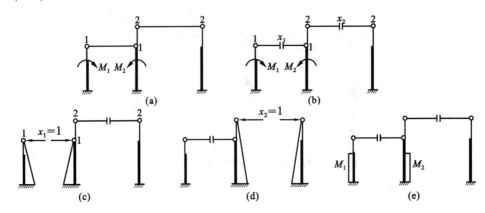

图 3-38　不等高排架的内力分析

求解得到各横梁的内力 x_1、x_2 后，即可按静定悬臂柱求得排架各柱的弯矩图、剪力图及轴力图。

3.2.4　排架内力组合

内力组合就是将排架柱在各单项荷载作用下的内力，按照它们在使用过程中同时承受的荷载情况进行内力组合，以获得排架柱控制截面的最不利内力，将其作为柱和基础配筋的依据。

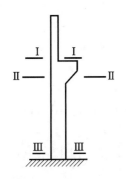

图 3-39　柱控制截面

3.2.4.1　柱的控制截面

荷载作用下柱内力沿柱高变化，设计时，先选择对全柱配筋起控制作用的截面进行内力组合，找出上柱及下柱的控制截面，然后对上柱和下柱各自配筋。

对于如图 3-39 所示的单阶柱，上柱的最大轴力和弯矩通常发生在上柱柱底Ⅰ—Ⅰ截面处，所以此截面为上柱的控制截面。下柱牛腿顶面处Ⅱ—Ⅱ截面，在吊车荷载作用下弯矩最大；而柱底截面Ⅲ—Ⅲ在风荷载或吊车横向水平荷载作用下弯矩最大，因此，常取Ⅱ—Ⅱ和Ⅲ—Ⅲ两截面为下柱的控制截面，且截面Ⅲ—Ⅲ的最不利内力也是设计基础的依据。

3.2.4.2　荷载效应组合

为了求得控制截面的最不利内力，就必须按这些荷载同时出现的可能性进行组合，即荷载效应组合，并应按下列组合值中取最不利值确定：

（1）由可变荷载效应控制的组合

$$S = \sum_{j \geqslant 1}^{m} \gamma_{Gj} S_{Gjk} + \gamma_{Q1} \gamma_{L1} S_{Q1k} + \sum_{i=2}^{n} \gamma_{Qi} \gamma_{Li} \psi_{ci} S_{Qik} \tag{3-19}$$

（2）由永久荷载效应控制的组合

$$S = \sum_{j \geqslant 1}^{m} \gamma_{Gj} S_{Gjk} + \sum_{i \geqslant 1}^{n} \gamma_{Qi} \gamma_{Li} \psi_{ci} S_{Qik} \tag{3-20}$$

式中　S——荷载效应基本组合的设计值。

　　S_{Gjk}——按永久荷载标准值 G_{jk} 计算的荷载效应值。

S_{Qk}——按可变荷载标准值 Q_{ik} 计算的荷载效应值,其中 S_{Q1k} 为各可变荷载效应中起控制作用者。

γ_{Li}——第 i 个可变荷载考虑设计使用年限的调整系数,其中 γ_{L1} 为主导可变荷载 Q_1 考虑设计使用年限的调整系数,当结构设计使用年限为 5 年时,取 0.9;结构设计使用年限为 50 年时,取 1.0;结构设计使用年限为 100 年时,取 1.1;其间按线性内插确定。

γ_{Gj}——第 j 个永久荷载的分项系数,当其效应对结构不利时,对由可变荷载效应控制的组合取 1.2,对由永久荷载控制的组合取 1.35,当其效应对结构有利时,应取 1.0。

γ_{Qi}——第 i 个可变荷载的分项系数,其中 γ_{Q1} 为可变荷载 Q_{1k} 的分项系数,一般情况下取 1.4,对标准值大于 4 kN/m^2 的工业房屋楼面结构的活荷载取 1.3。

ψ_{ci}——可变荷载的组合值系数。

n——参与组合的可变荷载数。

m——参与组合的永久荷载数。

3.2.4.3　内力组合

单层工业厂房的排架柱一般均为偏心受压构件,配筋计算时,一般均采用对称配筋。因此,对于对称配筋的偏心受压构件,可根据偏心受压截面上弯矩、轴力和配筋的关系如图 3-40 所示进行组合。图 3-40 中,A_{s1} 和 A_{s2} 为根据不同弯矩 ηM 和轴力 N 算得的对称配筋偏心受压构件截面一侧的钢筋面积,且 $A_{s1}<A_{s2}$。当截面为大偏心受压时,若 ηM 不变,则 N 越小,所需要的钢筋面积越多;若 N 不变,则 ηM 越大,所需要的钢筋面积越多。当截面为小偏心受压时,若 ηM 不变,则 N 越大,所需要的钢筋面积越多;若 N 不变,则 ηM 越大,所需要的钢筋面积就越多。因此,通常选择以下四种内力组合作为截面最不利内力组合。

① $+M_{max}$ 及相应的 N、V;

② $-M_{max}$ 及相应的 N、V;

③ N_{max} 及相应的 M、V;

④ N_{min} 及相应的 M、V。

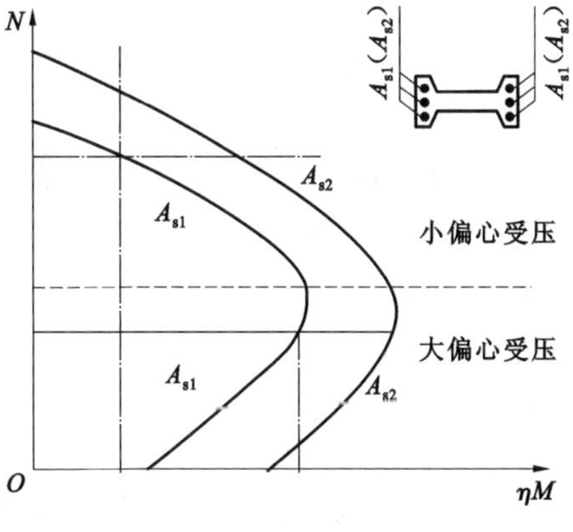

图 3-40　偏压截面弯矩、轴力与配筋关系

除上述四种内力组合外,还可能存在更不利的内力组合。例如,对于大偏心受压构件,偏心距越大,截面配筋越多。但是,在一般情况下,上述四种内力组合均能满足工程设计的需要。

进行单层厂房结构内力组合时,还应注意以下几点:

① 恒载必须参与每一种组合。

② 组合的单一内力目标应明确,如以 $+M_{max}$ 为组合目标来分析荷载组合,并计算出相应荷载组合下的 M_{max} 及 N、V。

③ 当以 N_{max} 或 N_{min} 为组合目标时,应使相应的 M 尽可能大。

④ 当以 $|M_{max}|$ 为组合目标时,应使相应的 $|N|$ 尽可能小。

⑤ 组合时"有 T_{max} 必有 D_{max} 或 D_{min}";"有 D_{max} 或 D_{min} 也必有 T_{max}"。

⑥ 风荷载及吊车横向水平荷载均有向左及向右两种情况,只能选择一种参与组合。

⑦ 有多台吊车时,吊车荷载的计算应按规范规定进行折减。

考虑厂房整体
空间作用
时的计算

3.3 排架柱设计

3.3.1 柱的形式

柱是单层厂房的主要承重构件,一般由上柱、下柱和牛腿组成。其结构形式包括单肢柱和双肢柱两类。单肢柱的截面形式主要有矩形、I形(或工字形)柱两种,双肢柱是将I形柱的腹板挖空而形成的。常见的几种柱的截面形式如图3-41所示。

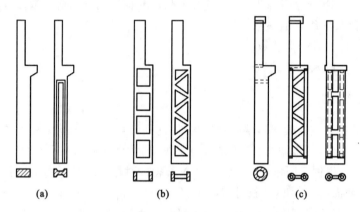

图3-41 排架柱的形式

① 矩形截面柱[图3-41(a)左]一般为单肢柱。其外形简单,施工方便,但不能发挥全部混凝土的作用,故用料多、自重大,在一般的小型厂房中有时仍被采用,其截面高度小于或等于500 mm。

② I形(或工字形)柱[图3-41(a)右]一般为单肢柱。其截面的受力比矩形柱更为合理,能比较充分地发挥截面上混凝土的承载作用。具有施工方便、自重较轻等优点,故广泛应用于各类中型厂房,截面高度一般为600~1200 mm。

③ 双肢柱[图3-41(b)]一般是将下柱的腹板挖空而形成的,其用料省,适用于重型厂房。双肢柱包括平腹杆双肢柱和斜腹杆双肢柱,截面高度为1300~1500 mm。

④ 管柱有圆管柱和方管柱两种,可做成单肢柱或双肢管柱[图3-41(c)]。管柱的优点是机械化程度高、自重轻、施工速度快,但其节点构造复杂,且受到制管设备的限制,故应用较少。

此外,对于柱外形尺寸的选择,应根据厂房的结构形式、轨顶标高、吊车吨位以及建筑同一模数要求确定柱的各部分高度和总高,并根据排架刚度、屋架以及吊车梁、连系梁等构件在柱上的支承要求确定柱的各部分截面尺寸。

3.3.2 柱截面配筋设计

在对排架进行内力分析后,根据厂房排架柱各控制截面的不利内力组合值,即可对柱进行配筋设计,一般采用对称配筋。由于柱截面上剪力V比轴力N要小得多,很少由于剪力作用而使柱产生斜截面破坏,因此,矩形、工字形截面实腹柱可按构造要求配置箍筋,不必进行受剪承载力计算。厂房的排架柱通常为偏心受压构件,可按《混凝土结构设计标准(2024年版)》(GB/T 50010—2010)中偏心受压构件的要求进行计算。

3.3.2.1 柱的计算长度

在材料力学中,柱的计算长度是根据柱两端的支承情况(不动铰支座或固定端)来确定。实际厂房中柱的支承条件比这个情况要复杂得多:如柱上端为可动铰,它的位移与屋盖刚度、厂房跨数等因素有关;柱身为变截面,并且和吊车梁、圈梁、连系梁等纵向构件相连;柱下端的支承情况又与地基的压缩性有关,只能说是接近固定端,因此,确定柱的计算长度是比较复杂的问题。《混凝土结构设计标准(2024年版)》(GB/T 50010—2010)根据单层厂房的实际支承及受力特点,结合工程经验所给出的计算长度见表3-3。

表3-3   **刚性屋盖单层房屋排架柱、露天吊车柱和栈桥柱的计算长度**

柱的类型		排架方向	垂直排架方向	
			有柱间支撑	无柱间撑
无吊车厂房柱	单跨	$1.50H$	$1.00H$	$1.20H$
	两跨及多跨	$1.25H$	$1.00H$	$1.20H$
有吊车厂房柱	上柱	$2.00H_u$	$1.25H_u$	$1.50H_u$
	下柱	$1.00H_l$	$0.80H_l$	$1.00H_l$
露天吊车柱和栈桥柱		$2.00H_l$	$1.00H_l$	—

注:1. 表中为从基础顶面算起的柱子全高;H_l 为从基础顶面至装配式吊车梁底面或现浇式吊车梁顶面的柱子下部高度;H_u 为从装配式吊车梁底面或从现浇式吊车梁顶面算起的柱子上部高度。

    2. 表中有吊车房屋排架柱的计算长度,当计算中不考虑吊车荷载时,可按无吊车房屋的计算长度采用,但上柱的计算长度仍可按有吊车房屋采用。

    3. 表中有吊车房屋排架柱的上柱在排架方向的计算长度,仅适用于 $H_u/H_l \geq 0.3$ 的情况;当 $H_u/H_l < 0.3$ 时,计算长度宜采用 $2.5H_u$。

3.3.2.2 构造要求

① 柱的混凝土强度等级不宜低于C20,纵向受力钢筋直径 d 不宜小于12 mm,全部纵向钢筋的配筋率不宜超过5%。

② 柱内纵向钢筋的净距不应小于50 mm;对水平浇筑的预制柱,其上部纵向钢筋的最小净间距不应小于30 mm和 $1.5d$,下部不应小于25 mm和 d。

③ 偏心受压柱中垂直于弯矩作用平面的纵向受力钢筋以及轴心受压柱中各边的纵向受力钢筋,其中距不宜大于300 mm。

④ 柱中的箍筋应为封闭式,箍筋间距不应大于400 mm及构件截面的短边尺寸,且不应大于 $15d$。

⑤ 柱中全部纵向受力钢筋的配筋率大于3%时,箍筋直径不应小于8 mm,间距不应大于 $10d$,且不应大于200 mm。箍筋末端应做成135°弯钩,且弯钩末端平直段长度不应小于 $10d$。

3.3.3 牛腿设计

在单层厂房中,常在柱侧面支撑吊车梁、连系梁、屋架等构件的部位设置短悬臂,俗称牛腿,使在不增大柱截面尺寸的情况下,加大支承面积,并设有预埋件,以便与这些构件可靠连接。

牛腿不仅承受着很大的集中荷载,还承受着吊车的动力作用,因此,在设计排架柱时,必须重视牛腿的设计。牛腿设计的主要内容包括确定牛腿的截面尺寸、配筋计算和构造设计。

3.3.3.1 牛腿分类

牛腿按照竖向集中力作用线至柱下边缘距离 a 的长度可分为短牛腿和长牛腿两类,如图 3-42 所示。当 $a \leqslant h_0$(牛腿截面的有效高度)时,称为短牛腿,按变截面深梁进行设计;当 $a > h_0$ 时,称为长牛腿,按悬臂梁进行设计。本小节只讨论短牛腿的设计方法。

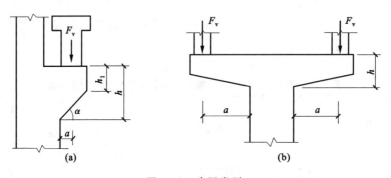

图 3-42 牛腿类别

(a) 短牛腿;(b) 长牛腿

3.3.3.2 牛腿的应力状态

对牛腿进行光弹加载试验,得到如图 3-43 所示的牛腿主应力轨迹线,从该图中可以看出,牛腿上部主拉应力迹线基本与牛腿上边缘平行,其拉应力沿牛腿长度方向均匀分布;牛腿斜边的主压应力迹线大致和从加载点到牛腿下部转角的连线 ab 相平行;牛腿中下部主拉应力迹线倾斜,加载后裂缝有向下倾斜的现象。

如图 3-44 所示,试验表明,当 $F_v = (0.2 \sim 0.4)F_u$ 时,出现垂直裂缝①,这时对牛腿的受力性能影响不大;当 $F_v = (0.4 \sim 0.6)F_u$ 时,在加载板内侧出现第一条斜裂缝②,此裂缝大体与受压迹线平行,它是控制牛腿截面尺寸的主要依据;当 $F_v = 0.8F_u$ 时,突然出现第二条斜裂缝③,预示着牛腿即将破坏。

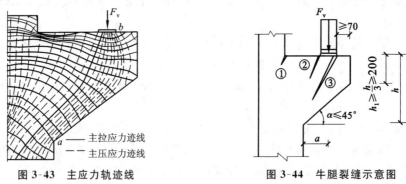

图 3-43 主应力轨迹线   图 3-44 牛腿裂缝示意图

3.3.3.3 牛腿的破坏形态

在荷载作用下,随着 a/h_0 值的不同,牛腿的破坏形式有以下几种(图 3-45)。

(1) 弯压破坏

当 $a/h_0 > 0.75$ 或是纵向受力钢筋配筋率较低时,可能发生弯压破坏。加载后先在牛腿上表面

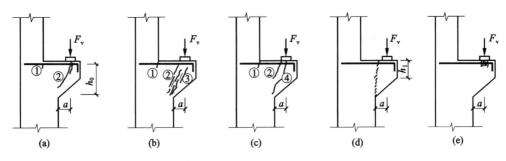

图 3-45　牛腿的各种破坏形态

与上柱交接处出现竖向裂缝,随着荷载的增加,开始出现斜裂缝,且斜裂缝不断向受压区延伸,同时纵向钢筋应力不断增加直到屈服。如图 3-45(a)所示,斜裂缝②外侧部分绕牛腿下部与柱的交点转动,最后因受压区混凝土压碎而破坏。

（2）斜压破坏

当 $a/h_0=0.1\sim0.75$ 时,竖向力作用点与牛腿根部之间的主压应力超过混凝土的抗压强度时,将发生斜向受压破坏。当斜裂缝②出现后,继续加载至临近破坏前,裂缝②的外侧出现大量短而小的斜裂缝③。当这些斜裂缝相互贯通后,混凝土剥落,牛腿破坏,如图 3-45(b)所示。有时候牛腿中不出现短而小的斜裂缝,而是在加载板下部突然出现一条通长的斜裂缝④,然后很快沿此斜裂缝破坏,如图 3-45(c)所示。

（3）剪切破坏

当 $a/h_0\leqslant0.1$ 时,也就是牛腿的截面尺寸较小,或牛腿中的箍筋配置过少时,可能发生剪切破坏。加载后,在牛腿与下柱交接面上出现一系列短的斜裂缝,最后牛腿沿此裂缝从柱上剪切下来而破坏,如图 3-45(d)所示。

以上是牛腿的三种主要破坏形态。此外,还会发生因加载板尺寸过小而导致加载板下混凝土发生局压破坏[图 3-45(e)]及纵向受力钢筋锚固破坏。

3.3.3.4　牛腿尺寸的确定

牛腿的宽度与柱相同,牛腿外边缘高度 $h_1\geqslant h/3$,且不应小于 200 mm;牛腿外边缘与吊车梁外边缘的距离不宜小于 70 mm;牛腿底边倾斜角 $\alpha\leqslant45°$,如图 3-42 所示。此外,牛腿的高度还要满足抗裂的要求,通常以不出现斜裂缝作为控制条件,确定牛腿截面尺寸的经验公式如下:

$$F_{vk}\leqslant\beta\Big(1-0.5\frac{F_{hk}}{F_{vk}}\Big)\frac{f_{tk}bh_0}{0.5+\dfrac{a}{h_0}} \tag{3-21}$$

式中　F_{vk}——作用于牛腿顶部按荷载效应标准组合计算的竖向力值。

　　　　F_{hk}——作用于牛腿顶部按荷载效应标准组合计算的水平拉力值。

　　　　β——裂缝控制系数,支持吊车梁的牛腿取 0.65,其他牛腿取 0.80。

　　　　a——竖向力的作用点至下柱边缘的水平距离,应考虑安装偏差 20 mm;当考虑安装偏差后的竖向力作用点仍位于下柱截面以内时取 0。

b——牛腿宽度。

h_0——牛腿与下柱交接处的垂直截面有效高度,取 $h_0=h_1-a_s+c\tan\alpha$,当 $\alpha>45°$时,$\alpha=45°$,c 为下柱边缘到牛腿外边缘的水平长度。

此外,在牛腿顶受压面上,竖向力 F_{vk} 所引起的局部压应力不应超过 $0.75f_c$,否则应采取必要的措施,如加置垫板以扩大承压面积,或设置钢筋网等。

3.3.3.5 牛腿的配筋计算

试验研究表明,牛腿在竖向力和水平拉力作用下,其受力特征可以用三角桁架模型来描述:牛腿顶部水平纵向受力钢筋为拉杆,牛腿内的斜向受压混凝土为压杆,计算简图如图 3-46 所示。

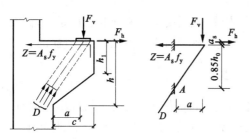

图 3-46　牛腿的计算简图

牛腿的纵向受力钢筋由承受竖向力所需的受拉钢筋和承受水平拉力所需的水平锚筋组成,钢筋的总截面面积 A_s 应按下列公式计算:

$$A_s=\frac{F_v\alpha}{0.85f_yh_0}+1.2\frac{F_h}{f_y} \quad (3-22)$$

式中　F_v——作用在牛腿顶部的竖向力设计值;

F_h——作用在牛腿顶部的水平拉力设计值;

α——竖向力的作用点至下柱边缘的水平距离,当 $\alpha<0.3h_0$ 时,取 $\alpha=0.3h_0$。

3.3.3.6 牛腿的配筋构造

(1)纵向受力钢筋

沿牛腿顶部配置的纵向受力钢筋,宜采用 HRB400 级或 HRB500 级热轧带肋钢筋。全部纵向受力钢筋及弯起钢筋宜沿牛腿外边缘向下伸入下柱内 150 mm 后截断(图 3-47)。当采用直线锚固时不应小于受拉钢筋锚固长度 l_a;当上柱尺寸不足时,可将钢筋向下弯折90°锚固。此时,锚固长度应从上柱内边算起,水平段长度不应小于 $0.45l_a$,向下弯折的竖直段应取 $15d$。

当牛腿设于上柱柱顶时,宜将牛腿对边的柱外侧纵向受力钢筋沿柱顶水平弯入牛腿,作为牛腿的纵向受拉钢筋使用。当牛腿顶面纵向受拉钢筋与牛腿对边的柱外侧纵向钢筋分开配置时,牛腿顶面纵向受拉钢筋应弯入柱外侧,并应符合框架顶层端节点处梁上部钢筋与柱外侧钢筋的搭接要求。

承受竖向力所需的纵向受力钢筋的配筋率不应小于 0.20% 及 $0.45f_t/f_y$,也不宜大于 0.60%,钢筋数量不宜少于 4 根直径 12 mm 的钢筋。

(2)箍筋

牛腿应设置水平箍筋,箍筋直径宜采用 6～12 mm,间距宜为 100～150 mm,在牛腿高度范围

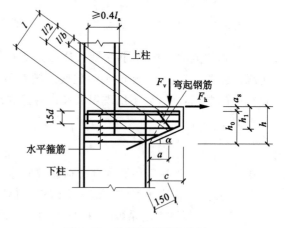

图 3-47　牛腿的配筋构造图

内布置;并且,在上部 $2h_0/3$ 范围内的箍筋总截面面积不宜小于承受竖向力的受拉钢筋截面面积的 $1/2$。

（3）弯起钢筋

当 $a/h_0 \geqslant 0.3$ 时，宜设置弯起钢筋。弯起钢筋宜采用 HRB400 级或 HRB500 级热轧带肋钢筋，并宜使其与集中荷载作用点到牛腿斜边下端点连线的交点位于牛腿上部 $l/6 \sim l/2$ 内，其中，l 为该连线的长度。弯起钢筋截面面积不宜小于承受竖向力的受拉钢筋截面面积的 $1/2$，且钢筋直径不小于 12 mm，根数不少于 2 根。

单层厂房
抗震设计

3.4 柱下独立基础

3.4.1 设计的一般规定

上部结构的荷载是通过基础传递给地基的，因此，柱下独立基础是单层厂房中重要的受力构件。基础设计时需满足以下条件：

① 地基具有足够的稳定性，地基未发生过大变形并有足够的承载能力。

② 基础具有足够的强度、刚度和耐久性，基础本身不发生冲切、受弯和剪切破坏。

3.4.1.1 基础的类型与构造

柱下基础的类型有多种，单层厂房中主要采用柱下独立基础，常见的柱下独立基础的形式有以下几种，如图 3-48 所示。

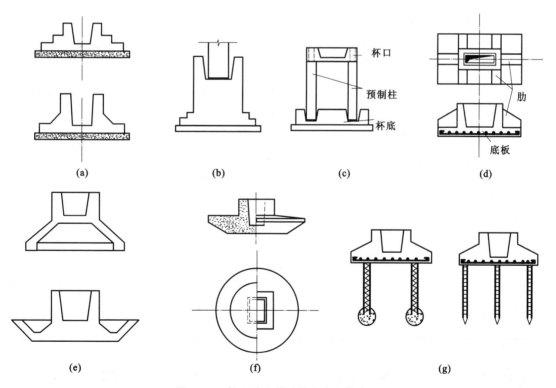

图 3-48 柱下独立基础的分类和构造图

（a）、（b）、（c）平板式基础；（d）板肋式基础；（e）壳体基础；（f）倒圆台板式基础；（g）桩基

3.4.1.2 基础的设计内容

为防止基础及其下部地基发生破坏或产生过大的变形,确保上部结构承受的荷载能安全可靠地传给地基,柱下独立基础设计应包括以下内容:

① 确定基础底面尺寸 b、L;

② 抗冲切承载力计算(确定基础高度);

③ 底板的配筋计算,即纵向 $A_{sⅠ}$ 和横向 $A_{sⅡ}$;

④ 必要的构造配筋。

3.4.2 基础底板尺寸的确定

单层厂房独立基础的面积不太大,确定基础底板尺寸前可假定基础本身具有绝对刚性且地基土反力为线性分布。

基础底板尺寸的确定包括基础底面的长度、宽度和基础的高度。根据已确定的基础类型、埋置深度、地基承载力特征值和作用在基础底面的荷载,设计基础的尺寸。

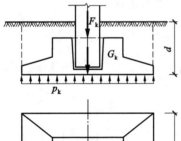
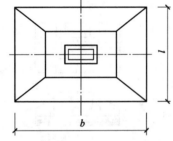

图 3-49 轴心受压基础计算简图

3.4.2.1 轴心受压柱基础的底板尺寸

在上部结构传至基础顶面的竖向力及基础自重和基础上土重的共同作用下,基础底面的反力为均匀分布,如图 3-49 所示,设计时应满足下式:

$$p_k = \frac{F_k + G_k}{A} \leqslant f_a \qquad (3\text{-}23)$$

式中　P_k——相应于荷载效应标准组合时,基础底面处的平均压力值;

　　　　F_k——相应于荷载效应标准组合时,上部结构传至基础顶面的竖向力值;

　　　　G_k——基础自重和基础上的土重;

　　　　A——基础底面面积;

　　　　f_a——修正后的地基承载力特征值。

设基础自重和基础上土重的平均重度为 r_G(一般可近似取 $r_G = 20\ \text{kN/m}^2$),基础自重计算高度为 $\bar{d}$,则 $G_k = \gamma_G \bar{d} A$,代入式(3-23)可得:

$$A \geqslant \frac{F_k}{f_a - \gamma_G \bar{d}} \qquad (3\text{-}24)$$

式中　$\bar{d}$——基础自重计算高度,有室内外高差时,取两侧平均值;无高差时,为基础的埋置深度。

基础底面面积 A 确定后,再选定基础宽度 b,即可求得另一边的边长 l。对于方形基础,$l = b = \sqrt{A}$。

3.4.2.2 偏心受压柱基础的地基承载力

在偏心压力作用下,基础底面的应力分布不均匀,如图 3-50 所示,则基础底面边缘的最大与最小应力可按下式计算:

$$p_{k,max} = \frac{F_k + G_k}{A} + \frac{M_k}{W} \qquad (3\text{-}25a)$$

$$p_{\mathrm{k,min}} = \frac{F_{\mathrm{k}} + G_{\mathrm{k}}}{A} - \frac{M_{\mathrm{k}}}{W} \tag{3-25b}$$

式中 $p_{\mathrm{k,max}}$, $p_{\mathrm{k,min}}$——相应于荷载效应标准组合时基础底面边缘的最大和最小压力值;

M_{k}——相应于荷载效应标准组合时,作用于基础底面的力矩值;

W——基础底面的抵抗矩。

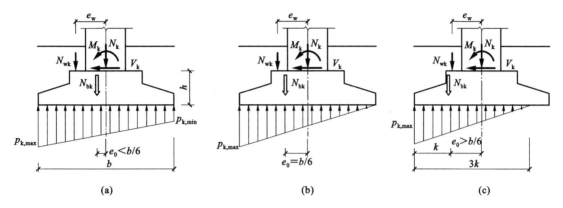

图 3-50 偏心受压基础计算简图

取 $e_0 = M_{\mathrm{bk}}/N_{\mathrm{bk}}$,并将 $W = lb^2/6$ 代入式(3-25)中,可得基础底面边缘的压力值为:

$$\begin{matrix} p_{\mathrm{k,max}} \\ p_{\mathrm{k,min}} \end{matrix} = \frac{N_{\mathrm{bk}}}{lb}\left(1 \pm \frac{6e_0}{b}\right) \tag{3-26}$$

当偏心距 $e_0 > b/6$[图 3-50(c)]时,$p_{\mathrm{k,max}}$ 应按下式计算:

$$p_{\mathrm{k,max}} = \frac{2(F_{\mathrm{k}} + G_{\mathrm{k}})}{3la} \tag{3-27}$$

式中 l——垂直于力矩作用方向的基础底面边长;

a——合力作用点至基础底面最大压力边缘的距离。

在偏心荷载作用下,基础底面的压力值应符合下式要求:

$$p_{\mathrm{k,max}} \leqslant 1.2f_{\mathrm{a}} \tag{3-28}$$

$$p_{\mathrm{k}} = \frac{p_{\mathrm{k,max}} + p_{\mathrm{k,min}}}{2} \leqslant f_{\mathrm{a}} \tag{3-29}$$

偏心受压柱基础的底面尺寸试算法的步骤如下:

① 按轴心受压柱基础底面面积计算公式(3-24),初步估算基底面积 A_1;

② 考虑偏心荷载的不利影响,加大基底面积 10%～40%,即偏心荷载作用下的基底面积为 $A = b \times l = (1.1 \sim 1.4)A_1$;

③ 确定基础长、短边尺寸 b、l;

④ 根据式(3-25)或式(3-26)计算基础底面边缘最大与最小应力 $p_{\mathrm{k,max}}$、$p_{\mathrm{k,min}}$;

⑤ 用式(3-28)和式(3-29)验算基础底面应力,若基础底面应力均满足要求,说明确定的基底面积 A 合适,否则,应修改 A 值,重新计算 $p_{\mathrm{k,max}}$、$p_{\mathrm{k,min}}$,直至满足式(3-28)和式(3-29)为止。

3.4.3 基础的抗冲切承载力

基础底面面积确定之后,下一步需确定基础的高度。独立基础的高度在满足构造要求的前提下,应根据柱与基础交接处以及基础变阶处混凝土的受冲切承载力计算确定。

试验表明,当基础高度或变阶处的高度不够时,基础将发生如图 3-51(a)所示的冲切破坏,即沿柱边或变阶处大约 45°方向处的截面被拉开,形成如图 3-51(b)所示的冲切破坏锥面的情况。为了防止这种破坏,应使作用在冲切面外的地基土净反力设计值小于或等于冲切面处的抗冲切承载力。

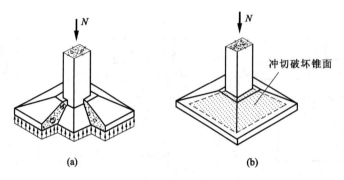

图 3-51　独立基础冲切破坏示意图

作用于基础底板上的荷载有:由柱传来的 M、N 和 V;基础自重及其上土重 G;基础底板上产生的向上的线性反力 p_{max} 和 p_{min},如图 3-52 所示。

冲切破坏仅由柱传来的集中荷载 M、N 和 V 产生,扣除基础自重及其上土重,如图 3-53 所示,此部分反力称为净反力 $p_{j,max}$ 和 $p_{j,min}$:

$$p_{j,max} = p_{max} - \frac{G}{A} \tag{3-30}$$

$$p_{j,min} = p_{min} - \frac{G}{A} \tag{3-31}$$

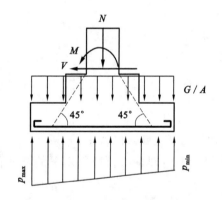

图 3-52　作用于基础底板的荷载图

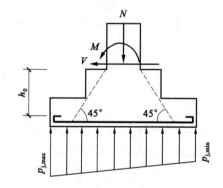

图 3-53　地基土净反力荷载图

对矩形截面柱的矩形基础,柱与基础交接处以及基础变阶处的受冲切承载力可按下列公式验算:

$$F_l \leqslant 0.7\beta_{hp} f_t a_m h_0 \tag{3-32}$$

$$F_l = p_j A_l \tag{3-33}$$

$$a_m = \frac{a_t + a_b}{2} \tag{3-34}$$

式中 β_{hp}——受冲切承载力的高度影响系数,当 $h\leqslant800$ mm 时,取 $\beta_{hp}=1.0$,当 $h=2000$ mm 时,取 $\beta_{hp}=0.9$,其间按线性内插法取用。

f_t——混凝土的轴心抗拉强度设计值。

a_m——冲切破坏锥体最不利一侧的计算长度。

h_0——基础冲切破坏锥体的有效高度。

a_t——冲切破坏锥体最不利一侧斜截面的上边长,当计算柱与基础交接处的受冲切承载力时,取柱宽;当计算基础变阶处的受冲切承载力时,取上阶宽。

a_b——冲切破坏锥体最不利一侧斜截面在基础底面积范围内的下边长,当冲切破坏锥体的底面落在基础底面以内[图 3-54(a)、图 3-54(b)],计算柱与基础交接处的受冲切承载力时,取柱宽加两倍基础有效高度;当计算基础变阶处的受冲切承载力时,取上阶宽加两倍该处的基础有效高度。当冲切破坏锥体的底面落在基础底面以外,即 $a+2h_0\geqslant l$ 时[图 3-54(c)],取 $a_b=1$。

p_j——扣除基础自重及其上土重后相应于荷载效应基本组合时的地基土单位面积净反力,对偏心受压基础,可取基础边缘处最大地基土单位面积净反力。

A_l——冲切验算时取用的部分基底面积[图 3-54(a)、图 3-54(b)]中的阴影面积 $ABCDEF$,或图 3-54(c)中的阴影面积 $ABCD$。

F_l——相应于荷载效应基本组合时作用在 A_l 上的地基土净反力设计值。

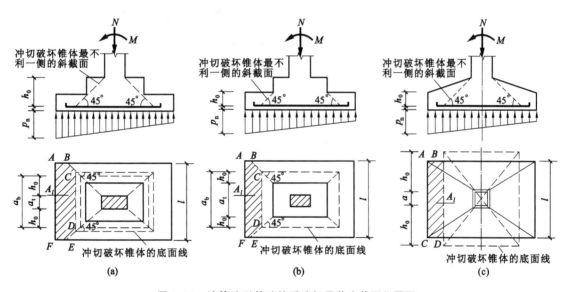

图 3-54 计算阶形基础的受冲切承载力截面位置图

设计时,应先假定基础高度,在满足构造要求的前提下,用式(3-32)验算基础的高度是否满足冲切承载力要求。值得注意的是,当基础底面落在冲切破坏锥体底面线以内时,可不进行受冲切验算。

3.4.4　计算底板配筋

3.4.4.1　控制截面

试验表明,基础底板在两个方向均产生向上的弯曲,因此两个方向都配置受力钢筋。配筋计算的控制截面一般取在柱与基础的交接处和基础的变阶处,如图 3-55 中的Ⅰ—Ⅰ、Ⅱ—Ⅱ、Ⅲ—Ⅲ、Ⅳ—Ⅳ截面。

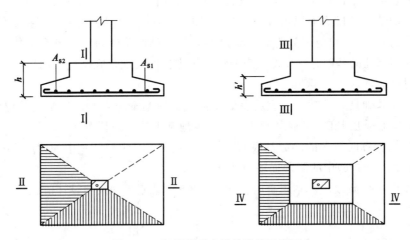

图 3-55　矩形基础底板的计算示意图

3.4.4.2　内力计算

为便于计算,将柱四角与基础板四角对应相连,将板划分为四块,并将每一块视为一端固定于柱边、三边自由的悬臂板,彼此互不联系,如图 3-56 所示。

（1）轴心受压基础

沿长边 b 方向弯矩 M_{I} 等于作用在梯形截面面积 $ABCD$ 上的净反力 p_{j} 的合力,乘以形心至柱边的距离,则有:

$$M_{\mathrm{I}} = \frac{1}{24} p_{\mathrm{j}} (b - b_{\mathrm{t}})^2 (2l + a_{\mathrm{t}}) \tag{3-35}$$

同理,沿短边 l 方向弯矩 M_{II} 为:

$$M_{\mathrm{II}} = \frac{1}{24} p_{\mathrm{j}} (l - a_{\mathrm{t}})^2 (2b + b_{\mathrm{t}}) \tag{3-36}$$

式中　$M_{\mathrm{I}}, M_{\mathrm{II}}$——截面Ⅰ—Ⅰ、Ⅱ—Ⅱ处相应于荷载效应基本组合的弯矩设计值;

p_{j}——相应于荷载效应基本组合的地基净反力。

（2）偏心受压基础

对于整个底板受压的偏压基础,沿长边 b 方向弯矩 M_{I} 为:

$$M_{\mathrm{I}} = \frac{1}{12} a_1^2 [(2l + a')(p_{\mathrm{j,max}} + p_{\mathrm{jI}}) + (p_{\mathrm{j,max}} - p_{\mathrm{jI}}) l] \tag{3-37}$$

同理,沿短边 l 方向柱边截面Ⅱ—Ⅱ的弯矩 M_{II} 为:

$$M_{\mathrm{II}} = \frac{1}{48} (l - a')^2 (2b + b') (p_{\mathrm{j,max}} + p_{\mathrm{j,min}}) \tag{3-38}$$

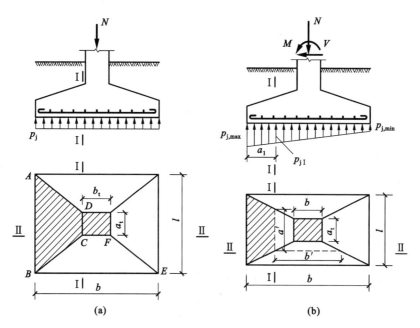

图 3-56 矩形基础底板的计算示意图

（a）轴心受压；（b）偏心受压

式中 a_1——任意截面Ⅰ—Ⅰ至基底边缘最大反力处的距离；

$p_{j,max}$、$p_{j,min}$——相应于荷载效应基本组合时基础底面边缘的最大和最小地基净反力设计值；

$p_{jⅠ}$——相应于荷载效应基本组合时，在任意截面Ⅰ—Ⅰ处基础底面的地基净反力设计值。

3.4.4.3 配筋计算

截面抗弯的内力臂一般近似取 $0.9h_0$，沿长边方向底板配筋 $A_{sⅠ}$ 为：

$$A_{sⅠ} = \frac{M_Ⅰ}{0.9f_y h_0} \tag{3-39}$$

沿短边布置的底板配筋 $A_{sⅡ}$（一般布置在长边钢筋上面）为：

$$A_{sⅡ} = \frac{M_Ⅱ}{0.9f_y(h_0 - d)} \tag{3-40}$$

式中 f_y——基础底板钢筋抗拉强度设计值；

d——钢筋直径；

3.4.5 构造措施

3.4.5.1 一般要求

① 轴心受压基础底面一般采用正方形；偏心受压基础应采用矩形，且其长边与弯矩方向平行，长、短边之比为 1.5～2.0，不应超过 3.0。

② 基础的截面形状一般可采用对称的阶梯形或锥形，锥形基础的边缘高度不宜小于 300 mm；阶形基础的每阶高度宜为 300～500 mm。

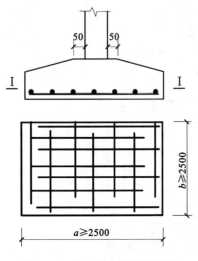

图 3-57 基础受力钢筋布置图

③ 混凝土强度等级不应低于 C20，基础下通常做 70～100 mm 厚的低强度混凝土垫层(C15)。

④ 受力钢筋的最小直径不宜小于 10 mm，间距不宜大于 200 mm，不宜小于 100 mm。

⑤ 当基础底面边长大于或等于 2.5 m 时，底板受力钢筋的长度可取边长的 0.9 倍，并宜交错布置(图 3-57)。

⑥ 当有垫层时，受力钢筋的保护层厚度不应小于40 mm，无垫层时不应小于 70 mm。

⑦ 对于现浇柱下基础，如与柱不同时浇注时，其插筋根数应与柱内纵向受力钢筋相同，插筋的锚固及与柱纵筋的搭接长度应符合规范规定。

3.4.5.2 预制基础的构造

预制柱插入基础杯口应有足够的插入深度 h_1，使柱可靠地嵌固在基础柱中，如图 3-58 所示。柱的插入深度，可按表 3-4 选用。此外，h_1 还应满足柱纵向受力钢筋锚固长度的要求[详见《混凝土结构设计标准(2024 年版)》(GB/T 50010—2010)有关条文]和柱吊装时稳定性的要求，即应使 h_1 不小于 1/20 的柱长。

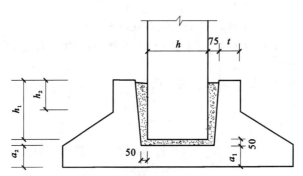

图 3-58 预制独立基础构造尺寸图

表 3-4		柱的插入深度 h_1		(单位:mm)
矩形或工字形柱				双肢柱
$h<500$	$500 \leqslant h<800$	$800 \leqslant h \leqslant 1000$	$h>1000$	
$h \sim 1.2h$	h	$0.9h$ 且 $\geqslant 800$	$0.8h$ 且 $\geqslant 1000$	$(1/3 \sim 2/3)h_a$ $(1.5 \sim 1.8)h_b$

注：1. h 为柱截面长边尺寸，h_a 为双肢柱全截面长边尺寸，h_b 为双肢柱全截面短边尺寸；

2. 柱轴心受压或小偏心受压时，h_1 可适当减小，偏心距大于 $2h$ 时，h_1 应适当加大。

除满足上述要求外，杯口底部要留有 50 mm，用于吊装柱时铺设细石混凝土找平层，且杯底有足够的厚度 a_1，来抵抗吊装柱对基底板的冲击。基础的杯底厚度 a_1 和杯壁厚度 t，可按表 3-5 选用。

表 3-5　　　　　　　　　　　　　　　基础杯底厚度和杯壁厚度

柱截面长边尺寸 h/mm	杯底厚度 a_1/mm	杯壁厚度 t/mm
$h<500$	≥150	150~200
$500≤h<800$	≥200	≥200
$800≤h<1000$	≥200	≥300
$1000≤h<1500$	≥250	≥350
$1500≤h<2000$	≥300	≥400

注：1. 双肢柱的杯底厚度值，可适当加大；

　　2. 当有基础梁时，基础梁下的杯壁厚度，应满足其支承宽度的要求；

　　3. 柱子插入杯口部分的表面应凿毛，柱子与杯口之间的空隙，应用比基础混凝土强度等级高一级的细石混凝土充填密实，当达到材料设计强度的 70% 以上时，方能进行上部吊装。

3.4.5.3　无短柱基础杯口的配筋构造

当柱为轴心受压或小偏心受压，且 $t/h_2≥0.65$ 时，或为大偏心受压，且 $t/h_2≥0.75$ 时，杯壁可不配筋；当柱为轴心受压或小偏心受压，且 $0.5≤t/h_2<0.65$ 时，杯壁按表 3-6 构造配筋，否则应按计算配筋。

表 3-6　　　　　　　　　　　　　　　杯壁构造配筋

柱截面长边尺寸/mm	$h<1000$	$1000≤h<1500$	$1500≤h≤2000$
钢筋直径/mm	8~10	10~12	12~16

注：表中钢筋置于杯口顶部，每边两根（图 3-59）。

当双杯口基础的中间隔板宽度小于 400 mm 时，应在隔板内配置 Φ12@200 的纵向钢筋和 Φ8@300 的横向钢筋，如图 3-59(b) 所示。

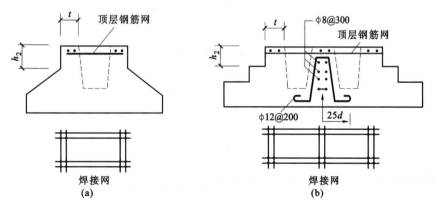

图 3-59　独立基础杯壁配筋构造图

(a) 单杯口；(b) 双杯口

3.5 单层厂房设计典型例题

3.5.1 设计资料与要求

3.5.1.1 设计资料

(1) 工程概况

某单跨金属结构车间,位于非抗震区,采用钢筋混凝土排架结构,设计使用年限为 50 年,安全等级为二级,厂房总长为 60 m,跨度为 24 m,柱距为 6 m,车间内设有两台 $Q=30/5$ t 的中级工作制电动桥式吊车,轨顶标高为 11.30 m,檐口顶标高为 16.24 m。其剖面图如图 3-60 所示。窗口尺寸分别为:$b_1 \times h_1 = 4800$ mm×3600 mm,$b_2 \times h_2 = 1800$ mm×3600 mm。

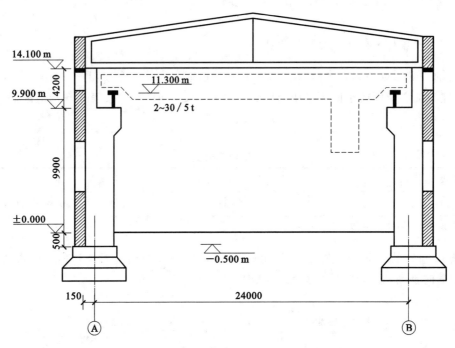

图 3-60 厂房剖面图

(2) 屋面构造及围护结构

① 屋面构造:二毡三油防水层(上铺小石子);25 mm 水泥砂浆找平层;60 mm 水泥蛭石保温层;预应力混凝土大型屋面板。

② 围护结构:240 mm 厚普通砖墙。

(3) 自然条件

① 基本风压:0.35 kN/m²。

② 基本雪压:0.20 kN/m²。

③ 建筑物场地为Ⅰ级湿陷性黄土,修正后的地基承载力特征值 $f_a = 200$ kN/m²,地下水位低于自然地面 6 m。

（4）材料

① 钢筋：箍筋采用 HPB300 级，受力筋采用 HRB400 级钢筋。

② 混凝土：基础采用 C30，柱采用 C30。

3.5.1.2 设计要求

① 选择厂房的结构构件；

② 设计排架边柱、柱下单独基础。

3.5.2 构件选型和柱截面尺寸

3.5.2.1 结构构件的选型

为了使屋盖具有较大的整体性及空间刚度，屋盖应采用无檩体系，选用预应力混凝土折线形屋架及预应力混凝土屋面板，选用钢筋混凝土吊车梁及基础梁。厂房各主要构件选型如下所述。

① 屋面板：采用标准图集 G410（一）中的 1.5 m×6 m 预应力混凝土屋面板（YWB-Ⅰ、Ⅱ），板自重标准值（包括灌缝在内）为 1.4 kN/m²。

② 屋架：采用标准图集 G415 中的预应力混凝土折线形屋架（YWJA-24-1），其自重标准值为 106 kN/榀。

③ 吊车梁：采用标准图集 G373 中的钢筋混凝土吊车梁（DL-11），其高度为 1.2 m，自重标准值为 40.8 kN/根。轨道及连接杆自重标准值取 0.8 kN/m。

④ 基础梁：采用标准图集 G320 中的钢筋混凝土基础梁（JL-3），自重标准值为 16.7 kN/根。

3.5.2.2 柱截面尺寸的确定

由设计资料可知室内地面至基础顶面的距离为 0.5 m，则上柱高度 H_u、下柱高度 H_l 及柱总高度 H 如下。

上柱高度：

$$H_u = 14.1 - 9.9 = 4.2(\text{m})$$

下柱高度：

$$H_l = 9.9 + 0.5 = 10.4(\text{m})$$

柱总高度：

$$H = 10.4 + 4.2 = 14.6(\text{m})$$

计算单元如图 3-61 所示。

根据柱的高度、吊车起重量及工作级别等条件，上柱选用矩形截面，下柱选用工字形截面，确定柱截面尺寸如下。

① 上柱：

$$b \times h = 500 \text{ mm} \times 500 \text{ mm}$$

面积：

$$A_1 = 2.5 \times 10^5 \text{ mm}^2$$

惯性矩：

$$I_u = 5.21 \times 10^9 \text{ mm}^4$$

② 下柱：

$$b\times h\times b_w \times h_f = 500\ mm \times 1000\ mm \times 120\ mm \times 200\ mm$$

面积：

$$A_2 = 2.815 \times 10^5\ mm^2$$

平面内惯性矩：

$$I_l = 35.6 \times 10^9\ mm^4$$

平面外惯性矩：

$$I_l = 4.25 \times 10^9\ mm^4$$

下柱截面图如图 3-62 所示。

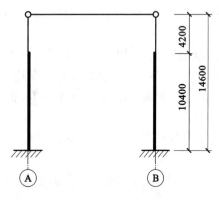

图 3-61　厂房计算单元图

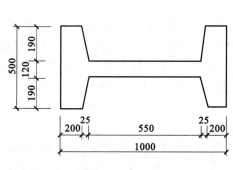

图 3-62　下柱截面图

3.5.3　荷载计算

（1）恒荷载

① 屋面结构自重标准值。

二毡三油防水层（上铺小石子）：0.35 kN/m²。

25 mm 水泥砂浆找平层：$0.025 \times 20 = 0.5 (kN/m^2)$。

60 mm 水泥蛭石保温层：0.36 kN/m²。

1.6 m×6.0 m 预应力混凝土屋面板：1.4 kN/m²。

屋盖钢支撑系统：0.05 kN/m²。

屋面恒荷载（以上各项相加）：2.66 kN/m²。

屋架自重（YWJA-24-1）：106 kN/榀。

故作用于 AB 跨两端柱顶的屋盖结构自重标准值为：

$$F_1 = 0.5 \times 106 + 0.5 \times 6 \times 24 \times 2.66 = 244.5 (kN)$$

$$e_1 = \frac{500}{2} - 150 = 100 (mm)$$

② 柱自重标准值。

上柱：

$$F_2 = 2.5 \times 10^{-1} \times 4.2 \times 25 = 26.25 (kN)$$

$$e_2 = \frac{1000}{2} - \frac{500}{2} = 250 (mm)$$

下柱：

Ⅰ字形截面部分

$$2.815 \times 10^{-1} \times 10.4 \times 25 = 73.19 (\text{kN})$$

综合考虑牛腿及矩形截面部分后,得

$$F_3 = 85.33 \text{ kN}$$

$$e_3 = 0$$

③ 吊车梁及轨道自重标准值。

$$F_4 = 40.8 + 6 \times 0.8 = 45.60 (\text{kN})$$

$$e_4 = 750 - \frac{1000}{2} = 250 (\text{mm})$$

各荷载作用位置如图 3-63 所示。

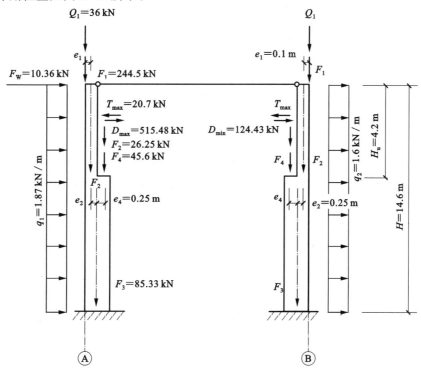

图 3-63 作用在排架上的荷载图

(2)屋面活荷载

由《荷载规范》查得,不上人屋面的活荷载标准为 0.5 kN/m²,雪荷载的标准值为 0.2 kN/m²,故仅按屋面活荷载计算:

$$Q_1 = 36 \text{ kN}$$

屋面活荷载与屋盖结构自重 F_1 作用点相同,如图 3-63 所示。

(3)吊车荷载

本车间选用的吊车主要参数如下:

30/5 t 吊车、中级工作制,吊车梁高 1.2 m,$B = 6.15$ m,$k = 4.8$ m,$P_{max} = 290$ kN,$P_{min} = 70$ kN,大车重 $G = 300$ kN,小车重 $g = 118$ kN。

吊车梁的支座反力影响线如图 3-64 所示。

作用于排架柱上的吊车竖向荷载为:

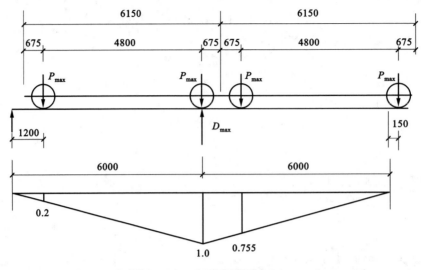

图 3-64 D_{max} 计算简图

$$D_{max} = \beta P_{max} \sum y_i = 0.9 \times 290 \times (1 + 0.775 + 0.2) = 515.48(kN)$$

$$D_{min} = \beta P_{min} \sum y_i = 0.9 \times 70 \times (1 + 0.775 + 0.2) = 124.43(kN)$$

作用在每一个轮上的吊车横向水平刹车力的标准值,对30/5 t 的软钩吊车:

$$T_Q = \frac{\alpha(Q+g)}{4} = 0.1 \times \frac{300 + 118}{4} = 10.45(kN)$$

故作用于排架上的吊车水平荷载为:

$$T_{max} = T \sum y_i = 10.45 \times (1 + 0.775 + 0.2) = 20.6(kN)$$

(4)风荷载

该地区基本风压 $w_0 = 0.35 \text{ kN/m}^2$,风压高度变化系数按 B 类地区取用。

柱顶高度:

$$H = 14.1 \text{ m}, \quad \mu_z = 1.11$$

檐口:

$$H = 17.4 \text{ m}, \quad \mu_z = 1.18$$

屋顶:

$$H = 18.8 \text{ m}, \quad \mu_z = 1.21$$

风荷载体型系数按《荷载规范》取用,如图 3-65 所示。

风荷载标准值为:

$$w_1 = \mu_{s1} \mu_z w_0 = 0.8 \times 1.11 \times 0.35 = 0.311(kN/m^2)$$

$$w_2 = \mu_{s2} \mu_z w_0 = 0.5 \times 1.11 \times 0.35 = 0.194(kN/m^2)$$

作用于排架上的风荷载标准值为:

$$q_1 = w_{1B} = 0.311 \times 6 = 1.87(kN/m^2)$$

$$q_2 = w_{2B} = 0.194 \times 6 = 1.16(kN/m^2)$$

柱顶集中风荷载标准值如下。

左吹风时：

$$F_w = [(\mu_{s1} + \mu_{s2})\mu_z h_1 + (\mu_{s3} + \mu_{s4})\mu_z h_2]w_0 B$$
$$= [(0.8 + 0.5) \times 1.18 \times 3.3 + (-0.6 + 0.5) \times 1.21 \times 1.4] \times 0.35 \times 6$$
$$= 10.27(\text{kN})$$

右吹风时与左吹风方向相反，$F_w = 10.27$ kN，风荷载作用下排架计算简图如图 3-66 所示。

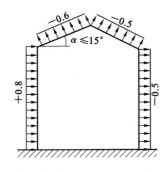

图 3-65　风荷载体型系数

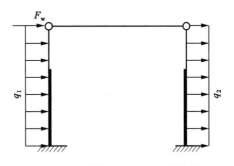

图 3-66　风荷载作用下排架计算简图

3.5.4　排架内力分析

本厂房为单跨排架，可用剪力分配法来进行内力分析。

(1) 剪力分配系数的计算

① A、B 柱顶位移 δ_A、δ_B。

上柱：

$$I_u = 5.21 \times 10^9 \text{ mm}^4$$

下柱：

$$I_l = 35.6 \times 10^9 \text{ mm}^4$$

$$n = \frac{I_u}{I_l} = \frac{5.21 \times 10^9}{35.6 \times 10^9} = 0.146$$

查附图 1 得，$\beta_0 = 2.63$，则：

$$\delta_A = \delta_B = \frac{H^3}{\beta_0 E_c I_l} = \frac{1}{2.63 \times 35.6 \times 10^9} \times \frac{H^3}{E_c} = 1.068 \times 10^{-11}\frac{H^3}{E_c}$$

② A、B 柱剪力分配系数。

$$\eta_A = \eta_B = 0.5$$
$$\sum \eta_i = 1.0$$

(2) 恒荷载作用下的内力分析

A 柱：

$$\overline{F_{1A}} = 244.5 \text{ kN} \quad （作用于柱顶）$$

$$M_{1A} = F_{1A} \times e_{1A} = 244.5 \times 0.1 = 24.45(\text{kN} \cdot \text{m})$$

$$\overline{F_{2A}} = F_{2A} + F_{4A} = 26.25 + 45.6 = 71.85(\text{kN}) \quad （作用于牛腿顶面）$$

$$M_{2A} = (F_{1A} + F_{2A}) \times e_{2A} - F_{4A}e_{4A} = (244.5 + 26.25) \times 0.25 - 45.6 \times 0.25 = 56.29(\text{kN} \cdot \text{m})$$

A 柱不动铰支座反力为：

$$n = 0.146, \quad \lambda = 0.288$$

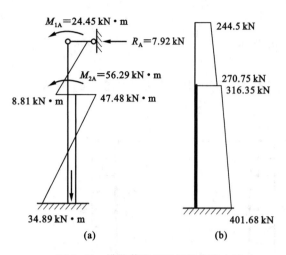

图 3-67　横荷载作用下排架柱内力图

(a) 弯矩图；(b) 轴力图

查附图 2、附图 3 得，$\beta_1 = 1.954$，$\beta_2 = 1.207$，则：

$$R_1 = \beta_1 \cdot \frac{M_{1A}}{H} = 1.954 \times \frac{24.45}{14.6}$$
$$= 3.272(\text{kN})(\leftarrow)$$

$$R_2 = \beta_2 \cdot \frac{M_{2A}}{H} = 1.207 \times \frac{56.29}{14.6}$$
$$= 4.65(\text{kN})(\leftarrow)$$

$$R_A = R_2 + R_1 = 4.65 + 3.272$$
$$= 7.92(\text{kN})(\leftarrow)$$

相应的弯矩图和轴力图如图 3-67 所示。

（3）屋面活荷载下的内力分析

屋面活荷载在 A、B 柱顶压力下为：

$$Q_{1A} = Q_{1B} = 36 \text{ kN}$$

屋面活荷载在 A、B 柱顶及变阶处产生的弯矩分别为：

$$M_{1A} = Q_{1A} \times e_1 = 36 \times 0.1 = 3.6(\text{kN} \cdot \text{m})$$
$$M_{2A} = Q_{2A} \times e_1 = 36 \times 0.25 = 9(\text{kN} \cdot \text{m})$$

A 柱不动铰支座反力为：

$$n = 0.146, \quad \lambda = 0.288, \quad \beta_1 = 1.954, \quad \beta_2 = 1.207$$

$$R_1 = \beta_1 \cdot \frac{M_{1A}}{H} = 1.954 \times \frac{3.6}{14.6} = 0.48(\text{kN})(\leftarrow)$$

$$R_2 = \beta_2 \cdot \frac{M_{2A}}{H} = 1.207 \times \frac{9}{14.6} = 0.74(\text{kN})(\leftarrow)$$

$$R_A = R_1 + R_2 = 0.74 + 0.48 = 1.22(\text{kN})(\rightarrow)$$

屋面活荷载作用下排架柱 A 的弯矩图和轴力图如图 3-68 所示。

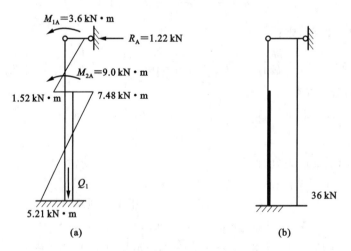

图 3-68　活荷载作用下排架内力图

(a) 弯矩图；(b) 轴力图

（4）吊车竖向荷载作用下的内力分析（不考虑厂房整体空间作用）

① 当 D_{max} 作用于 A 柱，D_{min} 作用于 B 柱时。

作用于下柱中心线上的力矩分别为：

$$M_{max}=D_{max}\times e_{4A}=515.48\times0.25=128.87(\text{kN}\cdot\text{m})$$

$$M_{min}=D_{min}\times e_{4A}=124.43\times0.25=31.11(\text{kN}\cdot\text{m})$$

给柱不动铰支座反力分别为：

$$n=0.146,\quad\lambda=0.288,\quad\beta_2=1.207$$

$$R_A=\beta_2\cdot\frac{M_{max}}{H}=1.027\times\frac{128.87}{14.6}=9.07(\text{kN})(\leftarrow)$$

$$R_B=\beta_2\cdot\frac{M_{min}}{H}=1.027\times\frac{31.12}{14.6}=2.19(\text{kN})(\rightarrow)$$

柱顶总反力为：

$$R=-R_A+R_B=9.07+2.19=11.26(\text{kN})(\leftarrow)$$

将柱顶总反力反向作用于柱顶，进行剪力分配，$\eta_A=\eta_B=0.5$，柱顶剪力为：

$$V_A=R_A+\eta_A(R_A+R_B)=-9.07+0.5\times11.26=-3.44(\text{kN})(\leftarrow)$$

$$V_B=R_B+\eta_B(R_A+R_B)=2.20+0.5\times11.26=7.83(\text{kN})(\rightarrow)$$

弯矩图和轴力图如图 3-69 所示。

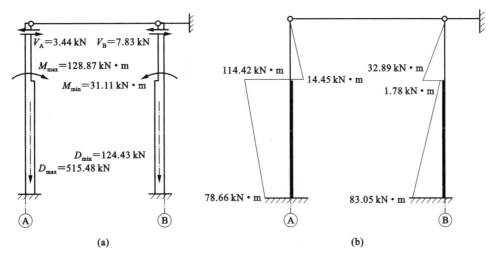

图 3-69　吊车竖向荷载作用下排架内力图

（a）剪力图；（b）弯矩图

② 吊车垂直轮压 D_{min} 在 A 柱时，由于结构对称，故只需将 A 柱与 B 柱的内力对换，并注意内力变号即可。

（5）吊车水平荷载作用下的内力分析（考虑厂房整体空间作用）

当 T_{max} 作用在 AB 跨时：

对于 A、B 柱：

$$n=0.146,\quad\lambda=0.288$$

$$y = 14.6 - (10.4 + 1.2) = 3(\text{m})$$

$$\frac{y}{H_l} = \frac{3}{4.2} = 0.714$$

即：

$$y = 0.714 H_l$$

查附图 5 并用内插法求得：

$$\beta_T = 0.624$$

柱顶反力为：

$$R_A = R_B = \beta_T T_{max} = 0.624 \times 20.6 = 12.85(\text{kN})(\leftrightarrow)$$

排架柱顶铰支座,将 R 反向作用于柱顶,进行剪力分布,并考虑房屋空间作用分配系数,对两端有山墙的,取空间作用分配系数 $\mu_k = 0.80$。排架柱顶剪力为：

$$V_A = R_A - \eta_A \mu_k (R_A + R_B) = 12.85 - 0.5 \times 0.80 \times 12.85 \times 2 = 2.57(\text{kN})(\leftrightarrow)$$

$$V_B = 2.57 \text{ kN}$$

当荷载作用方向相反时,弯矩图与之相反。弯矩图如图 3-70 所示。

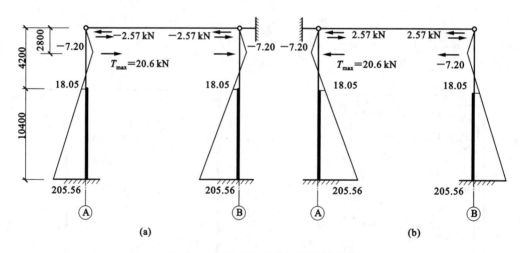

图 3-70 吊车水平荷载作用下排架弯矩图

(a) T_{max} 从左向右作用在 AB 跨；(b) T_{max} 从右向左作用在 AB 跨

(6) 风荷载作用下的内力分析

① 风从左向右吹。

对于 A、B 柱：

$$n = 0.146, \quad \lambda = 0.288$$

查附图 8 得, $\beta_w = 0.342$,则：

$$R_A = \beta_w q_1 H = 0.342 \times 1.87 \times 14.6 = 9.34(\text{kN})(\leftarrow)$$

$$R_B = \beta_w q_2 H = 0.342 \times 1.16 \times 14.6 = 5.79(\text{kN})(\leftarrow)$$

排架柱顶不动铰支座的总反力为：

$$R_A = F_w + R_A + R_B = 10.27 + 9.34 + 5.79 = 25.4(kN)(\leftarrow)$$

排架柱顶最后剪力分别为：

$$V_A = -R_A + \eta_A R = -9.34 + 0.5 \times 25.4 = 3.36(kN)(\rightarrow)$$

$$V_B = -R_B + \eta_B R = -5.79 + 0.5 \times 25.4 = 6.91(kN)(\rightarrow)$$

根据计算，左吹风时排架的弯矩图如图3-71(a)所示。

② 风从右向左吹。

在这种情况下，荷载方向相反，故弯矩图也与风从左向右吹时相反，如图3-71(b)所示。

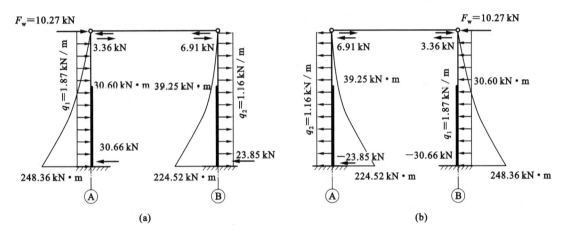

图 3-71　风荷载作用下排架弯矩图

(a) 左吹风；(b) 右吹风

3.5.5　内力组合

此排架为单跨对称排架，可仅对A柱（或B柱）进行内力组合，其步骤如下：

① 确定需要单独考虑的荷载项目。本工程为不考虑地震作用的单跨排架，共有8种需要单独考虑的荷载项目，由于小车无论向右或向左运行中刹车时，A、B柱在T_{max}作用下，其内力大小相等而符号相反，在组合时可列为一项。因此，单独考虑的荷载项目共有7项。

② 将各种荷载作用下设计控制截面（Ⅰ—Ⅰ、Ⅱ—Ⅱ、Ⅲ—Ⅲ）的内力M、N（Ⅲ—Ⅲ截面还有剪力V）填入组合表3-7中。

③ 根据最不利又最可能的原则，确定每一内力组的组合项目，并算出相应的组合值。排架柱全部内力组合计算结果列入表3-7。

表3-7　排架柱内力组合表

截面	内力	恒荷载 F_1、F_2、F_3、F_4 ①	屋面活载 Q_1 ②	吊车荷载 D_{max}在A柱 ③	吊车荷载 D_{min}在A柱 ④	吊车荷载 T_{max} ⑤	风荷载 左吹风 ⑥	风荷载 右吹风 ⑦	$+M_{max}$与相应的N 组合项	内力合计	$-M_{max}$与相应的N 组合项	内力合计	N_{max}与相应的M 组合项	内力合计	N_{min}与相应的M 组合项	内力合计
Ⅰ—Ⅰ	M/(kN·m)	8.81	1.52	-14.45	-32.89	±18.05	30.60	-39.25	$1.2×①+1.4×(⑥+0.7×②+0.7×③+0.7×⑤)$	58.43	$1.0×①+1.4×(⑦+0.7×④+0.7×⑤)$	-96.06	$1.35×①+1.4×(0.7×②+0.7×③+0.7×⑤+0.6×⑥)$	42.62	$1.2×①+1.4×(⑦+0.7×④+0.7×⑤)$	-94.30
	N/kN	270.75	36.00	0.00	0.00	0.00	0.00	0.00		360.18		270.75		400.79		324.90
Ⅱ—Ⅱ	M/(kN·m)	-47.48	-7.48	144.42	-1.78	±18.05	30.60	-39.25	$1.0×①+1.4×(③+0.7×⑤+0.6×⑥)$	198.11	$1.2×①+1.4×(⑦+0.7×④+0.7×⑤)$	-138.69	$1.2×①+1.4×(③+0.7×②+0.7×⑤)$	190.77	$1.2×①+1.4×⑦$	111.93
	N/kN	316.35	36.00	515.48	124.43	0.00	0.00	0.00		1038.02		536.84		1136.57		379.62
Ⅲ—Ⅲ	M/(kN·m)	34.89	5.21	78.66	-83.05	±205.56	248.36	-224.52	$1.2×①+1.4×(⑥+0.7×②+0.7×③+0.7×⑤)$	673.21	$1.0×①+1.4×(⑦+0.7×④+0.7×⑤)$	-562.28	$1.2×①+1.4×(③+0.7×②+0.7×⑤+0.6×⑥)$	567.17	$1.2×①+1.4×⑥$	389.57
	N/kN	401.68	36.00	515.48	124.43	0.00	0.00	0.00		1022.47		523.62		1238.97		482.02
	V/kN	7.92	1.22	-3.44	-7.83	±18.03	30.66	-23.85		67.92		-50.81	$0.7×⑤+0.6×⑥$	49.31	$1.4×⑥$	52.43

3.5.6 排架柱的配筋计算

(1) 设计资料

① 截面尺寸。

上柱：$b \times h = 500 \text{ mm} \times 500 \text{ mm}$。

面积：$A_1 = 2.5 \times 10^5 \text{ mm}^2$。

惯性矩：$I_1 = 5.21 \times 10^9 \text{ mm}^4$。

下柱：$b \times h \times b_w \times h_f = 500 \text{ mm} \times 1000 \text{ mm} \times 120 \text{ mm} \times 200 \text{ mm}$。

面积：$A_2 = 2.815 \times 10^5 \text{ mm}^2$。

惯性矩：$I_2 = 35.6 \times 10^9 \text{ mm}^4$。

② 材料强度。

混凝土 C30，$f_c = 14.3 \text{ N/mm}^2$。

钢筋：受力钢筋为 HRB400 级，$f_y = f_y' = 360 \text{ N/mm}^2$；箍筋为 HPB300 级，$f_y = 270 \text{ N/mm}^2$。

③ 计算长度。

排架平面内，上柱：$2 \times 4.2 = 8.4 (\text{m})$；下柱：$1 \times 10.4 = 10.4 (\text{m})$。

排架平面外，上柱：$1.5 \times 4.2 = 6.3 (\text{m})$；下柱：$1 \times 10.4 = 10.4 (\text{m})$。

(2) 配筋计算

① 由于截面Ⅲ—Ⅲ的弯矩和轴向力设计值均比截面Ⅱ—Ⅱ的大，故下柱配筋由截面Ⅲ—Ⅲ的最不利组合控制，而上柱配筋由截面Ⅰ—Ⅰ的最不利组合确定。经比较，将用于上柱和下柱截面配筋计算的最不利组合列入表 3-8。

表 3-8　　　　　　　　　　　　　　　　柱在排架方向的 e_i、l_0 及 h_0

截面	内力组		e_0/mm	e_a/mm	e_i/mm	l_0/mm	h/mm	h_0/mm
Ⅰ—Ⅰ	M_0	58.43 kN·m	162	20	182	8400	500	460
	N	360.18 kN						
	M_0	−96.06 kN·m	355	20	375	8400	500	460
	N	270.75 kN						
	M_0	−94.30 kN·m	290	20	310	8400	500	460
	N	324.90 kN						
Ⅲ—Ⅲ	M_0	673.21 kN·m	658	33	691	10400	1000	960
	N	1022.47 kN						
	M_0	−562.28 kN·m	1074	33	1107	10400	1000	960
	N	523.62 kN						
	M_0	567.17 kN·m	458	33	491	10400	1000	960
	N	1238.97 kN						

注：1. $e_0 = M_0 / N$；

　　2. $e_i = e_0 + e_a$；

　　3. e_a 取 20 mm 和 $h/30$ 中的较大值。

② 确定柱在排架方向的初始偏心距 e_i 及计算长度 l_0。

③ 柱在排架平面内的配筋计算见表3-9。

表3-9 柱在排架内的截面配筋计算

截面	内力组		e_i/mm	e/mm	x/mm	$\xi_b h_0$/mm	偏心情况	$A_s = A_s'/\text{mm}^2$	
								计算值	实配值
I—I	M	86.22 kN·m	259	469	50	238	大	89	
	N	360.18 kN							$3\Phi16$ $A_s=603$
	M	−118.23 kN·m	457	667	38	238	大	402	
	N	270.75 kN							
	M	−120.63 kN·m	391	601	45	238	大	360	
	N	324.90 kN							
III—III	M	740.65 kN·m	757	1217	143	497	大	1014	
	N	1022.47 kN							$4\Phi22$ $A_s=1521$
	M	−597.44 kN·m	1174	1634	73	497	大	1128	
	N	523.62 kN							
	M	647.13 kN·m	555	1015	173	497	大	535	
	N	1238.97 kN							

注:1. $M=\eta_s M_0$,$\eta_s=1+\dfrac{1}{1500\dfrac{e_i}{h_0}}\left(\dfrac{l_0}{h}\right)^2\zeta_c$,$e_0=\dfrac{M}{N}$,$e_i=e_0+e_a$,$e=e_i+\dfrac{h}{2}-a_s$;$a_s=40$。

2. $\zeta_c=\dfrac{0.5 f_c A}{N}$,$\zeta_c>1.0$ 时取 $\xi_c=1.0$。上柱:$x=\dfrac{N}{a_1 f_c b}=\dfrac{N}{1\times14.3\times500}=\dfrac{N}{7150}$;

下柱:当 $N\leqslant a_1 f_c b_f' h_f'$ 时,$x=\dfrac{N}{a_1 f_c b_f'}=\dfrac{N}{1\times14.3\times500}=\dfrac{N}{7150}$;

当 $N>a_1 f_c b_f' h_f'$ 时,$x=x=\dfrac{[N-(b_f'-b)h_f' a_1 f_c]}{a_1 f_c b}$。

3. 上柱:$x<\xi_b h_0$,$A_s=A_s'=\dfrac{Ne-bx\left(h_0-\dfrac{x}{2}\right)a_1 f_c}{f_y'(h_0-a_s')}$;

下柱:当 $2a_s'\leqslant x\leqslant h_f'$ 时,$A_s=A_s'=\dfrac{Ne-a_1 f_c b_f' x\left(h_0-\dfrac{x}{2}\right)}{f_y'(h_0-a_s')}$;

当 $\xi_b h_0>x>h_f'$ 时,$A_s=A_s'=\dfrac{Ne-a_1 f_c(b_f'-b)h_f'\left(h_0-\dfrac{h_f'}{2}\right)-a_1 f_c bx\left(h_0-\dfrac{x}{2}\right)}{f_y'(h_0-a_s')}$;

上柱或下柱:当 $x<2a_s'$ 时,$A_s=A_s'=\dfrac{Ne'}{f_y(h_0-a_s')}$,$e'=e_i-\dfrac{h}{2}+a_s'$。

④ 垂直排架方向承载力验算。

上柱 $N_{max}=375.3$ kN,当考虑吊车荷载时,有:

$$l_0=1.5H_u=1.5\times4200=6300(\text{mm})$$

查《混凝土结构设计标准(2024年版)》(GB/T 50010—2010)表6.2.15可得:$\varphi=0.941$,$A_s=A_s'=603$ mm²

$$N_u=0.9\varphi(f_c A+f_y' A_s')=0.9\times0.941\times(14.3\times500\times500+360\times603\times2)$$
$$=3395(\text{kN})>N_{max}=375.3(\text{kN})$$

满足要求。

下柱 $N_{max}=1238.97$ kN,当考虑吊车荷载时,有:

$$l_0=0.8H_l=0.8\times10400=8320(\text{mm})$$

$$I_2=4.25\times10^9 \text{ mm}^4$$

$$A_2=281500 \text{ mm}^2$$

$$i=\sqrt{\frac{I_2}{A_2}}=123(\text{mm})$$

$$\frac{l_0}{i}=\frac{8320}{123}=68$$

查《混凝土结构设计标准(2024 年版)》(GB/T 50010—2010)表 6.2.15,可得:$\varphi=0.759$,$A_s=A_s'=1521 \text{ mm}^2$

$$N_u=0.9\varphi(f_cA_2+2f_y'A_s')=0.9\times0.759\times(14.3\times281500+2\times360\times1521)$$
$$=3497.86(\text{kN})>N_{max}=1238.97(\text{kN})$$

满足要求。

(3) 裂缝宽度验算

《混凝土结构设计标准(2024 年版)》(GB/T 50010—2010)规定,对 $\frac{e_0}{h_0}>0.55$ 的柱应进行裂缝宽度验算。

上柱:$\frac{e_0}{h_0}=\frac{355}{460}=0.772>0.55$,需进行裂缝宽度验算。

下柱:$\frac{e_0}{h_0}=\frac{1074}{960}=1.119>0.55$,需进行裂缝宽度验算。

裂缝宽度验算见表 3-10。

表 3-10 **柱的裂缝宽度验算表**

柱截面		上柱	下柱
内力标准值	$M_k/(\text{kN}\cdot\text{m})$	-39.37	205.42
	N_k/kN	270.75	710.97
$e_0=\frac{M_k}{N_k}/\text{mm}$		145	289
$\rho_{te}=\frac{A_s}{0.5bh+(b_f-b)h_f}$		0.0048<0.01,取 0.01	0.0086<0.01,取 0.01
$\eta_s=1+\frac{1}{4000\frac{e_0}{h_0}}\left(\frac{l_0}{h}\right)^2$		1.224	1.0
$e=\eta_se_0+y_s/\text{mm}$		387	749
$\gamma_f'=h_f'(b_f'-b)/bh_0$		0	0.70
$z=\left[0.87-0.12(1-\gamma_f')\left(\frac{h_0}{e}\right)^2\right]h_0/\text{mm}$		377	778
$\sigma_{sk}=\frac{N_k(e-z)}{A_sz}/(\text{N/mm}^2)$		11.9	17.4
$\psi=1.1-0.65\frac{f_{tk}}{\rho_{te}\sigma_{sk}}$		0.2	0.2
$\omega_{max}=\alpha_{cr}\psi\frac{\sigma_{sk}}{E_s}\left(1.9c+0.08\frac{d_{eq}}{\rho_{te}}\right)/\text{mm}$		0.004<0.3,满足要求	0.008<0.3,满足要求

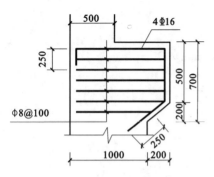

图3-72 牛腿的几何尺寸及配筋

（4）牛腿配筋计算

根据吊车梁支承位置截面尺寸及构造要求，初步拟定牛腿尺寸及配筋如图3-72所示。其中牛腿截面宽度 $b=500$ mm与柱相同，牛腿截面高度 $h=700$ mm，$h_0=660$ mm。

① 牛腿截面高度验算。

$\beta=0.65$，$f_{tk}=2.01$ N/mm²，F_{vk} 按下式确定：

$$F_{vk}=D_{max}+F_4=515.48+45.6=561.08(kN)$$

牛腿顶部水平荷载标准值取：

$$F_{hk}=T_{max}=20.6 \text{ kN}$$

竖向力 F_{vk} 作用点位于下柱截面以内，取 $a=0$，则：

$$\beta\left(1-0.5\frac{F_{hk}}{F_{vk}}\right)\frac{f_{tk}bh_0}{0.5+\frac{a}{h_0}}=0.65\times\left(1-0.5\times\frac{20.6\times10^3}{561.08\times10^3}\right)\times\frac{2.01\times500\times660}{0.5+\frac{0}{660}}$$

$$=846.46(kN)>F_{vk}=561.08 \text{ kN}$$

抗烈度符合要求，故牛腿截面高度满足要求。

② 牛腿配筋计算。

由于吊车竖向荷载的作用点至下柱边缘距离 $a<0$，因而该牛腿可按构造要求配筋，纵向钢筋取 $4\Phi16(A_s=804 \text{ mm}^2)$，箍筋取 $\Phi8@100$。

3.5.7 基础设计

（1）荷载计算

① 由柱传至基础顶面的荷载。

由内力组合表可得荷载设计值如下。

第一组：

$$M_{max}=673.21 \text{ kN}\cdot\text{m}, \quad N=1022.47 \text{ kN}, \quad V=67.92 \text{ kN}$$

第二组：

$$-M_{max}=-562.28 \text{ kN}\cdot\text{m}, \quad N=523.62 \text{ kN}, \quad V=-50.81 \text{ kN}$$

第三组：

$$N_{max}=1238.97 \text{ kN}, \quad M=567.17 \text{ kN}\cdot\text{m}, \quad V=49.31 \text{ kN}$$

第四组：

$$N_{min}=482.02 \text{ kN}, \quad M=389.57 \text{ kN}\cdot\text{m}, \quad V=52.43 \text{ kN}$$

② 由基础梁传至基础顶面的荷载。

墙重：$19\times0.24\times[6\times16.24-(4.8+1.8)\times3.6]=335.98(kN)$。

窗重：$0.45\times(4.8+1.8)\times3.6=10.69(kN)$。

基础梁：16.70 kN。

以上三项相加，得：

$$F_{5k}=363.37 \text{ kN}$$

N_{wk} 距基础形心的偏心距 e_5 为：

$$e_5=\frac{240+1000}{2}=620(mm)$$

荷载设计值为：

$$F_5 = 1.2F_{5k} = 1.2 \times 363.37 = 436.04 (\text{kN})$$

相应的偏心力矩设计值为：

$$F_5 e_5 = 436.04 \times 0.62 = 270.34 (\text{kN} \cdot \text{m})$$

（2）基础尺寸及埋置深度

① 确定基础高度。

由表 3-4，柱的插入深度 $h_1 = 900$ mm，杯口深度为 $900 + 50 = 950 (\text{mm})$，杯口顶部尺寸宽为 $500 + 2 \times 75 = 650 (\text{mm})$，长为 $1000 + 2 \times 75 = 1150 (\text{mm})$，杯口底部尺寸宽为 $500 + 2 \times 50 = 600 (\text{mm})$，长为 $1000 + 2 \times 50 = 1100 (\text{mm})$。

由表 3-5，取杯壁厚度 $t = 350$ mm，杯底厚度 $a_1 = 250$ mm，杯壁高度 $h_2 = 400$ mm，$a_2 = 250$ mm，根据以上尺寸，初步确定基础总高度为 $950 + 250 = 1200 (\text{mm})$。

则作用于基底的弯矩和相应基顶的轴向力设计值如下。

第一组：

$$M_{\text{bot}} = 673.21 + 1.2 \times 67.92 - 270.34 = 484.37 (\text{kN} \cdot \text{m})$$
$$N = 1022.47 + 436.04 = 1458.51 (\text{kN})$$

第二组：

$$M_{\text{bot}} = -562.28 - 50.81 - 270.34 = -883.43 (\text{kN} \cdot \text{m})$$
$$N = 523.62 + 436.04 = 959.66 (\text{kN})$$

第三组：

$$M_{\text{bot}} = 567.17 + 1.2 \times 49.31 - 270.34 = 356 (\text{kN} \cdot \text{m})$$
$$N = 1238.97 + 436.04 = 1675.01 (\text{kN})$$

第四组：

$$M_{\text{bot}} = 389.57 + 1.2 \times 52.43 - 270.34 = 182.45 (\text{kN} \cdot \text{m})$$
$$N = 482.02 + 436.04 = 918.06 (\text{kN})$$

基础的受力情况如图 3-73 所示。

② 确定基础底面尺寸。

基础底面尺寸计算需采用内力标准值，采用标准组合重新组合如下：

第一组：

$$M_k = 34.89 + 248.36 + 0.7 \times 5.21 + 0.7 \times 78.66 + 0.7 \times 205.56 = 485.85 (\text{kN} \cdot \text{m})$$
$$N_k = 401.68 + 0.7 \times (36 + 515.48) = 787.72 (\text{kN})$$
$$V_k = 7.92 + 30.66 + 0.7 \times 1.22 - 0.7 \times 3.44 + 0.7 \times 18.03 = 49.65 (\text{kN})$$

第二组：

$$M_k = 34.89 - 224.52 - 0.7 \times 83.05 - 0.7 \times 205.56 = -391.66 (\text{kN} \cdot \text{m})$$
$$N_k = 401.68 + 0.7 \times 124.43 = 488.78 (\text{kN})$$
$$V_k = 7.92 - 23.85 - 0.7 \times 7.83 - 0.7 \times 18.03 = -34.03 (\text{kN})$$

第三组：

$$M_k = 34.89 + 78.66 + 0.7 \times 5.21 + 0.7 \times 205.56 + 0.6 \times 248.36 = 410.11 (\text{kN} \cdot \text{m})$$
$$N_k = 401.68 + 515.48 + 0.7 \times 36 = 942.36 (\text{kN})$$
$$V_k = 7.92 - 3.44 + 0.7 \times 1.22 + 0.7 \times 18.03 + 0.6 \times 30.66 = 36.35 (\text{kN})$$

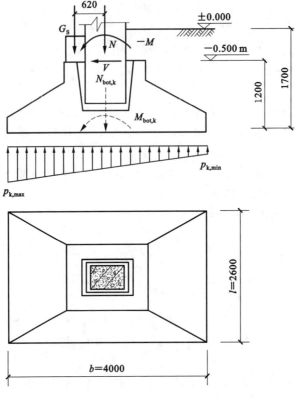

图 3-73　基础受力图及基底尺寸

第四组：

$$M_k = 34.89 + 248.36 = 283.25 (\text{kN} \cdot \text{m})$$
$$N_k = 401.68 \text{ kN}$$
$$V_k = 7.92 + 30.66 = 38.58 (\text{kN})$$

则作用于基底的弯矩和相应基顶的轴向力标准值为：

第一组：

$$M_{\text{bot,k}} = 485.85 + 1.2 \times 49.65 - \frac{270.34}{1.2} = 320.15 (\text{kN} \cdot \text{m})$$

$$F_k = 787.72 + \frac{436.04}{1.2} = 1151.09 (\text{kN})$$

第二组：

$$M_{\text{bot,k}} = -391.66 - 1.2 \times 34.03 - \frac{270.34}{1.2} = -657.78 (\text{kN} \cdot \text{m})$$

$$F_k = 488.78 + \frac{436.04}{1.2} = 852.14 (\text{kN})$$

第三组：

$$M_{\text{bot,k}} = 410.11 + 1.2 \times 36.35 - \frac{270.34}{1.2} = 228.45 (\text{kN} \cdot \text{m})$$

$$F_k = 942.36 + \frac{436.04}{1.2} = 1305.73 (\text{kN})$$

第四组：

$$M_{bot,k} = 283.25 + 1.2 \times 38.58 - \frac{270.34}{1.2} = 104.26(kN \cdot m)$$

$$F_k = 401.68 + \frac{436.04}{1.2} = 765.05(kN)$$

由第三组确定基础底面积 A：

$$A \geqslant \frac{F_k}{f_a - \gamma_m d} = \frac{1305.73}{200 - 20 \times 1.7} = 7.87(m^2)$$

取 $b = 4$ m, $l = 2.6$ m, $A = bl = 4.0 \times 2.6 = 10.4(m^2)$

验算 $e_0 \leqslant \frac{b}{6}$ 的条件：

$$e_0 = \frac{M_{bot}}{N_{bot}} = \frac{356}{1675.01 + 20 \times 4.0 \times 2.6 \times 1.7} = 0.175(m) < \frac{b}{6} = \frac{4.0}{6} = 0.667(m), 符合要求。$$

验算其他两组荷载效应标准组合时的基底应力：

第一组：$p_{k,max} = \dfrac{N_{bot,k}}{A} + \dfrac{M_{bot,k}}{W} = \dfrac{F_k}{A} + \gamma_G d + \dfrac{M_{bot,k}}{W}$

$$= \frac{1151.09}{10.4} + 20 \times 1.7 + \frac{320.15}{\frac{1}{6} \times 2.6 \times 4.0^2} = 110.68 + 34 + 46.18$$

$$= 190.86 \text{ kN/m}^2 < 1.2 \times 200 = 240(kN/m^2)$$

符合要求。

$$p_{k,min} = 110.68 + 34 - 46.18 = 98.5(kN/m^2) > 0$$

$p_{mk} = 110.68 + 34 = 144.68(kN/m^2) < f_a = 200(kN/m^2)$，符合要求。

第二组：$p_{k,max} = \dfrac{N_{bot,k}}{A} + \dfrac{M_{bot,k}}{W} = \dfrac{F_k}{A} + \gamma_G d + \dfrac{M_{bot,k}}{W}$

$$= \frac{852.14}{10.4} + 20 \times 1.7 + \frac{657.78}{\frac{1}{6} \times 2.6 \times 4.0^2}$$

$$= 81.94 + 34 + 94.87$$

$$= 210.81(kN/m^2) < 1.2 \times 200 = 240(kN/m^2)$$

符合要求。

$$p_{k,min} = 81.94 + 34 - 94.87 = 21.07(kN/m^2) > 0$$

$p_{mk} = 81.94 + 34 = 115.94(kN/m^2) < f_a = 200(kN/m^2)$，符合要求。

第四组：$p_{k,max} = \dfrac{N_{bot,k}}{A} + \dfrac{M_{bot,k}}{W} = \dfrac{F_k}{A} + \gamma_G d + \dfrac{M_{bot,k}}{W}$

$$= \frac{765.05}{10.4} + 20 \times 1.7 + \frac{104.26}{\frac{1}{6} \times 2.6 \times 4.0^2}$$

$$= 73.56 + 34 + 15.04$$

$$= 122.6(kN/m^2) < 1.2 \times 200 = 240(kN/m^2)$$

符合要求。

$$p_{k,min} = 73.56 + 34 - 15.04 = 107.56 = 92.52(kN/m^2) > 0$$

$p_{mk} = 73.56 + 34 = 107.56(kN/m^2) < f_a = 200(kN/m^2)$，符合要求。

（3）确定基础的高度

前面已初步假定基础的高度为 1200 mm，采用杯形基础，根据构造要求，初步确定基础剖面尺寸如图 3-74 所示。由于上阶底面落在柱边破坏锥面之内，故该基础只需进行变阶处的抗冲切承载力验算。

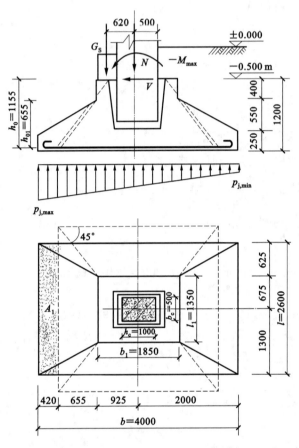

图 3-74 基础剖面尺寸及抗冲切验算简图

① 在各组荷载设计值作用下的地基最大净反力。

第一组：$p_{j,max} = \dfrac{1458.51}{10.4} + \dfrac{484.37}{6.933} = 210.11(kN/m^2)$。

第二组：$p_{j,max} = \dfrac{959.66}{10.4} + \dfrac{883.43}{6.933} = 219.7(kN/m^2)$。

第三组：$p_{j,max} = \dfrac{1675.01}{10.4} + \dfrac{356}{6.933} = 212.41(kN/m^2)$。

第四组：$p_{j,max} = \dfrac{918.06}{10.4} + \dfrac{182.45}{6.933} = 114.64(kN/m^2)$。

抗冲切计算按第二组荷载设计值作用下的地基净反力进行计算。

② 第二组荷载作用下的冲切力。

冲切力近似按最大地基净反力 $p_{j,max}$ 计算，即取

$$p_j \approx p_{j,max} = 219.7(kN/m^2)$$

由于 $l=2.6$ m,小于冲切锥体底边长 $\left(\dfrac{l_1}{2}+h_{01}\right)\times 2=(0.675+0.655)\times 2=2.66$(m),故

$$A_l=\left(\frac{b}{2}-\frac{b_1}{2}-h_{01}\right)l=\left(\frac{4}{2}-\frac{1.85}{2}-0.655\right)\times 2.6=1.092(\text{m}^2)$$

$$F_l\approx p_j A_l=219.7\times 1.092=239.91(\text{kN})$$

③ 变阶处的抗冲切力。

$$a_m=(a_t+a_b)/2=(1.35+2.6)/2=1.975(\text{m})$$

$0.7\beta_{hp}f_t a_m h_0=0.7\times 1.0\times 1.43\times 1975\times 655=1294.92(\text{kN})>F_l=239.91$ kN,满足要求。

（4）基底配筋计算

基底配筋计算包括沿长边和短边两个方向的配筋计算。沿长边方向的配筋计算,应按第二组荷载设计值作用下的地基净反力进行计算。而沿短边,由于为轴心受压,其钢筋用量应按第三组荷载设计值作用下的平均地基净反力进行计算。

① 沿长边方向的配筋计算。

前面已算得

$$p_{j,\max}=219.7\ \text{kN/m}^2$$

$$p_{jⅠ}=\frac{959.66}{10.4}+\frac{883.43}{6.933}\times\frac{0.5}{2}=124.13(\text{kN/m}^2)$$

$$p_{jⅢ}=\frac{959.66}{10.4}+\frac{883.43}{6.933}\times\frac{0.75}{2}=140.06(\text{kN/m}^2)$$

$$M_Ⅰ=\frac{1}{12}a_1^2\left[(2l+a')(p_{j,\max}+p_{jⅠ})+(p_{j,\max}-p_{jⅠ})l\right]$$

$$=\frac{1}{12}\times(2-0.5)^2\times\left[(2\times 2.6+0.5)\times(219.7+124.13)+(219.7-124.13)\times 2.6\right]$$

$$=414.06(\text{kN}\cdot\text{m})$$

$$A_{sⅠ}=\frac{M_Ⅰ}{0.9f_y h_0}=\frac{414.06\times 10^6}{0.9\times 360\times 1155}=1106.46(\text{mm}^2)$$

$$M_Ⅲ=\frac{1}{12}\times(2-0.75)^2\times\left[(2\times 2.6+0.5)\times(219.7+140.06)+(219.7-140.06)\times 2.6\right]$$

$$=293.97(\text{kN}\cdot\text{m})$$

$$A_{sⅢ}=\frac{M_Ⅲ}{0.9f_y h_0}=\frac{293.97\times 10^6}{0.9\times 360\times 655}=1385.21(\text{m}^2)$$

选用 $\Phi 16@120(A_s=1676\ \text{mm}^2)$。

② 沿短边方向的配筋计算。

$$p_j=\frac{N}{A}=\frac{1675.01}{10.4}=161.06(\text{kN/m}^2)$$

$$M_Ⅱ=\frac{1}{24}p_j(l-a_t)^2(2b+b_t)$$

$$=\frac{1}{24}\times 161.06\times(2.6-0.5)^2\times(2\times 4.0+1.0)$$

$$=266.35(\text{kN}\cdot\text{m})$$

$$A_{sⅡ}=\frac{M_Ⅱ}{0.9f_y h_0}=\frac{266.27\times 10^6}{0.9\times 360\times 1145}=717.75(\text{mm}^2)$$

$$M_{\text{IV}} = \frac{1}{24} \times 161.06 \times (2.6-1.0)^2 \times (2 \times 4.0+1.5) = 163.21(\text{kN} \cdot \text{m})$$

$$A_{s\text{IV}} = \frac{M_{\text{IV}}}{0.9 f_y h_0} = \frac{163.21 \times 10^6}{0.9 \times 360 \times 645} = 780.98(\text{m}^2)$$

选用$\phi 14@100(A_s = 1539 \text{ mm}^2)$。

③ 最小配筋率验算。

基础折算高度计算

$$h'_t = \frac{400 \times 1850 + 250 \times 4000 + (1850+4000) \times 550 \div 2}{4000} = 837.19(\text{mm}^2)$$

$A_{s,\min} = 0.0015 \times 1000 \times 837.19 = 1255.79 \text{ mm}^2 < A_s$,满足要求。

基础配筋计算简图如图 3-75 所示。

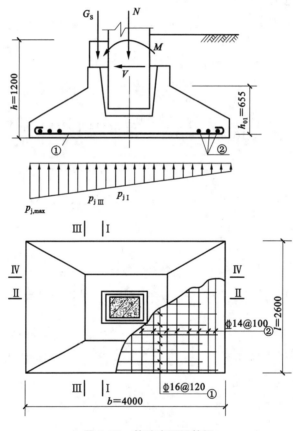

图 3-75 基础底面配筋图

3.5.8 绘制施工图

该单层厂房排架柱和基础配筋图如图 3-76 所示。

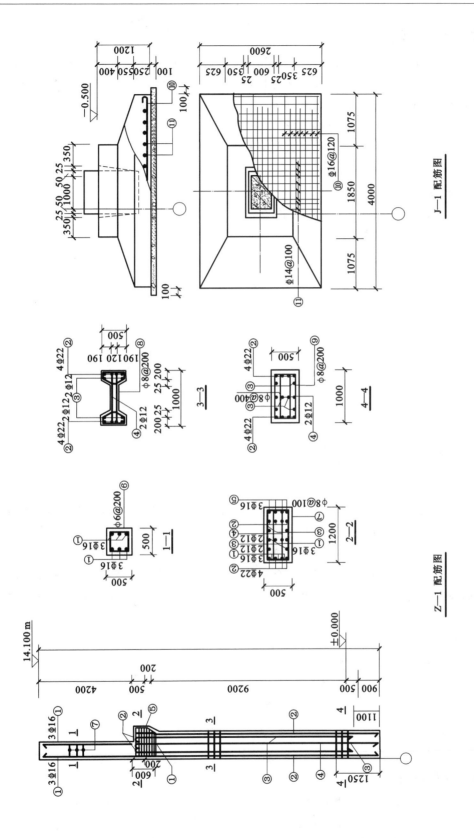

图 3-76 排架柱及基础配筋图

本章小结

(1) 单层厂房结构布置包括屋面结构、柱与柱间支撑、抗风柱、圈梁、连系梁、过梁及基础梁等结构构件的布置。其中，屋盖支撑系统及柱间支撑系统的布置尤其重要。它们不仅影响个别构件的承载力，而且与厂房的整体性和空间作用有关。

(2) 单层厂房结构计算的单元主要是横向平面排架。当厂房空间作用很小可以忽略不计时，采用柱顶铰接排架结构计算；当厂房横向排架之间有纵向联系构件，且存在吊车竖向及水平等局部荷载作用时，应考虑厂房的整体空间作用。

(3) 单层厂房排架结构上的荷载如下：

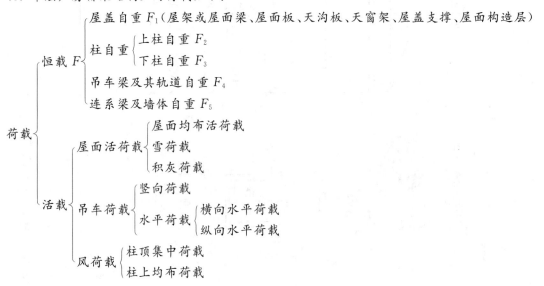

(4) 排架内力分析步骤如下：

① 确定计算单元和计算简图。根据厂房平面、剖面图选取一榀中间横向排架，选定结构构件类型，初选柱的形式和尺寸，画出计算简图。

② 荷载计算。确定计算单元范围内的屋面恒载、活载、吊车荷载、风荷载及地震作用(抗震设防区)。

③ 排架内力分析。等高排架采用剪力分配法，不等高排架采用结构力学方法进行分析。

④ 内力组合。按照它们在使用过程中同时承受的荷载情况进行内力组合，求得控制截面的最不利内力。

(5) 柱下独立基础设计包括：

① 确定基础底面尺寸；

② 根据冲切承载力要求，确定基础高度；

③ 根据受弯承载力要求，计算基础底板配筋；

④ 满足相应的构造要求。

习题与思考题

3-1 单层厂房排架结构中，哪些构件是主要承重构件？

3-2 支撑分几类？支撑的作用是什么？柱间支撑的作用又是什么？

3-3 排架按结构形式可分为哪几种？分别采用何种计算方法进行内力分析？

3-4 排架计算单元选取的基本假定有哪些?

3-5 根据牛腿的受力特点,计算时可将牛腿如何简化?

3-6 某单层单跨厂房,跨度为 18 m,柱距为 6 m,厂房内设有两台 10 t 工作级别 A5 的吊车,吊车有关数据见表 3-11。试计算 D_{max}、D_{min}、T_{max}。

表 3-11　　　　　　　　　　　习题与思考题 3-6 表

吊车跨度/m	吊车最大宽度/m	大车轮距/m	轨道中心到吊车外缘的距离/mm	大车重量/t	小车重量/t	最大轮压/kN	最小轮压/kN
16.5	5.15	4.05	230	13.29	3.51	120	25

3-7 如图 3-77 所示排架,柱子截面惯性矩见表 3-12,上柱高 3.10 m,柱总高 12.20 m,作用在排架上的荷载有:$F_w = 2.50$ kN,$q_1 = 2.35$ kN/m,$q_2 = 1.26$ kN/m。试用剪力分配法计算排架顶剪力。

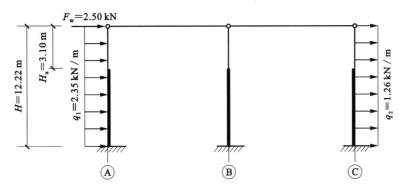

图 3-77　习题与思考题 3-7 图

表 3-12　　　　　　　　　　　习题与思考题 3-7 表

柱子轴号	上柱惯性矩/mm⁴	下柱惯性矩/mm⁴
A、C 柱	3.125×10^9	9.154×10^9
B 柱	5.546×10^9	9.154×10^9

3-8 某单层厂房现浇柱下独立锥形扩展基础,已知由柱传到基础顶面的轴向压力标准值 $N_k = 820$ kN,弯矩 $M_k = 266$ kN·m,剪力 $V_k = 23$ kN;设计值 $N = 620$ kN,$V = 18$ kN,$M = 187$ kN·m,剪力对基础底面产生的弯矩与作用在基础顶面的弯矩是同一方向的。柱截面尺寸为 $b \times h = 400$ mm $\times$ 600 mm,地基承载力特征值 $f_a = 200$ kN/m²,基础埋深 1.5 m。基础采用 C30 混凝土。试设计此基础尺寸。

4　混凝土框架结构

【内容提要】

　　本章主要内容包括框架结构的形式与结构布置；截面尺寸及框架的计算简图；框架结构的荷载计算及其效应组合；竖向荷载作用下框架的内力分析计算；水平荷载作用下的内力和侧移计算；框架的内力组合方式；框架的非抗震设计；同时附有框架结构设计实例。本章的重点为钢筋混凝土框架的基本设计过程，在竖向和水平荷载作用下框架的内力分析计算和内力组合方法，以及截面配筋计算和构造要求。

【能力要求】

　　通过本章的学习，学生应掌握框架结构的布置，梁柱截面尺寸的选择，框架结构的荷载计算；学会应用在竖向荷载作用下的分层法、水平荷载作用下的反弯点法和 D 值法计算框架内力；熟悉框架梁柱的内力组合及截面配筋计算，能结合构造要求绘制框架配筋图。

4.1　概　　述

4.1.1　框架结构分类与组成

　　框架结构是指由梁和柱为主要构件组成的承受竖向和水平作用的结构。梁和柱为刚性连接。从受力角度看，无梁楼盖也是框架结构的一种，如图 4-1(a)所示。框架结构房屋中的框架，既承担竖向荷载，又承担水平风荷载、地震作用。

4.1.1.1　框架结构的分类

　　框架结构按所用材料分为钢框架、混凝土框架、胶合木结构框架、钢与钢筋混凝土混合框架等，其中最常用的是混凝土框架和钢框架。本章仅讲述混凝土框架结构，钢框架等其他框架结构另由专业书籍讲述。混凝土框架结构按施工方法的不同，可分为全现浇式、半现浇式、装配式和装配整体式框架四种结构形式。

　　全现浇式框架是指梁、柱和楼板在现场浇筑成整体的结构[图 1-3 和图 4-1(b)、图 4-1(c)]，其整体性好、刚度大、抗震性能强、防水性较好，特别适合于抗震设防和雨水较多的地区。由于现浇框架的构件可以在现场浇注成任意形状，所以也特别适合于构件种类多样、形状不规则及造型别致的框架结构房屋。现浇框架的缺点是模板多、工期长，由于施工条件的限制，有时混凝土构件的质量不易保证，在季节变化较大的地区会给施工带来困难。

　　半现浇式框架是指梁柱现浇，楼板预制或是柱为现浇，梁、板预制的结构。与全现浇式框架相比，半现浇式框架可以节约模板，提高施工效率，降低工程成本。

　　装配式框架是指梁、柱和楼板均为预制，通过焊接拼装连接而成的框架结构[图 4-1(d)]，这种框架可加快施工进度和提高建筑工业化程度。但其焊接节点处必须预埋连接钢筋,不仅增加了用钢量,而且节点构造难以处理。装配式框架结构整体性较差,抗震能力弱,抗震设计时不宜采用。

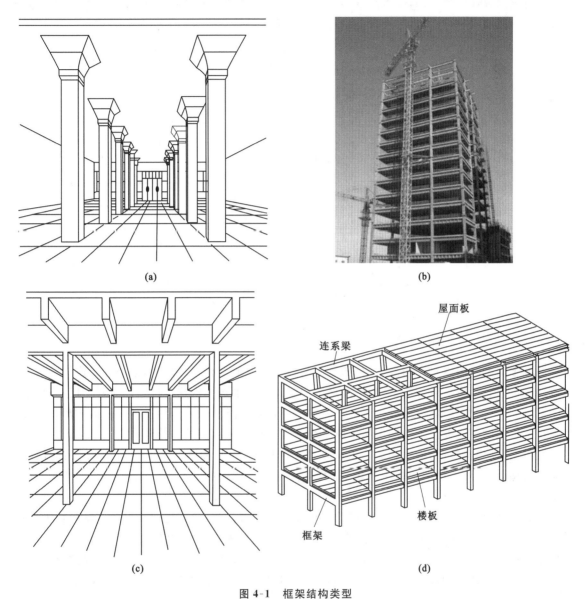

(a)

(b)

(c)

(d)

图 4-1 框架结构类型

(a) 无梁楼盖结构;(b) 框架实体图;(c) 现浇框架;(d) 装配式框架

装配整体式框架是指梁、柱、楼板均为预制,在构件吊装就位后,焊接或绑扎节点区钢筋,然后浇筑节点区混凝土及在预制楼板上覆盖现浇钢筋混凝土整浇层,从而将梁、柱、楼板连成整体。装配整体式框架具有良好的整体性和抗震性能,可采用预制构件,减少了现场浇筑混凝土的工作量,且施工形式灵活,兼有现浇框架与装配式框架的优点。但其在节点区仍需预埋连接钢筋和现场浇筑混凝土,施工较为复杂、要求高。

框架结构按承重结构划分为全框架和内框架两种类型。

全框架是指房屋的楼(屋)面荷载全部由框架承担,墙体仅起围护和分隔作用。

内框架是指房屋内部由梁、柱组成,框架承重,外围由砖墙承重,楼(屋)面荷载由框架与砖墙共同承担,这种框架称为内框架[如图4-2(a)所示,其计算简图如图4-2(b)所示],由于钢筋混凝土与砖两种材料的弹性模量不同,两者刚度不协调,所以房屋整体性和总体刚度都比较差,抗震设计时不宜采用。目前,国内外大多采用现浇钢筋混凝土框架结构。

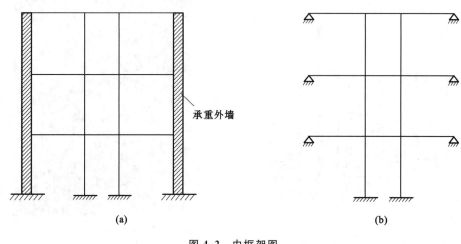

图 4-2 内框架图

(a) 内框架;(b) 计算简图

4.1.1.2 框架结构的组成

混凝土框架结构由水平构件梁、板和竖向构件柱以及节点和基础组成,梁和柱的连接一般为刚接,形成承重结构,将荷载传给基础,刚性连接的梁比普通梁式结构整体抗震性能好,且该结构的横向刚度较大,梁的高度也较小,故可增加房屋的净空,是一种经济、受力性能良好的结构形式。柱和基础也常采用刚接。框架结构的房屋墙体不承重,内、外墙只起围护和分隔作用。

在多层、高层房屋中,横梁和立柱组成多层多跨框架结构,如图4-3(a)所示,有时因使用功能或建筑造型上的要求,框架结构也可做成抽梁、抽柱、外挑、内收等形式,如图4-3(b)~图4-3(d)所示。

混凝土框架结构一般用于6~15层的多层和高层房屋。我国《高层建筑混凝土结构技术规程》(JGJ 3—2010)将10层及10层以上或高度超过28 m的住宅建筑结构和房屋高度大于24 m的其他民用建筑结构定义为高层建筑,采用框架结构的高层房屋多为民用建筑。在高层建筑中,框架结构单元还常与其他结构单元组合,构成框架-剪力墙、框支剪力墙和框架-筒体等结构体系。

4.1.2 框架结构的受力变形特点

在竖向荷载和水平荷载作用下,框架结构各构件将产生内力和变形。水平荷载作用下框架结构的侧移限值通常控制梁、柱的截面尺寸。框架结构的侧移 u 一般由两部分组成(图4-4):由水平力引起的楼层剪力使梁、柱构件产生弯曲变形,形成框架结构的整体剪切变形 u_s[图4-4(b)];由水平力引起的倾覆力矩使框架柱产生轴向变形(一侧柱拉伸,另一侧柱压缩),形成框架结构的整体弯曲变形 u_b[图4-4(c)]。当框架结构房屋的层数不多时,其侧移主要表现为整体剪切变形,整体弯曲变形的影响很小。

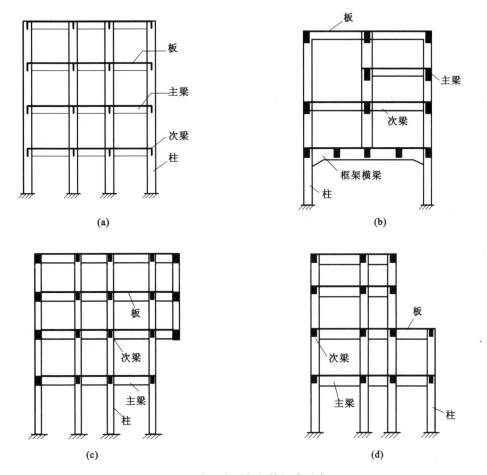

图 4-3 多层多跨框架的组成形式

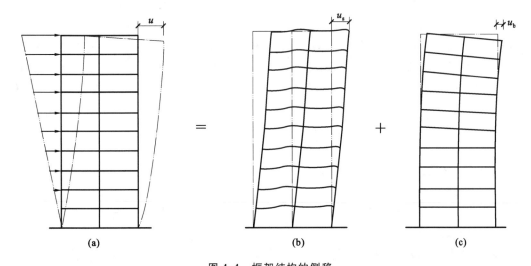

图 4-4 框架结构的侧移

(a) 侧移;(b) 整体剪切变形;(c) 整体弯曲变形

　　框架结构的侧向刚度较小,水平荷载作用下侧移较大,有时会影响正常使用;如果框架结构房屋的高宽比(H/B)较大,则水平荷载作用下的侧移也较大,而且引起的倾覆作用也较严重,因此,设计时应控制房屋的高度和高宽比。《高层建筑混凝土结构技术规程》(JGJ 3—2010)规定钢筋混凝土框架结构房屋适用的最大高宽比为:非抗震设计时为 5;抗震设防烈度为 6 度、7 度、8 度时,分别为 4、4、3。此处的房屋高度 H 是指室外地面至主要屋面的高度,不包括局部突出屋面的电梯机房、水箱、构架等高度;房屋宽度 B 是指建筑物平面短方向的总宽度。

　　在水平荷载作用下,框架结构内力分布的特点是:底层柱子的轴力、剪力和弯矩最大,且由下向上减小。一般情况下每根柱子都有反弯点,但当梁的刚度比柱子刚度小很多时,柱子没有反弯点。水平荷载作用下其变形特点属于侧向剪切变形,结构层间位移一般自上而下逐层增大,层间位移最大在底层,最小在顶层。

框架结构震害

4.1.3　框架结构设计规定和适用范围

4.1.3.1　框架结构设计的一般规定

　　我国《高层建筑混凝土结构技术规程》(JGJ 3—2010)、《建筑抗震设计标准(2024 年版)》(GB/T 50011—2010)对钢筋混凝土框架结构设计的一般规定如下:

　　① 框架结构应设计成双向梁柱抗侧力体系,抗震设计的框架结构不应采用单跨框架。主体结构除个别部位外,不应采用铰接。

　　② 框架梁、柱中心线宜重合。当梁柱中心线不能重合时,在计算中应考虑偏心对梁柱节点核心区受力和构造的不利影响,以及梁荷载对柱的偏心影响。梁、柱中心线之间的偏心距不应大于柱截面在该方向宽度的 1/4,当不符合这一要求时,可采用梁的水平加腋,设置水平加腋后,仍须考虑梁柱偏心的不利影响。梁的水平加腋尺寸应满足规定要求。

　　③《高层建筑混凝土结构技术规程》(JGJ 3—2010)特别将"框架结构按抗震设计时,不应采用部分由砌体墙承重之混合形式。框架结构中的楼、电梯间及局部出屋顶的电梯机房、楼梯间、水箱间等,应采用框架承重,不应采用砌体墙承重"列为强制性条文,必须严格执行。

　　④ 对钢筋混凝土框架结构层间水平位移 Δu 与层高 h 之比的限制为:$\Delta u/h \leqslant 1/550$。

　　⑤ 在水平荷载作用下,框架结构的变形形态为剪切型。计算分析表明,重力荷载在水平作用位移效应上引起的二阶效应(重力 P-Δ 效应)有时比较严重。对混凝土结构,随着结构刚度的降低,重力二阶效应的不利影响呈非线性增长。因此,对结构的弹性刚度和重力荷载作用的关系应加以限制。在水平荷载作用下,当高层框架结构满足下式的要求时,重力二阶效应的影响相对较小,可忽略不计。

$$D_i \geqslant 20 \sum_{j=i}^{n} G_j / h_i \quad (i = 1, 2, \cdots, n) \tag{4-1}$$

式中　G_j——第 j 楼层重力荷载设计值;

　　　　h_i——第 i 楼层层高;

　　　　D_i——第 i 楼层的弹性等效侧向刚度,可取该层剪力与层间位移的比值;

　　　　n——结构计算总层数。

　　如不满足式(4-1)的要求,则应考虑重力二阶效应对水平力作用下结构内力和位移的不利影响。

　　⑥ 为控制在风荷载或水平地震作用下重力荷载产生的二阶效应不至于过大;结构的稳定具有适宜的安全储备,不至于引起结构的失稳倒塌,高层框架结构的稳定应符合下式要求:

$$D_i \geqslant 10 \sum_{j=i}^{n} G_j / h_i \quad (i = 1, 2, \cdots, n) \tag{4-2}$$

如不满足式(4-2)的要求,则应调整并增大结构的侧向刚度。

⑦ 填充墙要求。

a. 框架的填充墙或隔墙应优先选用预制轻质墙体,且必须与框架牢固地连接。

b. 抗震设计时,框架结构填充墙及隔墙应具有自身稳定性,填充墙砌体的砂浆强度等级不应低于 M5,且应在框架柱与填充墙的交接处,沿高度每隔 500 mm 或砌体皮数的倍数,用两根直径 6 mm 的钢筋与柱拉结,抗震设防烈度为 6 度时,拉筋宜沿墙全长贯通,抗震设防烈度为 7 度、8 度、9 度时,拉筋应沿墙全长贯通。

c. 砖砌体填充墙的长度大于 5 m 时,墙顶部宜与框架梁有拉结措施;墙长大于 8 m 或层高的 2 倍时,宜设置间距不大于 4 m 的钢筋混凝土构造柱;墙高超过 4 m 时,宜在墙高中部设置与框架柱连接且沿墙全长贯通的钢筋混凝土水平系梁。

⑧ 材料要求。

a. 框架结构梁、柱对材料的基本要求如下。

(a) 框架结构房屋梁、柱混凝土强度等级在任何情况下都不宜低于 C20,装配整体式框架结构的混凝土强度等级不宜低于 C30,其节点区混凝土强度等级宜比柱提高 5 MPa。

(b) 梁、柱混凝土强度等级相差不宜大于 5 MPa。如超过时,梁、柱节点核心区施工时应作专门处理,使节点核心区混凝土强度等级与柱相同。

(c) 普通钢筋宜优先选用延性、韧性和可焊性较好的钢筋。纵向受力筋宜选用 HRB400 级和 HRB500 级热轧钢筋;箍筋宜选用 HRB400、HPB300 级热轧钢筋。

b. 抗震框架对结构材料的要求。

为保证框架结构构件在地震作用下有必要的承载力和延性,抗震框架结构的材料除满足以上要求外,还应满足以下要求:

(a) 抗震等级为一级的框架梁、柱、节点核心区混凝土的强度等级不应低于 C30;由于高强度混凝土具有脆性性质,为保证构件有一定的延性,抗震设防烈度为 9 度时,不宜超过 C60,8 度时,不宜超过 C70。

(b) 对一、二级抗震等级的框架结构,其普通纵向受力钢筋的抗拉强度实测值与屈服强度实测值的比值不应小于 1.25;屈服强度实测值与强度标准值的比值不应大于 1.3,且钢筋在最大拉力下的总伸长率实测值不应小于 9%。

(c) 在施工中,当需要以强度等级较高的钢筋替代原设计中的纵向受力钢筋时,应按照钢筋受拉承载力设计值相等的原则换算,并应满足最小配筋率的要求。

4.1.3.2 适用范围

从建筑方面来说,框架结构体系的突出优点是建筑平面布置灵活,可以提高建筑空间,满足各种功能要求,也可以构成丰富多彩的立面造型。从结构方面来说,框架结构自重轻(隔墙厚度小,且可以采用轻质材料),刚度较小,受地震作用影响较小;由于其整体性好,抗震性能好,且墙体为自承重墙,故易于改变使用功能及改建。框架结构不仅适用于多层厂房和仓库等工业建筑,在民用建筑中,由于它对设置门厅、会议室、办公室、商场、餐厅等都十分有利,故常用于办公楼、旅馆、医院、学校、商店、住宅等建筑。

框架结构的缺点是:对层数不多的房屋,采用框架结构的造价较混合结构高;由于框架结构侧向刚度小,当层数较多时,柱截面大,有时影响使用,这使框架结构的刚度受到限制。目前,框架结构在非抗震设计时一般可以建到15层,最高可达20层。在通常情况下,框架结构在10层左右时,经济性和使用效果较好。

我国《高层建筑混凝土结构技术规程》(JGJ 3—2010)规定的框架结构房屋最大适用高度见表4-1。

表4-1　　　　　　　　　　　　　框架结构房屋最大适用高度　　　　　　　　　　　（单位:m）

结构体系	非抗震设计	抗震设防烈度			
		6度	7度	8度	9度
框架	70	60	50	35(0.30g)、40(0.20g)	24

根据以上规定,房屋在10层及10层以上或房屋高度超过28 m的住宅建筑和房屋高度大于24 m的其他高层民用建筑,按高层建筑设计。多层及高层建筑都可采用框架结构,在进行框架结构设计时,应根据房屋层数及高度,分别满足多层及高层建筑的相关规定。

4.2　框架结构布置

结构布置包括结构平面布置和竖向布置。对于质量和侧向刚度沿高度分布比较均匀的结构,只需进行结构平面布置,否则还应进行结构竖向布置。框架结构平面布置主要是确定柱在平面上的排列方式和选择结构承重方案,这些均必须满足建筑平面及使用要求,同时也须使结构受力合理,施工简单。

4.2.1　结构布置的要求

框架结构的平面形状通常是根据规划用地、建筑使用功能要求、建筑造型等因素确定。考虑到经济、受力合理及方便施工,柱网通常采取方形或矩形的布置形式。当建筑平面布置呈特殊形状时,柱网就可能相应地出现不规则的布置形式。

柱网布置的基本原则:力求做到平面简单、规则、均匀、对称,且有利于装配化、定型化和施工工业化。

对于抗震框架结构的平面布置,更应力求简单、规则、均匀、对称,使刚度中心与质量中心偏差尽可能地减小,并尽量使框架结构的纵向、横向具有相近的自振特性。

框架结构的柱网尺寸,不仅要满足建筑使用要求,还要结合框架梁及楼板的合理跨度及技术经济指标等因素进行考虑,整个结构的柱网尺寸宜均匀相近,且不宜大于9 m。

框架结构应布置并设计为双向抗侧力体系,主体结构的梁柱间不应采用铰接,也不应采用横向为刚接、纵向为铰接的结构体系。

4.2.2　框架结构的承重方案

柱网及层高尺寸决定了框架梁的跨度和柱的高度。框架体系是由若干平面框架通过连系梁连接而成的空间结构体系。在此体系中,平面框架是基本的承重结构,它可以沿房屋的横向布置,也可以沿房屋的纵向布置,有时甚至可以沿房屋的纵、横向混合布置。

4.2.2.1 横向框架承重

在这种布置方案中，主梁沿房屋横向布置，而板和连系梁沿纵向布置，如图 4-5(a)所示。房屋长度方向柱列的柱数一般较多，无论是强度还是刚度都比宽度方向要强一些，因此一般多将主要承重框架沿房屋的横向布置，以增加房屋的横向刚度。从使用方面来说，横向框架承重方案也有利于室内的通风和采光。在框架结构房屋中较多采用横向框架承重，如办公楼、教学楼、多层厂房一般采用横向框架承重。

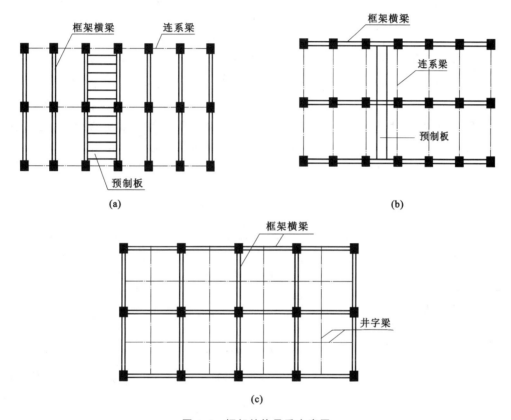

图 4-5　框架结构承重方案图
(a) 横向框架承重；(b) 纵向框架承重；(c) 纵、横向框架混合承重

4.2.2.2 纵向框架承重

在这种布置方案中，主梁沿房屋纵向布置，板和连系梁沿房屋横向布置，如图 4-5(b)所示。因横向连系梁截面高度较小，所以有利于楼层净高的有效利用，可设置架空管道，开间布置灵活；但由于房屋横向刚度较差，对抗震不利，故不应在抗震设计的框架结构中采用。这种结构方案只适用于层数不多的房屋，一般民用建筑很少采用。

4.2.2.3 纵、横向框架混合承重

纵、横向框架混合承重，是民用建筑中现浇楼盖框架结构通常采用的方案。特别是在现浇楼盖框架结构中，其板块多为双向板，板块大小不一、类型较多，纵向框架梁上一般都有墙体，因此，纵、横两向框架都是承重框架，如图 4-5(c)所示。

以上是将框架结构视为竖向承重结构来讨论其承重方案的。框架结构同时也是抗侧力结构，它可能承受纵、横两个方向的水平荷载(如风荷载和水平地震作用)，这就要求纵、横两个方向的框架均应具有一定的侧向刚度和水平承载力，因此《高层建筑混凝土结构技术规程》(JGJ 3—2010)规定，框架结构应设计成双向梁柱抗侧力体系。

4.2.3 柱网布置

工业建筑柱网尺寸和层高根据生产工艺要求确定。常用的柱网布置形式有内廊式和等跨式两种。内廊式边跨跨度一般为 6～8 m，中间跨跨度为 2～4 m。等跨式的跨度一般为 6～12 m，柱距通常为 6 m。等跨式工业建筑由于底层有较大产品和起重设备，故底层层高一般比楼层层高要高，模数为 300 mm 的倍数，底层高一般为 4.2～8.4 m；常用楼层层高为 3.9～7.2 m。

民用建筑柱网和层高根据建筑使用功能确定，柱网和层高通常也为 300 mm 的倍数，尺寸较工业厂房小。住宅、宾馆和办公楼柱网可划分为小柱网和大柱网两类。小柱网指一个开间为一个柱距，如图 4-6(a)、(b)所示，柱距一般为 3.3 m、3.6 m、3.9 m 等；大柱网指两个开间为一个柱距，如图 4-6(c)所示，柱距一般为 6.0 m、6.6 m、7.2 m、7.5 m 等。常用的跨度(房屋进深)为 4.8 m、5.4 m、6.0 m、6.6 m、7.2 m、7.5 m、7.8 m 等；常用层高为 3.0 m、3.3 m、3.6 m、3.9 m、4.2 m 等。

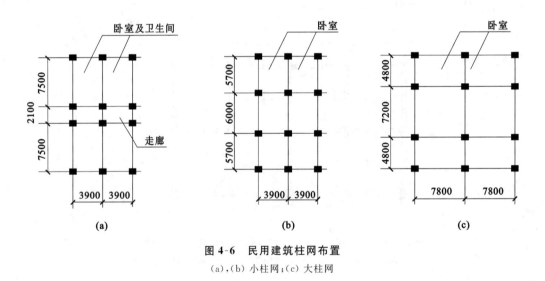

图 4-6 民用建筑柱网布置
(a)、(b) 小柱网；(c) 大柱网

宾馆建筑多采用三跨框架布置方案。该方案有两种跨度布置方法：一种是边跨跨度大、中跨跨度小，可将卧室和卫生间一并设在边跨，中间跨仅作走廊用，如图 4-6(a)所示；另一种则是边跨跨度小、中跨跨度大，将两边客房的卫生间与走道合并设于中跨内，边跨仅作卧室，如图 4-6(b)、(c)所示。

办公楼常采用三跨内廊式、两跨不等跨或多跨等跨框架布置方案，如图 4-7(a)～(c)所示。采用不等跨布置时，大跨内宜布置一道纵梁，以承托走道自承重纵墙的重量。

近年来，由于建筑体型的多样化，出现了一些非矩形的平面形状，如图 4-7(d)～(f)所示，这使得柱网布置更复杂一些。

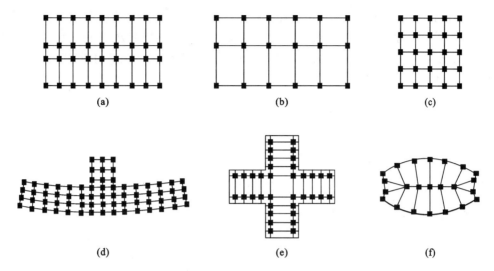

图 4-7 框架布置方案示意图

(a) 三跨内廊式;(b) 两跨不等跨;(c) 多跨等跨;(d),(e),(f) 非矩形平面柱网布置

4.2.4 结构变形缝设置

变形缝是根据所受影响而采取的分割混凝土结构间隔的总称,包括伸缩缝、沉降缝、防震缝、防连续倒塌的分割缝等。结构设计时,通过设置变形缝将结构分割为若干相对独立的单元,以消除各种不利因素的影响。除永久性的变形缝以外,还应考虑设置施工接槎、后浇带、控制缝等临时性缝以消除某些暂时性的不利影响。

框架抗震
概念设计

伸缩缝的设置,是考虑当结构的长度过大时,上部结构受温度变化的影响而伸缩,但基础却不受温度变化的影响,这样就会产生较大的温度应力,导致上部结构产生裂缝或损坏。设置伸缩缝,使房屋分为若干个区段,可以大大减小温度应力。伸缩缝的设置可以将除基础以外的上部结构断开,而基础不断开。《高层建筑混凝土结构技术规程》(JGJ 3—2010)和《混凝土结构设计标准(2024 年版)》(GB/T 50010—2010)都规定,对于现浇框架结构,伸缩缝的间距不宜超过 55 m,伸缩缝的宽度一般不宜小于 50 mm。

当结构不同部位的高度、荷载差异较大,或虽然结构各部位的高度、荷载相同,但地基的物理力学指标相差较大时,房屋产生不均匀沉降可能导致基础、地面、墙体、楼面和屋面拉裂。在高度、荷载差异较大或地基土的物理力学指标相差较大的地方设置沉降缝,可以避免这些情况发生。沉降缝应将建筑物从顶部到基础底面完全断开。沉降缝应有足够的宽度,防止出现因基础倾斜而致顶部相碰的可能性。非抗震设计时,房屋的层数为 2~3 层的缝宽 50~80 mm,层数为 3~5 层的缝宽 80~120 mm,层数超过 5 层缝宽不小于 120 mm;抗震设计时,沉降缝的宽度还应符合防震缝宽度的要求。

防震缝的设置主要与建筑平面形状、立面高差、刚度、质量分布等因素有关。防震缝的设置,是为了使分缝后各结构单元成为体型简单、规则,刚度和质量分布均匀的单元,以减小结构的地震反应。同时也为了避免各结构单元在地震发生时互相碰撞,当高度不超过 15 m 时,防震缝的宽度不应小于 100 mm;高度超过 15 m 时,设防烈度为 6 度、7 度、8 度和 9 度分别每增加 5 m、4 m、3 m 和2 m,宽度加宽 20 mm。框架结构两侧房屋高度不同时,应按较低房屋高度确定缝宽。

对于重要的混凝土结构,为防止局部破坏引发结构连续倒塌,可采用防连续倒塌的分割缝,将结构分为几个区域,控制可能发生连续倒塌的范围。

变形缝的设置应考虑对建筑功能、结构传力、构造做法和施工可行性等造成的影响,当必须设置变形缝时,为避免设缝太多,伸缩缝、沉降缝、防震缝和防连续倒塌的分割缝应统一考虑。根据结构受力特点及建筑尺度和形状,合理确定变形缝的位置和构造形式,并采取有效措施减少设缝的不利影响;遵循"一缝多能"的设计原则,采取有效的构造措施。

4.3 截面尺寸和计算简图

从结构力学可知,超静定结构各杆件的内力与其刚度有关,即与截面尺寸大小有关。框架结构是高次超静定结构,要进行结构内力分析和变形计算,必须先确定截面尺寸和计算简图。

4.3.1 框架梁柱截面尺寸初选及惯性矩

4.3.1.1 框架梁柱截面尺寸

(1) 梁、柱截面形状

现浇框架中,梁的截面形式以 T 形截面和倒 L 形截面为主,如图 4-8(a)所示;装配式框架中,梁的截面除矩形外还可做成 T 形、梯形和花篮形,如图 4-8(b)所示;在装配整体式框架中梁的截面常做成花篮形,如图 4-8(c)所示。框架柱的截面形式通常为方形、矩形,这样的截面形式不仅受力性能好,而且施工方便。根据建筑需要,有时柱的截面为圆形、八角形等。近年,在框架结构住宅建筑中,为了不使柱突出墙面太多,方便房屋的使用,也常采用柱肢厚度与墙体厚度一致的 T 形、L 形、十字形的截面形式,这样的柱截面计算复杂,施工较麻烦,造价一般也比较高。

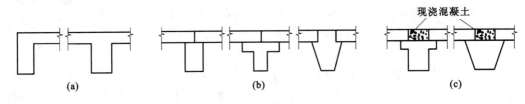

图 4-8 框架梁截面形式

(2) 梁、柱截面尺寸

框架梁、柱截面尺寸应根据构件承载力、刚度及延性等方面的要求确定,设计时通常参照以往经验初步选定截面尺寸,再进行承载力计算和变形验算,然后核查所选尺寸是否满足要求。

① 梁截面尺寸。

框架梁的截面高度可根据梁的跨度、约束条件以及荷载大小进行选择,一般取梁高 $h=(1/18\sim1/10)l$,其中 l 为梁的跨度。当框架梁为单跨或荷载较大时取大值,而当框架梁为多跨或荷载较小时取小值。楼面荷载大时,为增大梁的刚度可取 $h=(1/10\sim1/7)l$。为防止梁发生剪切破坏,梁高 h 不宜大于 1/4 净跨。框架梁的截面宽度可取 $b=(1/3\sim1/2)h$,为使端部节点传力可靠,梁宽 b 不应小于 200 mm。为保证梁平面外的稳定性,梁截面的高宽比不宜大于 4。

为了满足降低楼层高度或便于管道铺设等其他要求,也可将框架梁设计成宽度较大的扁梁,扁梁的截面高度可取 $h=(1/18\sim1/15)l$,且应满足梁的刚度要求。

若采用叠合梁,则叠合梁预制部分截面高度不宜小于 $l/15$,而后浇部分截面高度不宜小于120 mm。

若采用预应力框架梁,此时梁截面高度可取 $h=(1/20\sim1/15)l$。

框架连系梁的截面高度可按 $(1/20\sim1/12)l$ 确定,宽度不宜小于梁高的 $1/4$。

② 柱截面尺寸。

钢筋混凝土框架柱多采用矩形截面,初拟的截面尺寸可参考同类建筑或近似取 $1/20\sim1/15$ 层高;柱截面宽度 b 可取 $2/3\sim1$ 柱高,并按下述方法进行初步估算。

先根据其所受轴力按轴心受压构件估算,再乘以适当的放大系数以考虑弯矩的影响,即:

$$A_c \geqslant \frac{(1.1\sim1.2)N}{f_c} \tag{4-3}$$

$$N = 1.25N_v \tag{4-4}$$

式中　A_c——柱截面面积;

N——柱所承受的轴向压力设计值;

N_v——根据柱支承的楼面面积计算由重力荷载产生的轴向力值;

1.25——重力荷载的荷载分项系数平均值,重力荷载标准值可根据实际荷载取值,也可近似按 $12\sim14$ kN/m² 计算;

f_c——混凝土轴心抗压强度设计值。

在实际工程设计中,柱截面尺寸的确定,还应考虑框架梁的纵向钢筋锚固要求(纵向钢筋伸入边柱节点的水平长度不小于 $0.4l_a$ 或 $0.4l_{aE}$),故框架边柱的截面高度 h 不宜小于 $0.4l_a+80$ mm(或 $0.4l_{aE}+80$ mm)。

矩形截面柱的边长,在非抗震设计时不宜小于 250 mm,在抗震设计时,抗震等级为四级或层数不超过 2 层时不宜小于 300 mm,抗震等级为一、二、三级且层数超过 2 层时不宜小于 400 mm;圆柱直径,非抗震和抗震等级为四级或层数不超过 2 层时不宜小于 350 mm,抗震等级为一、二、三级且层数超过 2 层时不宜小于 450 mm。为避免发生剪切破坏,柱剪跨比宜大于 2,柱截面高宽比不宜大于 3。

4.3.1.2　梁截面惯性矩

在计算框架梁惯性矩 I 时应考虑楼板的影响。在框架梁两端节点附近,梁承受负弯矩,顶部的楼板受拉,故其影响较小;而在框架梁的跨中,梁承受正弯矩,楼板处于受压区形成 T 形截面梁,其对梁截面弯曲刚度的影响较大。在设计计算中,一般仍假定梁的惯性矩沿梁长不变。

对现浇楼盖,中框架梁取 $I=2I_0$,边框架梁取 $I=1.5I_0$;对装配整体式楼盖,中框架梁取 $I=1.5I_0$,边框架梁取 $I=1.2I_0$,其中,I_0 为不考虑楼板影响时矩形截面梁的惯性矩,且 $I_0=bh^3/12$。对装配式楼盖,则按梁的实际截面计算 I。

4.3.2　框架的计算简图

4.3.2.1　计算单元的选取

框架房屋实际上是由纵、横框架组成的空间结构,但对于平面布置较规则的框架结构房屋,如图 4-9 所示,设计时为简化计算,通常将实际的空间结构简化为若干个横向或纵向平面框架进行分析,每榀平面框架为一个计算单元,计算单元宽度取相邻跨中线之间的距离,如图 4-9(a)所示。

对于框架结构竖向荷载,设计由横向(纵向)框架承重,取横向(纵向)框架单元计算时,楼面全部竖向荷载就由横向(纵向)框架承担,不考虑纵向(横向)框架的作用。当设计纵、横向框架混合承重时,应根据结构特点的不同进行分析,对楼面竖向荷载按楼盖的实际支承情况进行分配传递,这时楼面竖向荷载由纵、横向框架共同承担。计算实际荷载时,除了楼面荷载外还有墙体重量等重力荷载,所以一般纵、横向框架都承受竖向荷载,各自按平面框架及所承受的竖向荷载而分别计算。

在某一方向的风荷载或水平地震作用下,整个框架结构体系可视为若干个平面框架,共同抵抗与平面框架平行的水平荷载,与该方向正交的结构不参与受力。一般假定楼盖为刚性,每榀平面框架所抵抗的水平荷载,则为按各平面框架的侧向刚度比例所分配的水平力。当仅为风荷载时,可近似取计算单元范围内的风荷载,如图 4-9(a)所示。

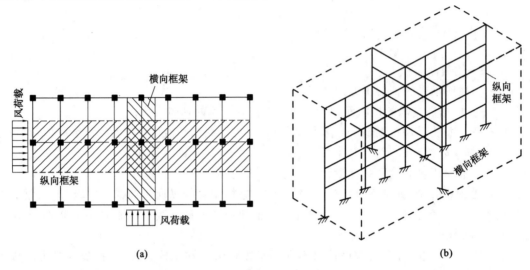

(a)   (b)

图 4-9　平面框架的计算单元

4.3.2.2　计算简图

框架空间结构简化为平面框架之后,还须将实际的平面框架转换为力学模型,如图 4-9(b)所示,在此力学模型上施加作用荷载,就是框架结构的计算简图。

在计算简图中,梁、柱用其轴线表示,梁与柱之间的连接用节点表示,梁或柱的长度用节点间的距离表示,如图 4-10 所示。框架柱轴线之间的距离为框架梁的计算跨度;各层框架柱的计算高度应为各横梁形心轴线间的距离,当各层梁截面尺寸相同时,除底层外,柱的计算高度即为各层层高。对于梁、柱、板均为现浇的情况,梁截面的形心线可近似取在板底;对于底层柱的下端,一般取至基础顶面;当有整体刚度很大的地下室,且地下室结构的楼层侧向刚度不小于相邻上部结构楼层侧向刚度的 2 倍时,可取至地下室结构的顶板处。

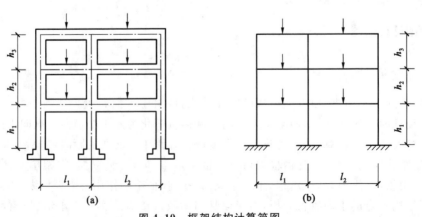

(a)   (b)

图 4-10　框架结构计算简图

对斜梁或折线形横梁,当倾斜度不超过 1/8 时,在计算简图中可取为水平轴线。

在实际工程中,框架柱的截面尺寸通常沿房屋高度变化。当上层柱截面尺寸减小但其形心轴仍与下层柱的形心轴重合时,计算简图与各层柱截面不变时相同,如图 4-10 所示。当上、下层柱截面尺寸不同且形心轴也不重合时,就近似将顶层柱的形心线作为整个柱子的轴线,如图 4-11(a)所示。但是,在框架结构的内力和变形分析中,各层梁的计算跨度及线刚度仍应按实际情况取;另外,还应考虑上、下层柱轴线不重合时,由上层柱传来的轴力在变截面处产生的力矩,如图 4-11(b)所示。此力矩应视为外荷载,与其他竖向荷载一起进行框架内力分析。

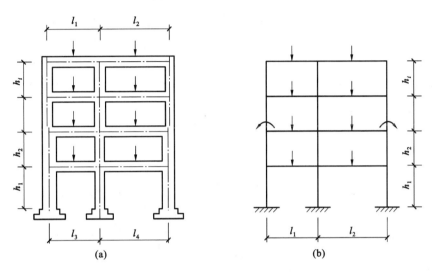

图 4-11 框架结构变截面柱的计算简图

4.3.2.3 框架结构计算简图的节点

现浇钢筋混凝土框架的梁柱节点在计算简图中视为刚接。对于装配式框架,一般是在构件的适当部位预埋钢板,安装就位后再进行焊接。由于钢板在其自身平面外的刚度很小,故这种节点可有效地传递竖向力和水平力,但传递弯矩的能力有限。通常根据具体构造情况,将这种节点模拟为铰接[图 4-12(a)]或半铰接[图 4-12(b)]。

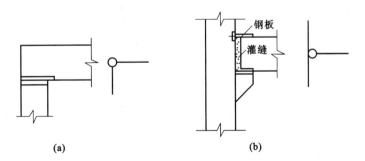

图 4-12 装配式框架铰接点
(a)铰接;(b)半铰接

框架柱与基础的连接有刚接和铰接两种。当框架柱与基础现浇为整体,且基础具有足够的转动约束作用时,柱与基础的连接应视为刚接,相应的支座为固定支座。对于装配式框架,如果柱插入基础杯口有一定的深度,并用细石混凝土与基础浇筑成整体,则柱与基础的连接可视为刚接;如果用沥青麻丝填实,则预制柱与基础的连接视为铰接。

4.4 框架结构的荷载

作用在框架结构上的荷载有永久荷载(恒荷载)、可变荷载以及偶然作用。永久荷载主要是结构构件及装饰装修层的自重,可直接按设计的截面尺寸和装饰装修做法,取用相应材料的重力密度乘以相应体积或面积求得。可变荷载主要是楼面活荷载、屋面的活荷载(含雪荷载、积灰荷载及其组合)以及风荷载。民用建筑的楼面及屋面活荷载标准值可由《荷载规范》表 5.1.1 查得。偶然作用一般指有抗震设防要求的地震作用。现结合多层、高层框架结构房屋的特点就活荷载的折减和风荷载的计算进行说明,有关框架结构的地震作用计算可参考有关文献或扫描二维码。

4.4.1 楼面活荷载的折减

4.4.1.1 楼面活荷载

作用在多层、高层框架结构上的楼面活荷载,可根据房屋及房间的不同用途按《荷载规范》取用。《荷载规范》规定的楼面活荷载值,是根据大量调查资料所得到的等效均布荷载标准值,且以楼板的等效均布活荷载作为楼面活荷载。因此,在设计楼板时可以直接取用;而在计算梁、墙、柱及基础荷载时,应将其乘以折减系数,以考虑所给楼面活荷载在楼面上满布的程度。对于楼面梁,主要考虑梁的承载范围面积,承载范围面积越大,荷载满布的可能性就越小。对于墙、柱和基础,应考虑计算截面以上各楼层活荷载的满布程度,楼层数越多,满布的可能性越小。

4.4.1.2 活荷载的折减

(1)墙、柱和基础

各种房屋或房间的楼面活荷载折减系数可由《荷载规范》查得。对于住宅、宿舍、旅馆、办公楼、医院病房、托儿所和幼儿园等多层建筑(这些房屋的楼面活荷载标准值均为 2.0 kN/m^2),在墙、柱、基础设计时,作用于楼面上的使用活荷载标准值可乘以表 4-2 所列的折减系数。

表 4-2 　　　　　　　　　　　　　**楼面活荷载折减系数**

墙、柱、基础计算截面以上的楼层数	1	2～3	4～5	6～8	9～20	＞20
计算截面以上各楼层活荷载总和的折减系数	1.00(0.9)	0.85	0.70	0.65	0.60	0.55

注:当楼面梁的从属面积超过 25 m² 时,采用括号内的系数。

(2)楼面梁

楼面梁设计时,对住宅、宿舍、旅馆、办公楼、医院病房、托儿所和幼儿园等多层建筑的楼面梁从属面积超过 25 m²,或试验室、阅览室、会议室、医院门诊室、教室、食堂和餐厅等楼面梁从属面积超过 50 m² 的,活荷载值可乘以 0.9 的折减系数。从属面积是指梁、柱等构件均布荷载折减所采用的计算构件负荷的楼面面积。楼面梁的从属面积按梁两侧各延伸 1/2 梁间距范围内的实际面积确定。

其他房屋或房间的楼面梁活荷载折减系数可由《荷载规范》查得。

4.4.2 风荷载

风是空气从气压高的地方向气压低的地方流动所形成的。当风以一定的速度向前流动遇到建筑物的阻挡时,风在建筑物上产生的风压称为风荷载。作用在框架上的风荷载,其作用方向垂直于建筑物表面,有压力和吸力两种情况,风向指向建筑物表面时为压力,离开建筑物表面时为吸力。

4.4.2.1 风荷载标准值 w_k 计算

风荷载的大小取决于风速、建筑物的体型以及地面的粗糙程度等。当计算主要承重结构时,垂直于建筑物表面上的风荷载标准值 $w_k(\text{kN/m}^2)$ 应按下式计算:

$$w_k = \beta_z \mu_s \mu_z w_0 \tag{4-5}$$

式中 β_z——高度 z 处的风振系数,对于高度小于 30 m 的房屋,可取 1.0;

μ_s——风荷载体型系数;

μ_z——风压高度变化系数;

w_0——基本风压,即风荷载的基准压力,一般指按当地空旷平坦地面上 10 m 高度处 10 min 平均的风速观测数据,经概率统计得出 50 年一遇最大值确定的风速,再考虑相应的空气密度,按贝努里公式确定的风压,kN/m^2。

地震作用

(1)风振系数 β_z

对于高度大于 30 m 且高宽比大于 1.5 的房屋结构,风振系数 β_z 可按下式计算:

$$\beta_z = 1 + 2g I_{10} B_z \sqrt{1+R^2} \tag{4-6}$$

式中 g——峰值因子,可取 2.5;

I_{10}——10 m 高度名义湍流强度,对应 A、B、C 和 D 类地面粗糙度,可分别取 0.12、0.14、0.23 和 0.39;

R——脉动风荷载的共振分量因子;

B_z——脉动风荷载的背景分量因子。

《荷载规范》给出了 R、B_z 的计算公式,应用时可以查用。

(2)风荷载体型系数 μ_s

风荷载体型系数 μ_s 是风对建筑物表面上压力或吸力的实际效应与风压的比值。常见建筑体型系数值可查本书附表 12 得到。μ_s 正值为压力,负值为吸力,计算时一般应考虑左风和右风两种情况。计算主体结构的风荷载效应时,风荷载体型系数 μ_s 可按下列规定采用。

① 圆形平面建筑取 0.8。

② 正多边形及截角三角形平面建筑,由下式计算:

$$\mu_s = 0.8 + \frac{1.2}{\sqrt{n}} \tag{4-7}$$

式中 n——多边形的边数。

③ 高宽比 $H/B \leqslant 4$ 的矩形、方形、十字形平面建筑取 1.3。

④ 下列建筑取 1.4:

a. V 形、Y 形、弧形、双十字形、井字形平面建筑;

b. L 形、槽形和高宽比 $H/B > 4$ 的十字形平面建筑;

c. 高宽比 $H/B > 4$,长宽比 $L/B \leqslant 1.5$ 的矩形、鼓形平面建筑。

需要注意的是,上述风荷载体型系数值,均指迎风面与背风面风荷载体型系数之和(绝对值)。

(3)风压高度变化系数 μ_z

风荷载值随高度变化且与地面粗糙度有关,风压高度变化系数 μ_z 见本书附表 13。地面粗糙度共分 4 类:A 类指近海海面、海岛、海岸、湖岸及沙漠地区;B 类指田野、乡村、丛林、丘陵及房屋比较稀少的乡镇及城市郊区;C 类指有密集建筑群的城市市区;D 类指有密集建筑群且房屋较高的城市市区。

(4)基本风压 w_0

基本风压应按照《荷载规范》的规定采用,但不得小于 $0.3\ \mathrm{kN/m^2}$。对风荷载比较敏感的高层建筑结构,承载力设计时应按基本风压的 1.1 倍采用。

4.4.2.2　楼盖处风荷载(集中力)计算

风荷载沿建筑物高度方向大致成倒三角形分布。在实际工程中为了简化计算,对于钢筋混凝土框架房屋,风荷载可简化为作用于各楼盖和屋盖处的水平集中荷载,各楼盖和屋盖处的水平集中荷载 F_i 按下式计算:

$$F_i = w_{ik} \cdot h_i \cdot B_i \tag{4-8}$$

式中　w_{ik}——第 i 楼层处风荷载标准值,$\mathrm{kN/m^2}$;

　　　h_i——第 i 楼层处受风面的高度,取计算楼层处上、下层层高各半,顶层取至女儿墙顶;

　　　B_i——第 i 楼层处受风面的宽度。

【例 4-1】　某 4 层框架结构房屋,其平面图与剖面图如图 4-13 所示。已知该地区基本风压 $w_0 = 0.75\ \mathrm{kN/m^2}$,地面粗糙度为 A 类。计算该房屋横向所受到的水平风荷载标准值。

【解】　由于该房屋高度小于 30 m,且高宽比小于 1.5,取 $\beta_z = 1$。由附表 12 查得,体型系数 μ_s,迎风面 $\mu_s = +0.8$;背风面 $\mu_s = -0.5$。

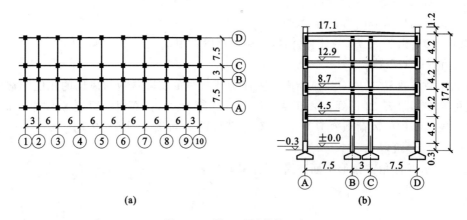

图 4-13　例 4-1 图(单位:m)

高度变化系数 μ_z:根据地面粗糙度为 A 类,各层楼面处高度可查附表 13,用插入法确定各楼面处的 μ_z 值。

各层楼面高度处风荷载标准值按式(4-5)计算,见表 4-3。

将作用在墙面沿高度方向的分布荷载,简化为作用在各楼层处的集中力。

受风面宽度取房屋长度,即 $B=48$ m,各楼层处受风面高度取上、下层高各半之和,顶层至女儿墙顶,则:

表 4-3 风荷载标准值计算表

离地面高度/m	μ_z	$w_k=\beta_z\mu_s\mu_z w_0=1\times(0.8+0.5)\times\mu_z\times0.75/(\text{kN/m}^2)$
4.8	1.09	1.06
9.0	1.24	1.21
13.2	1.37	1.34
17.4	1.47	1.43

$$F_1=1.06\times48\times\frac{1}{2}\times(4.8+4.2)=229(\text{kN})$$

$$F_2=1.21\times48\times\frac{1}{2}\times(4.2+4.2)=243.9(\text{kN})$$

$$F_3=1.34\times48\times\frac{1}{2}\times(4.2+4.2)=270.1(\text{kN})$$

$$F_4=1.43\times48\times(\frac{1}{2}\times4.2+1.2)=226.5(\text{kN})$$

该房屋在横向风荷载作用下,计算简图如图 4-14 所示。

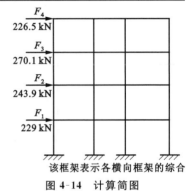

该框架表示各横向框架的综合

图 4-14 计算简图

4.5 竖向荷载作用下的内力近似计算

在竖向荷载作用下,多层、高层框架结构的内力可用力法、位移法、矩阵位移法等结构力学方法计算。工程设计时,若采用笔算,则可采用弯矩二次分配法、分层法及迭代法等近似方法。本书将简要介绍最常用的弯矩二次分配法和分层法的基本概念和计算要点。

4.5.1 弯矩二次分配法

计算竖向荷载作用下多层多跨框架结构的杆端弯矩时,如用无侧移框架的弯矩分配法,则要考虑任一节点的不平衡弯矩对框架结构所有杆件的影响,因而计算相当繁复。实际上,多层框架中某节点的不平衡弯矩对与其相邻的节点影响较大,对其他节点的影响较小,因而可假定某一节点的不平衡弯矩只对与该节点相交的各杆件的远端有影响,这样可将弯矩分配法的循环次数简化到弯矩二次分配和其间的一次传递,这就是弯矩二次分配法。

弯矩二次分配法的计算步骤如下:

① 根据各杆件的线刚度计算各节点的杆端弯矩分配系数,并计算竖向荷载作用下各跨梁的固端弯矩。

② 计算框架各节点的不平衡弯矩,并对所有节点的不平衡弯矩分别反向后进行第一次分配(其间不进行弯矩传递)。

③ 将所有杆端的分配弯矩分别向该杆的远端传递(对于刚接框架,传递系数为 1/2)。

④ 将各节点因传递弯矩而产生的新的不平衡弯矩反向后进行第二次分配,使各节点处于平衡

状态。这样,整个弯矩分配和传递过程即结束。

⑤ 将各杆端的固端弯矩、分配弯矩和传递弯矩叠加,即得各杆端弯矩。

【例4-2】 某三跨二层混凝土框架结构,各层框架梁所承受的竖向荷载设计值如图4-15所示,图中括号内数值为各杆件的相对线刚度。试用弯矩二次分配法计算该框架弯矩,并绘制弯矩图。

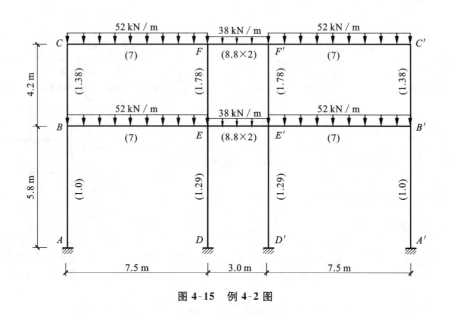

图 4-15 例 4-2 图

【解】 本框架结构对称,荷载对称,利用对称性原理取其一半计算即可,此时中跨梁的相对线刚度应乘以2。

(1)计算弯矩分配系数

节点 C:

$$\mu_{CB} = \frac{4i_{CB}}{4i_{CB} + 4i_{CF}} = \frac{4 \times 1.38}{4 \times 1.38 + 4 \times 7} = 0.16$$

$$\mu_{CF} = 1 - 0.16 = 0.84$$

节点 F:

$$\mu_{FC} = \frac{4i_{FC}}{4i_{FC} + 4i_{FE} + 2i_{FF'}} = \frac{4 \times 7}{4 \times 7 + 4 \times 1.78 + 2 \times 8.8 \times 2} = 0.4$$

$$\mu_{FE} = \frac{4i_{FE}}{4i_{FC} + 4i_{FE} + 2i_{FF'}} = \frac{4 \times 1.78}{4 \times 7 + 4 \times 1.78 + 2 \times 8.8 \times 2} = 0.1$$

$$\mu_{FF'} = 1 - 0.4 - 0.1 = 0.5$$

同理,可得节点 B、E 的弯矩分配系数,各节点的分配系数如图4-16所示。

(2)计算固端弯矩

$$M_{BE} = -M_{EB} = -\frac{1}{12} \times 52 \times 7.5^2 = -244(\text{kN} \cdot \text{m})$$

$$M_{FF'} = M_{EE'} = -\frac{1}{3} \times 38 \times 1.5^2 = -28.5(\text{kN} \cdot \text{m})$$

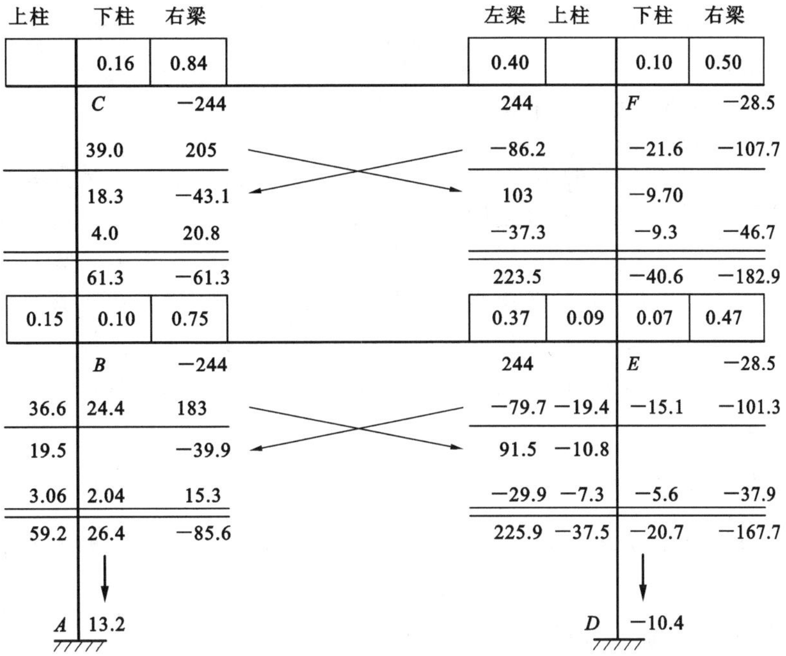

上柱 下柱 右梁
左梁 上柱 下柱 右梁
0.16 0.84
0.40 0.10 0.50
C −244
244 F −28.5
39.0 205
−86.2 −21.6 −107.7
18.3 −43.1
103 −9.70
4.0 20.8
−37.3 −9.3 −46.7
61.3 −61.3
223.5 −40.6 −182.9
0.15 0.10 0.75
0.37 0.09 0.07 0.47
B −244
244 E −28.5
36.6 24.4 183
−79.7 −19.4 −15.1 −101.3
19.5 −39.9
91.5 −10.8
3.06 2.04 15.3
−29.9 −7.3 −5.6 −37.9
59.2 26.4 −85.6
225.9 −37.5 −20.7 −167.7
A 13.2
D −10.4

图 4-16　弯矩二次分配法(单位:kN·m)

(3) 弯矩分配与传递

将框架各节点的不平衡弯矩同时进行分配,再假定远端为固定同时进行传递,传递系数均为1/2。第一次分配传递后,再进行第二次弯矩分配,而不再传递,如图 4-16 所示。

(4) 绘制弯矩图

弯矩图如图 4-17 所示。

223.5
182.9
61.3
61.3
40.6
223.2
225.9
167.7
85.6
59.2
20.7
26.4
37.5
209.9
13.2
10.4

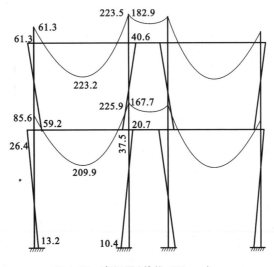

图 4-17　弯矩图(单位:kN·m)

4.5.2 分层法

4.5.2.1 竖向荷载作用下框架的受力特点

用结构力学中力法或位移法的精确计算结果表明,在竖向荷载作用下,框架结构的侧移对内力的影响较小;当梁的线刚度大于柱的线刚度时,只要结构和荷载不是非常不对称,则竖向荷载作用下框架结构的侧移较小,对杆端弯矩的影响也较小;另外,框架各层横梁上的竖向荷载一般只对本层横梁及与之相连接的上、下层柱的弯矩影响较大,对其他各层梁、柱的弯矩影响较小。从弯矩分配法的过程来理解,受荷载作用杆件的杆端弯矩值通过弯矩的多次分配与传递,逐渐向左右、上下衰减传递,在梁的线刚度大于柱的线刚度的情况下,柱中弯矩衰减得更快,因而对其他各层的杆端弯矩影响较小。

4.5.2.2 分层法的计算假定

分层法实际上是简化的弯矩分配法。竖向荷载作用下内力的近似计算可采用分层法,计算时,作下列假定:

① 不考虑框架结构的侧移对其内力的影响;

② 每层梁上的荷载仅对本层梁及其上、下柱的内力产生影响,对其他各层梁、柱内力的影响可忽略不计。

以上假定中所指的内力不包括柱的轴力,因为某层梁上的荷载对下部各层柱的轴力均有较大影响,不可忽略。

根据以上假定,可将框架的各层梁及其上、下柱作为独立的计算单元进行分层计算,如图 4-18 所示。分层计算所得的梁内弯矩即为梁在该荷载作用下的弯矩,而每一柱的柱端弯矩则取上、下两层计算所得弯矩之和。

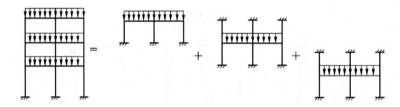

图 4-18　分层法计算单元划分

在分层计算时,假定上、下柱的远端为固定端,而实际上是弹性嵌固(有转角),计算有一定误差。为了减少该计算误差,在计算前,除底层柱外,其他层各柱的线刚度均乘以折减系数 0.9,并在计算中取相应的传递系数为 1/3(底层柱不折减,且传递系数为 1/2)。框架节点处的最终弯矩之和常不等于零,这是由柱端弯矩传递所引起的。当节点不平衡弯矩较大时,可对此节点的不平衡弯矩再作一次弯矩分配(不向远端传递)进行修正。

分层法适用于节点梁、柱的线刚度比 $\sum i_b / \sum i_c \geqslant 3$,且结构与荷载沿高度比较均匀的多层框架结构的计算。

4.5.2.3　分层法计算步骤

用分层法计算竖向荷载作用下的框架内力时,其步骤如下:

① 画出框架计算简图,标明荷载、轴线尺寸、节点编号等;

② 按规定计算梁、柱的线刚度及相对刚度;

③ 除底层柱外,其他各层柱的线刚度(或相对线刚度)应乘以折减系数0.9;

④ 计算各节点处的弯矩分配系数,并用弯矩分配法从上至下分层计算各个计算单元(每层横梁及相应的上、下柱组成一个计算单元)的杆端弯矩,计算可从不平衡弯矩较大的节点开始,一般每个节点分配2次即可;

⑤ 叠加有关杆端弯矩,得出最后的弯矩图(如节点弯矩不平衡值较大,可在节点重新分配一次,但不进行传递);

⑥ 按静力平衡条件求出框架的其他内力图(轴力及剪力图)。

【例4-3】　某两层两跨框架如图4-19所示。括号内的数字表示梁、柱的线刚度值。

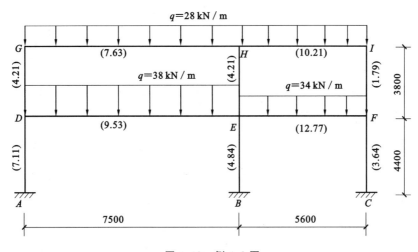

图4-19　例4-3图

【解】　分层法计算竖向荷载作用下框架内力的步骤:

① 画出分层框架计算简图(图4-20、图4-21)。

② 节点处弯矩分配系数 $\mu = \dfrac{i}{\sum i}$,节点各杆分配系数填入节点处小方格内,顶层的计算过程如图4-20所示,底层的计算过程,如图4-21所示。

节点 G:

$$\mu_{GH} = \frac{4 \times 7.63}{4 \times 7.63 + 4 \times 0.9 \times 4.21} = 0.668$$

$$\mu_{GD} = \frac{4 \times 0.9 \times 4.21}{4 \times 7.63 + 4 \times 0.9 \times 4.21} = 0.332$$

节点 H:

$$\mu_{HG} = \frac{4 \times 7.63}{4 \times 7.63 + 4 \times 10.21 + 4 \times 0.9 \times 4.21} = 0.353$$

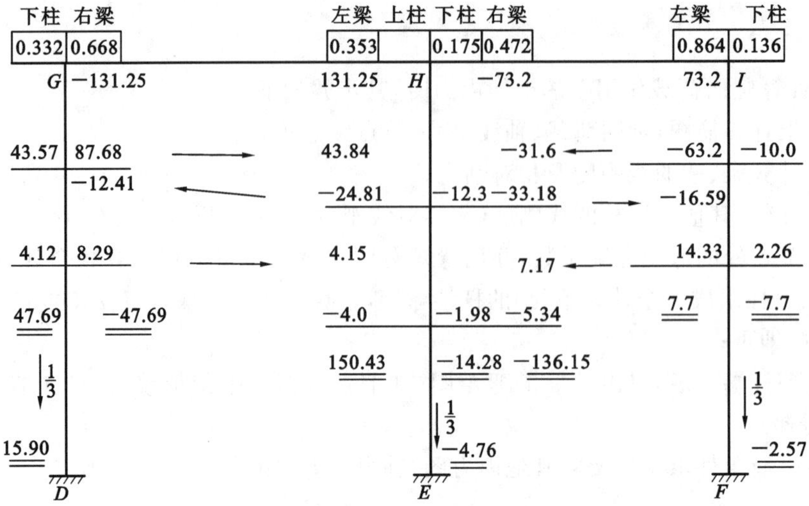

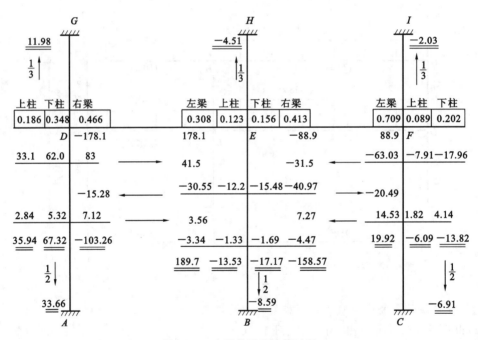

图 4-20 顶层分层法计算过程

图 4-21 底层分层法计算过程

$$\mu_{HE}=\frac{4\times0.9\times4.21}{4\times7.63+4\times10.21+4\times0.9\times4.21}=0.175$$

$$\mu_{HI}=\frac{4\times10.21}{4\times7.63+4\times10.21+4\times0.9\times4.21}=0.472$$

节点 I：

$$\mu_{IH}=\frac{4\times10.21}{4\times10.21+4\times0.9\times1.79}=0.864$$

$$\mu_{IF}=\frac{4\times0.9\times1.79}{4\times10.21+4\times0.9\times1.79}=0.136$$

③ 梁的固端弯矩。

GH 跨：

$$M_{GH} = -M_{HG} = -\frac{1}{12} \times 28 \times 7.5^2 = -131.25 (\text{kN} \cdot \text{m})$$

HI 跨：

$$M_{HI} = -M_{IH} = -\frac{1}{12} \times 28 \times 5.6^2 = -73.2 (\text{kN} \cdot \text{m})$$

④ 弯矩分配与传递计算时，先从不平衡力矩较大的节点开始，一般每个节点分配两次即可。图 4-20 中下画有双横线的数字，即是由分配结果得到的节点各杆杆端弯矩。上层各柱远端（D、E、F）的弯矩等于各柱近端（G、H、I）弯矩乘以 1/3 的值。

同理，可得到底层开口框架的各杆杆端弯矩，如图 4-21 所示，与上层框架不同处在于底层柱的线刚度不折减；底层柱近端弯矩的传递系数为 1/2。

⑤ 叠加图 4-20 和图 4-21，得出最后的各杆杆端弯矩，由此可能引起节点弯矩不平衡，若误差较大，可在节点处重新分配一次。

⑥ 由静力平衡条件求出梁跨中弯矩，绘出弯矩图，如图 4-22(a) 所示，可以看出，节点弯矩有不平衡的情况，如节点 D，有：

$$\sum M_D = -103.26 + 67.32 + 51.84 = 15.90 (\text{kN} \cdot \text{m})$$

$$\sum M_D \neq 0$$

在节点处重新分配一次，但不再往远端传递，使节点弯矩平衡，同时根据梁内力平衡条件求得各梁跨中最大弯矩，标于图 4-22(b) 中。

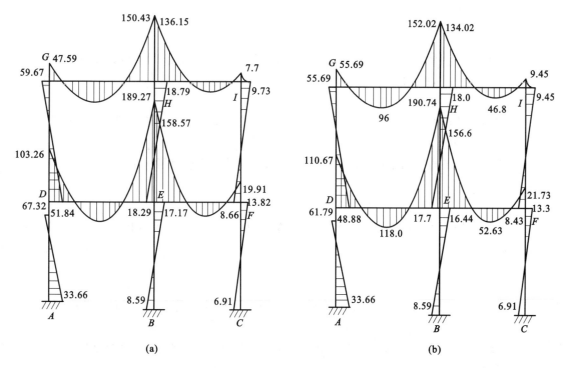

图 4-22　框架分层法计算弯矩图（单位：kN·m）

(a) 分层法弯矩图（节点未平衡）；(b) 分层法节点平衡弯矩图

4.6 水平力作用下的内力和侧移近似计算

4.6.1 框架在水平力作用下的受力变形特点

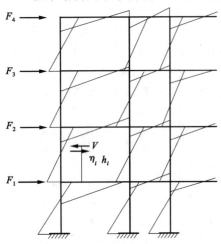

图 4-23 水平荷载作用下框架的弯矩图

框架结构的水平荷载主要有风荷载和水平地震作用,它们一般可以等效为框架节点上的水平集中力的作用,这时框架的侧移是主要变形因素(忽略框架梁柱的轴向变形)。框架受力后的弯矩图如图 4-23 所示,梁、柱的弯矩图都是直线,且都有一个反弯点(弯矩为零的点,但剪力不为零)。如果能够求出各柱的剪力及其反弯点的位置,就可以很方便地算出柱端弯矩,进而可算出梁、柱内力。因此,水平荷载作用下框架结构近似计算的关键是确定层间剪力在各柱间的剪力分配和各柱的反弯点高度。

框架结构在水平荷载作用下的内力计算方法主要有反弯点法和 D 值法,这两种计算方法的计算步骤基本相同,只是在确定各柱间剪力的分配比(D 值法引进了柱侧向刚度修正系数)和确定各柱的反弯点的位置时有所区别。下面将对这两种计算方法分别进行介绍。

4.6.2 反弯点法

反弯点法主要适用于梁与柱的线刚度比 $i_b/i_c \geqslant 3$,且结构比较均匀、层数不多的多层框架。

4.6.2.1 基本假定

为了方便求得各柱的柱间剪力和反弯点位置,根据框架结构的变形特点,做如下假定:

① 确定各柱间的剪力分配时,认为梁的线刚度与柱的线刚度之比为无限大,节点角位移 $\theta = 0$(即节点不发生转动),忽略梁、柱的轴向变形;

② 确定各柱的反弯点位置时,除底层柱外,各层柱的反弯点位置处于各层柱高的中点;底层柱的反弯点位于 2/3 柱高处;

③ 梁端弯矩由节点平衡条件求出,并按节点左、右梁的线刚度进行分配。

4.6.2.2 框架柱剪力分配

根据反弯点法的计算假定,各层柱的侧向刚度 D 为柱上、下两端仅有相对的单位层间侧移而无转角时的柱剪力,其表达式为:

$$D = \frac{12i_c}{h^2} \tag{4-9}$$

式中　i_c——框架柱的线刚度,$i_c = E_c I_c/h$,E_c 和 I_c 分别为柱的混凝土弹性模量和截面惯性矩;

$\quad$ h——柱高(层高)。

注:侧向刚度是框架柱两端产生单位相对侧移所需要的水平剪力,故也称为框架柱的抗剪刚度(抗侧刚度或侧移刚度)。

令 V_i 为框架第 i 层的层间剪力,它等于该层以上所有水平力之和;V_{ik} 为第 i 层第 k 根柱分配到的剪力,假定第 i 层共有 m 根柱,则有:

$$V_{ik} = \frac{D_{ik}}{\sum\limits_{j=1}^{m} D_{ik}} V_i \tag{4-10}$$

式(4-10)即为层间剪力 V_i 在各柱间的分配公式,其中分母为第 i 层的总侧移刚度(侧向刚度);它适用于整个框架结构同层各柱之间的剪力分配。可见,每根柱分配到的剪力值与其侧向刚度成比例。

4.6.2.3 柱端弯矩的计算

根据反弯点法有关反弯点位置的假定,除底层柱外,各层柱的反弯点位置处于各层柱高的中点,底层柱的反弯点位于 2/3 柱高处,因此求出柱剪力 V_{ik} 后可直接计算各柱上、下端的弯矩。

(1) 底层柱弯矩

下端弯矩:

$$M_{1k}^{b} = \frac{2V_{1k}h_1}{3} \tag{4-11}$$

上端弯矩:

$$M_{1k}^{t} = \frac{V_{1k}h_1}{3} \tag{4-12}$$

(2) 其余各层柱上、下端弯矩

$$M_{ik}^{t} = M_{ik}^{b} = \frac{V_{ik}h_i}{2} \tag{4-13}$$

式中　M_{ik}^{t}, M_{ik}^{b}——第 i 层第 k 根柱上、下端的弯矩。

4.6.2.4 梁端弯矩的计算

根据节点平衡条件,节点左、右梁端弯矩之和等于上、下柱端弯矩之和,节点左、右梁端弯矩大小按其线刚度比例分配,从而可得到节点左梁端弯矩 M_b^l、右梁端弯矩 M_b^r,如图 4-24 所示。即:

$$M_{b}^{l} = \frac{i_b^l}{i_b^l + i_b^r}(M_c^t + M_c^b) \tag{4-14}$$

$$M_{b}^{r} = \frac{i_b^r}{i_b^l + i_b^r}(M_c^t + M_c^b) \tag{4-15}$$

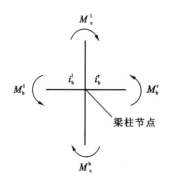

图 4-24　节点处梁柱端弯矩分配

式中　M_b^l, M_b^r——节点左、右两端梁的弯矩;

　　　M_c^t, M_c^b——节点上、下两端柱的弯矩;

　　　i_b^l, i_b^r——节点左、右两端梁的线刚度。

4.6.2.5 其他内力的计算

框架梁的剪力按照梁的弯矩平衡条件计算:

$$V_b^l = V_b^r = \frac{M_b^l + M_b^r}{l} \tag{4-16}$$

式中 V_b^l,V_b^r——梁左、右两端剪力；

l——框架梁的跨度。

进一步,根据节点的平衡条件,由梁的剪力可求出柱的轴力。

综上所述,对于层数不多的框架,采用反弯点法误差不会很大。但对于高层框架,由于柱截面加大,梁柱相对线刚度比值相应减小,采用反弯点法的误差较大。

【例 4-4】 用反弯点法计算如图 4-25 所示两层两跨框架结构内力,并画出弯矩图。括号内数字表示杆件的相对线刚度值($i/10^{10}$)。

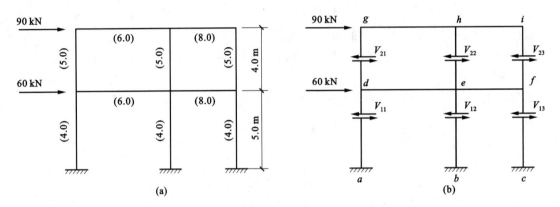

图 4-25 例 4-4 图

【解】 (1) 柱的剪力

第二层层间剪力：

$$V_2 = 90 \text{ kN}$$

二层柱：

$$V_{21} = V_{22} = V_{23} = \frac{i_{21}}{\sum i_{ik}}V_2 = \frac{5}{5+5+5} \times 90 = 30(\text{kN})$$

底层层间剪力：

$$V_1 = 90 + 60 = 150(\text{kN})$$

底层柱：

$$V_{11} = V_{12} = V_{13} = \frac{i_{11}}{\sum i_{ik}}V_1 = \frac{4}{4+4+4} \times 150 = 50(\text{kN})$$

(2) 柱端弯矩

第二层：

$$M_{dg} = M_{gd} = M_{eh} = M_{he} = M_{if} = M_{fi} = V_{21} \times \frac{1}{2}h_2 = 30 \times \frac{1}{2} \times 4 = 60(\text{kN} \cdot \text{m}) \left(\text{反弯点位于柱}\frac{h_2}{2}\text{处}\right)$$

底层：

$$M_{da} = M_{eb} = M_{fc} = V_{11} \times \frac{1}{3}h_1 = 50 \times \frac{1}{3} \times 5 = 83.33(\text{kN} \cdot \text{m}) \left(\text{反弯点位于柱}\frac{h_1}{3}\text{处}\right)$$

$$M_{ad} = M_{be} = M_{cf} = V_{11} \times \frac{2}{3}h_1 = 50 \times \frac{2}{3} \times 5 = 166.67(\text{kN} \cdot \text{m}) \left(\text{反弯点位于柱}\frac{2}{3}h_1\text{处}\right)$$

（3）梁端弯矩

第二层：

$$M_{gh}=M_{gd}=60(\text{kN}\cdot\text{m})$$
$$M_{ih}=M_{if}=60(\text{kN}\cdot\text{m})$$

按梁的刚度进行分配：

$$M_{hg}=\frac{6.0}{6.0+8.0}M_{he}=\frac{6}{14}\times60=25.71(\text{kN}\cdot\text{m})$$

同理有：

$$M_{hi}=\frac{8.0}{6.0+8.0}M_{he}=\frac{8}{14}\times60=34.29(\text{kN}\cdot\text{m})$$

底层：

$$M_{de}=M_{dg}+M_{da}=60+83.33=143.33(\text{kN}\cdot\text{m})$$
$$M_{fe}=M_{fi}+M_{fc}=60+83.33=143.33(\text{kN}\cdot\text{m})$$
$$M_{ed}=\frac{6.0}{6.0+8.0}(M_{eh}+M_{eb})=\frac{6}{14}\times(60+83.33)=61.43(\text{kN}\cdot\text{m})$$
$$M_{ef}=\frac{8.0}{6.0+8.0}(M_{eh}+M_{eb})=\frac{8}{14}\times(60+83.33)=81.90(\text{kN}\cdot\text{m})$$

框架弯矩图如图 4-26 所示。

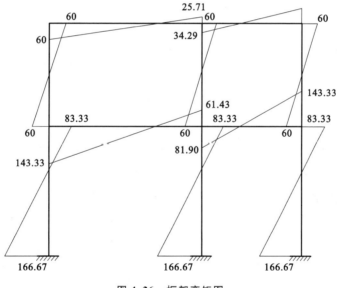

图 4-26 框架弯矩图

4.6.3 D 值法

D 值法是改进的反弯点法，其计算较反弯点法更为精确（因为对于多层和高层建筑，柱的截面尺寸往往较大，无法满足反弯点中的梁与柱线刚度之比超过 3 的要求，此时如继续采用反弯点法计算框架在水平荷载作用下的内力将产生较大误差）。D 值法主要做了如下两点改进：① 考虑了柱上、下端节点转动的影响下（即梁线刚度不是无穷大的情况），对柱侧向刚度的修正；② 考虑了反弯点位置变化的修正。

（1）修正后的柱侧向刚度 D 值

$$D = \alpha \frac{12i_c}{h^2} \tag{4-17}$$

式中　α——节点转动影响系数，按表 4-4 中的公式计算。

表 4-4 中，$\overline{K}$ 为节点处框架梁、柱的线刚度比，$i_c = E_c I_c / h$，$i_j = E_j I_j / l (j = 1, 2, 3, 4)$ 分别为框架柱、梁的线刚度，其中 E_j、I_j 分别为框架梁混凝土的弹性模量和截面惯性矩，l 为梁的跨度。

求出 D 值后，层间水平总剪力按该层各柱的 D_{ik} 值分配到各柱，具体按式（4-10）计算。

表 4-4　　　　　　　　　　　　　　　节点转动影响系数 α

楼层	边柱		中柱		α
一般层		$\overline{K} = \dfrac{i_2 + i_4}{2i_c}$		$\overline{K} = \dfrac{i_1 + i_2 + i_3 + i_4}{2i_c}$	$\alpha = \dfrac{\overline{K}}{2 + \overline{K}}$
底层		$\overline{K} = \dfrac{i_2}{i_c}$		$\overline{K} = \dfrac{i_1 + i_2}{i_c}$	$\alpha = \dfrac{0.5 + \overline{K}}{2 + \overline{K}}$

（2）修改后的反弯点高度

各层柱反弯点的位置与该柱上、下端转角大小有关，影响杆两端转角的主要因素有：该柱所在楼层位置及梁、柱的线刚度比；上、下横梁的相对线刚度比；上、下层层高的变化。因此，柱的反弯点位置不一定在柱的中点（底层柱不一定在距柱脚 $2h/3$ 处），需要对反弯点的位置加以修正。修正后的反弯点位置 yh（柱底至反弯点的高度）可用下式计算：

$$yh = (y_0 + y_1 + y_2 + y_3)h \tag{4-18}$$

式中　y——反弯点距柱下端的高度与柱全高的比值（D 值法的柱反弯点高度比）；

　　　y_0——标准反弯点高度比；

　　　y_1——考虑上、下横梁线刚度不相等时引入的修正值；

　　　y_2, y_3——考虑上层、下层层高变化时引入的修正值。

为了方便使用，系数 y_0、y_1、y_2 和 y_3 已制成表格，可查本书附表 15 确定其数值。

注：当节点处梁、柱的线刚度比 $\overline{K} \geqslant 3$ 时，可近似认为底层柱的反弯点在 $2h/3$ 处，其他各层均在 $h/2$ 处；当节点处梁、柱的线刚度比 $\overline{K} < 3$ 时，就要按照上式采用 D 值法确定反弯点位置。

当各层框架柱的侧向刚度 D 和各层柱反弯点的位置 yh 确定后，与反弯点法一样，就可确定各柱在反弯点处的剪力值和柱端弯矩，再由节点平衡条件，进而求出梁、柱内力。

【例 4-5】 请采用 D 值法求出例 4-4 中框架柱的剪力。

【解】 首先应求出节点转动影响系数 α，再根据式(4-17)算得修正后的柱侧移刚度 D，确定 D 值后，框架柱剪力的求法同反弯点法一样，也是按照各柱的侧移刚度大小进行分配。柱侧移刚度及柱端剪力计算过程及结果见表 4-5。

表 4-5 柱侧移刚度及柱端剪力计算表

层次	柱别	$\overline{K}$	α	$D_{ik}/(\times 10^2 \text{ N/mm})$	$\sum D_{ik}$	$V_{ik} = \dfrac{D_{ik}}{\sum\limits_{k=1}^{m} D_{ik}} V_i$
2	dg	$\dfrac{6.0+6.0}{2\times 5.0}=1.20$	$\dfrac{1.20}{2+1.20}=0.38$	$0.38\times\dfrac{12\times 5.0\times 10^8}{4000^2}=142.50$		$\dfrac{142.50}{525.00}\times 90=24.43$
2	eh	$\dfrac{2\times(6.0+8.0)}{2\times 5.0}=2.80$	$\dfrac{2.80}{2+2.80}=0.58$	$0.58\times\dfrac{12\times 5.0\times 10^8}{4000^2}=217.50$	525.00	$\dfrac{217.50}{525.00}\times 90=37.28$
2	fi	$\dfrac{8.0+8.0}{2\times 5.0}=1.60$	$\dfrac{1.60}{2+1.60}=0.44$	$0.44\times\dfrac{12\times 5.0\times 10^8}{4000^2}=165.00$		$\dfrac{165.00}{525.00}\times 90=28.29$
1	ad	$\dfrac{6.0}{4.0}=1.50$	$\dfrac{0.5+1.50}{2+1.50}=0.57$	$0.57\times\dfrac{12\times 4.0\times 10^8}{5000^2}=109.44$		$\dfrac{109.44}{368.64}\times 150=44.53$
1	be	$\dfrac{6.0+8.0}{4.0}=3.50$	$\dfrac{0.5+3.50}{2+3.50}=0.73$	$0.73\times\dfrac{12\times 4.0\times 10^8}{5000^2}=140.16$	368.64	$\dfrac{140.16}{368.64}\times 150=57.03$
1	cf	$\dfrac{8.0}{4.0}=2.00$	$\dfrac{0.5+2.00}{2+2.00}=0.62$	$0.62\times\dfrac{12\times 4.0\times 10^8}{5000^2}=119.04$		$\dfrac{119.04}{368.64}\times 150=48.44$

4.6.4 水平力作用下侧移的计算及限值

框架侧移主要是由水平荷载引起的，顶点侧移过大会给人以不安全感，影响房屋的使用；层间侧移过大会导致填充墙开裂，内外墙饰面脱落等。因此，设计时需要对结构的侧移加以控制。控制侧移主要从两方面入手：一是控制顶层最大侧移（顶点侧移），二是控制层间相对侧移。

从侧移产生的机理来分析，侧移主要包括由水平荷载产生的层间剪力使框架层间的梁、柱产生弯曲变形引起的侧移，以及水平荷载产生的倾覆力矩使框架柱产生轴向变形引起的侧移。因此，框架在水平荷载作用下的总侧移，可近似地看作由上述梁、柱弯曲变形和柱的轴向变形所引起的侧移的叠加。

一般情况下，当框架结构房屋高度小于 50 m 或高宽比 $H/B<4$ 时，柱轴向变形引起的侧移很小，常常可以忽略。因此在近似计算中，一般只需计算由层间剪力引起梁、柱弯曲变形而产生的侧移。

本节仅介绍由层间剪力引起的侧移计算。

层间剪力引起梁、柱弯曲变形而产生的侧移可用 D 值法计算，当已知框架结构第 i 层所有柱的侧向刚度之和 $\sum D_{ik}$ 及层间剪力 V_i 后，由下式可近似计算框架层间侧移：

$$\Delta u_i = \frac{V_i}{\sum D_{ik}} \tag{4-19}$$

式中 Δu_i——第 i 层层间侧移;

       V_i——第 i 层层间剪力;

       $\sum D_{ik}$——第 i 层所有柱的侧向刚度之和。

框架由层间剪力引起的顶点侧移 u 为各层层间侧移之和。

$$u = \sum_{i=1}^{n} \Delta u_i \tag{4-20}$$

注:为了控制框架结构的侧移量以满足正常使用要求,我国《高层建筑混凝土结构技术规程》(JGJ 3—2010)规定,按弹性力学计算的楼层层间最大位移与层高之比 $\Delta u/h$ 宜小于层间位移角限值 $[\Delta u/h]$,即 $\Delta u/h \leqslant [\Delta u/h]$,对于框架结构 $[\Delta u/h] = 1/550$。

4.6.5 框架侧移二阶效应的近似计算

在水平荷载作用下,当框架结构满足式(4-1)的规定时,可以不用考虑重力二阶效应($P\text{-}\Delta$ 效应)的不利影响;当框架结构不满足式(4-1)的规定时,结构弹性计算时应考虑重力二阶效应对水平力作用下结构内力和位移的不利影响。而结构的重力二阶效应可采用有限元方法进行计算,也可采用对未考虑重力二阶效应的计算结果乘以增大系数的方法近似考虑。

当采用乘以增大系数法时,结构位移增大系数 F_{1i},以及结构构件弯矩和剪力增大系数 F_{2i},可分别按下列两式计算确定:

$$F_{1i} = \cfrac{1}{1 - \sum\limits_{j=i}^{n} G_j/(D_i h_i)} \quad (i = 1, 2, \cdots, n) \tag{4-21}$$

$$F_{2i} = \cfrac{1}{1 - 2\sum\limits_{j=i}^{n} G_j/(D_i h_i)} \quad (i = 1, 2, \cdots, n) \tag{4-22}$$

4.7 框架的内力组合

前面讨论了框架结构在竖向荷载和水平荷载作用下内力计算的近似方法,由此可分别求出框架结构在各种荷载作用下的内力。实际工程中,房屋结构通常是同时承受多种不同的荷载作用,因此,在框架结构设计时,必须考虑各种荷载可能同时作用的最不利情况,求出构件控制截面的最不利内力,即先进行荷载效应组合,再对构件进行截面设计。

4.7.1 活荷载的不利布置

作用在框架上的恒荷载长期作用且位置不变,故在任何情况下都必须考虑。而活荷载不仅其作用位置和大小变化,而且有时仅局部存在,因此为获得截面的最不利内力,应考虑活荷载的最不利位置。

4.7.1.1 竖向活荷载

竖向活荷载是短暂作用的可变荷载。各种不同的布置就会产生不同的内力,因此应该由最不利的布置方式计算内力。考虑到竖向荷载布置对结构内力影响的程度以及计算的简化,可采用不同的方法考虑竖向活荷载的不利布置,常用的有以下三种方法。

（1）分跨计算组合法

这种方法是将活荷载逐层逐跨单独地作用在结构上，如图 4-27 所示，也即每次仅在一根梁上布置活荷载，并计算出在此荷载作用下整个框架的内力。内力计算的次数与框架承受活荷载的梁的数目相同。求出所有这些内力之后，根据不同的构件、不同的截面、不同的内力种类，组合出最大内力。这种方法过程简单、有章可循，但计算工作量大，故适合于编程软件计算。

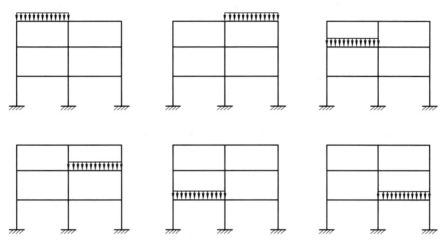

图 4-27　分跨活荷载布置方式

（2）最不利荷载位置法

为求某一指定截面的最不利内力，可以根据影响线方法，直接确定产生此最不利内力的活荷载布置。根据虚位移原理，可求得整个框架中所有梁的跨中最大正弯矩及梁端最大负弯矩或柱端最大弯矩的活荷载最不利布置。但是，对于各跨各层梁柱线刚度均不一致的多层多跨框架结构，要准确地做出其影响线是十分困难的。远离计算截面的框架节点往往难以准确地判断其虚位移的方向，但由于远离计算截面的荷载对计算截面的内力影响很小，在实际中往往可以忽略不计。一般来说，对应于一个截面的一种内力，就有一种最不利荷载布置，相应地须进行一次结构内力计算，这样计算工作量也很大。

（3）满布荷载法

当活荷载产生的内力远小于恒荷载及水平荷载（作用）产生的内力时，可不考虑活荷载的最不利布置，而把活荷载同时作用于所有的框架梁上，如图 4-28 所示。这样求得的内力在支座处与按考虑不利荷载布置时所得内力极为相近，可直接用于内力组合，但其求得的梁跨中弯矩偏小，一般应乘以系数 1.1～1.3 予以增大，活荷载较大时可选用较大的数值。

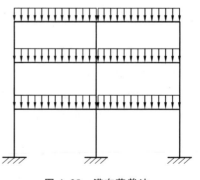

图 4-28　满布荷载法

一般高层建筑的活荷载不大，如一般民用建筑及公共建筑结构，其竖向活荷载标准值仅为 2.0～4.0 kN/m²，它产生的内力在组合后的截面内力中所占的比例很小。因此，有关规范规定，高层建筑结构在竖向荷载作用下按满布荷载法计算内力，但对于某些竖向荷载很大的结构，如图书馆书库等，仍应考虑活荷载的不利布置，按分跨计算组合法等方法计算内力。

4.7.1.2　水平荷载(作用)

风荷载和水平地震作用都是可能沿任意方向的。为简化计算,设计时假定只考虑主轴方向的水平荷载(作用),但可以是沿主轴正方向也可以是负方向。在矩形平面结构中,正、负两个方向荷载(作用)相等,符号相反,因此内力大小相等、符号相反,计算时只需计算任一个方向即可。但是,在平面布置复杂或不对称的结构中,一个方向的水平荷载(作用)可能使一部分构件形成不利内力,另一方向的水平荷载(作用)可能对另一部分构件构成不利内力,这时要选择不同方向的水平荷载(作用)分别进行内力分析,然后进行内力组合。

4.7.2　控制截面及最不利内力

所谓控制截面,是指对构件配筋起控制作用的截面。梁、柱计算配筋的依据是截面内力,而梁、柱各截面的内力一般是沿其长度变化的。为了便于施工,构件配筋通常不完全与内力一样变化,而是分段配筋。设计时可根据内力图的变化特点,选取内力较大或截面尺寸改变处的截面进行配筋计算。

4.7.2.1　控制截面的最不利内力类型

框架梁的控制截面通常是梁两端支座处和跨中三个截面。竖向荷载作用下梁支座截面是最大负弯矩和最大剪力作用的截面,水平荷载作用下还可能出现正弯矩。因此,梁支座截面处的最不利内力类型有最大负弯矩($-M_{\max}$)、最大正弯矩($+M_{\max}$)和最大剪力($V_{\max}$);跨中截面的最不利内力一般是最大正弯矩($+M_{\max}$),有时可能出现最大负弯矩($-M_{\max}$)。

根据支座截面的最大负弯矩来确定梁端顶部纵筋;根据跨中最大正弯矩及支座最大正弯矩两者中的大值来确定梁底部纵筋;根据支座截面最大剪力来确定梁的腹筋。

框架柱的控制截面一般有两个,即柱的上端截面和下端截面。弯矩、剪力最大值产生在柱的上、下端截面处,最大轴力产生在柱下端截面。由于柱为偏心受压构件,随着弯矩 M 和轴力 N 的比值变化,可能发生大偏心受压破坏或小偏心受压破坏,而不同的破坏形态,M、N 的相关性不同,因此在进行配筋计算之前,无法确定哪一组内力为最不利内力。所以对一般框架柱,控制截面最不利内力组合有以下几种:

① $|M|_{\max}$ 及相应的 N 和 V;

② $N_{\max}$ 及相应的 M 和 V;

③ $N_{\min}$ 及相应的 M 和 V;

④ $|V|_{\max}$ 及相应的 N。

这4组内力组合的前3组用来计算柱正截面偏心受压或偏心受拉承载力,以确定纵向受力钢筋数量;第4组用来计算斜截面受剪承载力,以确定箍筋数量。

4.7.2.2　梁、柱端控制截面的内力

内力计算时,框架结构中的梁、柱是以其轴线作代表的,因此,计算所得的梁、柱端内力实质并非控制截面的内力,如图 4-29 和图 4-30 所示。在内力组合之前,必须先求出相应于控制截面的内力。

竖向荷载作用下,梁端控制截面的剪力和弯矩可由下式求得,即:

$$V' = V - (g+q)\frac{b}{2} \left.\begin{matrix} \\ \\ \\ \end{matrix}\right\}$$

$$M' = M - V\frac{b}{2}$$

(4-23)

式中　V'，M'——梁端控制截面的剪力和弯矩；

　　　　V，M——根据内力计算得到的梁支座剪力和弯矩；

　　　　g，q——作用在梁上的竖向分布恒荷载和活荷载；

　　　　b——柱宽。

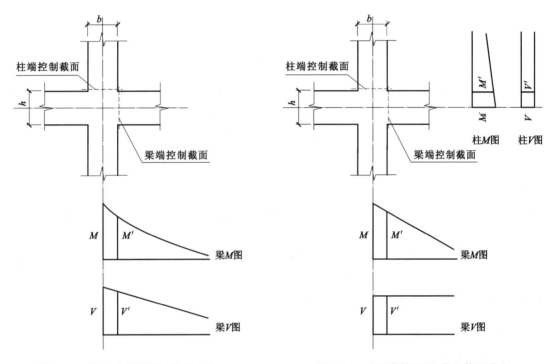

图 4-29　竖向荷载下梁边截面内力　　　　图 4-30　水平荷载下梁、柱边截面内力

　　水平荷载作用下,梁端控制截面的弯矩和剪力可根据比例关系求得,如图 4-30 所示。同理,根据比例关系,也可求得在竖向荷载及水平荷载作用下柱端控制截面的内力。

4.7.3　梁端弯矩调幅

　　在竖向荷载作用下,框架梁端负弯矩通常较大,造成构造复杂、施工困难,按照框架结构合理的破坏形式,允许在梁端出现塑性铰,因而应考虑塑性变形内力重分布。因此在设计中,可对梁端负弯矩进行适当调幅。这样不仅可以减少梁端配筋量,方便施工,而且在抗震结构中还可以提高柱的安全储备,以满足强柱弱梁的设计要求。

　　对于现浇框架,支座负弯矩调幅系数采用 0.8～0.9。对于装配整体式框架,由于钢筋焊接或接缝不密实等原因,节点容易产生变形,梁端弯矩较弹性计算结果有所降低,因此,支座弯矩调幅系数允许低一些,可取 0.7～0.8。梁端负弯矩减小后,梁跨中弯矩应按平衡条件相应增大,如图 4-31 所示,即跨中弯矩应满足下式要求:

$$\left.\begin{array}{l} \dfrac{1}{2}(M_1' + M_2') + M_0' \geqslant M \\[2mm] M_0' \geqslant \dfrac{1}{2}M \end{array}\right\} \qquad (4\text{-}24)$$

式中　M_1', M_2', M_0'——调幅后梁端负弯矩及跨中正弯矩；

　　　M——按简支梁计算的跨中弯矩。

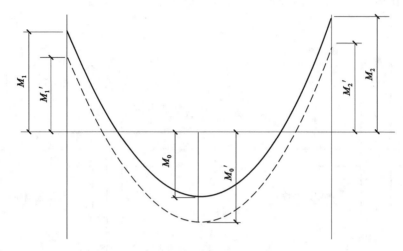

图 4-31　竖向荷载作用下弯矩调幅示意图

需要指出的是，只有竖向荷载作用下的框架梁端弯矩才可以进行调幅，水平荷载作用下的梁端弯矩不允许调幅，因此，弯矩调幅应在内力组合之前进行。另外，截面设计时，为保证框架梁跨中截面底部钢筋不致过少，其正弯矩设计值不应小于竖向荷载作用下按简支梁计算的跨中弯矩的 50%。

4.7.4　荷载效应组合

4.7.4.1　现行设计规范对荷载效应组合的规定

① 建筑结构设计应根据使用过程中在结构上可能同时出现的荷载，按承载能力极限状态和正常使用极限状态分别进行荷载组合，并应取各自最不利的组合进行设计。对于承载能力极限状态，应按荷载的基本组合或偶然组合计算荷载组合的效应设计值，并应采用下式进行设计：

$$\gamma_0 S_d \leqslant R_d \qquad (4\text{-}25)$$

式中　γ_0——结构重要性系数；

　　　S_d——荷载组合的效应设计值；

　　　R_d——结构构件抗力设计值。

② 《荷载规范》规定，荷载基本组合的效应设计值 S_d，应从下列荷载组合值中取用最不利的效应设计值确定。

a. 由可变荷载效应控制的效应设计值，应按下式进行计算：

$$S_d = \sum_{j=1}^{m} \gamma_{G_j} S_{G_{jk}} + \gamma_{Q_1} \gamma_{L_1} S_{Q_{1k}} + \sum_{i=2}^{n} \gamma_{Q_i} \gamma_{L_i} \psi_{c_i} S_{Q_{ik}} \qquad (4\text{-}26)$$

式中 $S_{G_{jk}}$——按第 j 个永久荷载标准值 G_{jk} 计算的荷载效应值。

$S_{Q_{ik}}$——按第 i 个可变荷载标准值 Q_{ik} 计算的荷载效应值,其中 $S_{Q_{1k}}$ 为各可变荷载效应中起控制作用者。

ψ_{c_i}——第 i 个可变荷载 Q_i 的组合值系数。

m——参与组合的永久荷载数。

n——参与组合的可变荷载数。

γ_{G_j}——第 j 个永久荷载的分项系数,当其效应对结构不利时,对由可变荷载效应控制的组合应取 1.2,对由永久荷载效应控制的组合应取 1.35;当其效应对结构有利时,不应大于 1.0。

γ_{Q_i}——第 i 个可变荷载的分项系数,其中 γ_{Q_1} 为主导可变荷载 Q_1 的分项系数,对标准值大于 4 kN/m^2 的工业厂房楼面结构的活荷载取 1.3,其他情况应取 1.4。

γ_{L_i}——第 i 个可变荷载考虑设计使用年限的调整系数,其中 γ_{L_1} 为主导可变荷载 Q_1 考虑设计使用年限的调整系数,对楼面和屋面活荷载设计使用年限为 5 年时取 0.9;设计使用年限为 50 年或活荷载可控时取 1.0;设计使用年限为 100 年时取 1.1,设计使用年限为其他年限时可线性内插。

b. 由永久荷载控制的效应设计值,应按下式进行计算:

$$S_d = \sum_{j=1}^{m} \gamma_{G_j} S_{G_{jk}} + \sum_{i=1}^{n} \gamma_{Q_i} \gamma_{L_i} \psi_{c_i} S_{Q_{ik}} \tag{4-27}$$

基本组合中的效应设计值仅适用于荷载与荷载效应为线性的情况;当对 $S_{Q_{1k}}$ 无法明显判断时,轮次以各可变荷载效应作为 $S_{Q_{1k}}$,选其中最不利的荷载组合的效应设计值。

③《高层建筑混凝土结构技术规程》(JGJ 3—2010)规定,高层建筑混凝土结构无地震作用在持久设计状况和短暂设计状况下,荷载基本组合的效应设计值应按下式确定:

$$S_d = \gamma_G S_{Gk} + \gamma_L \psi_Q \gamma_Q S_{Qk} + \psi_w \gamma_w S_{wk} \tag{4-28}$$

式中 γ_G——永久荷载分项系数;

γ_Q——楼面活荷载分项系数;

γ_w——风荷载的分项系数,应取 1.4;

S_{Gk}——永久荷载效应标准值;

S_{Qk}——楼面活荷载效应标准值;

S_{wk}——风荷载效应标准值;

其余符号含义同前。

ψ_Q、ψ_w 分别为楼面活荷载组合值系数和风荷载组合值系数,当永久荷载效应起控制作用时应分别取 0.7 和 0.0;当可变荷载效应起控制作用时应分别取 1.0 和 0.6 或 0.7 和 1.0。对书库、档案库、储藏室、通风机房和电梯机房,本条楼面活荷载组合值系数取值应由 0.7 改为 0.9。

无地震作用效应组合的规定,是我国《高层建筑混凝土结构技术规程》(JGJ 3—2010)根据《荷载规范》的规定,结合高层建筑混凝土结构自身特点所做的规定。无地震作用效应组合且永久荷载效应起控制作用(永久荷载分项系数取 1.35)时,仅考虑楼面活荷载效应参与组合(楼面活荷载组合值系数一般取 0.7),风荷载效应不参与组合(风荷载组合值系数取 0.0);无地震作用效应组合且可变荷载效应起控制作用(永久荷载分项系数取 1.2)的场合,当风荷载作为主要可变荷载、楼面活荷载作为次要可变荷载时,其组合值系数分别取 1.0 和 0.7。

4.7.4.2 框架结构的内力组合

在框架的内力组合之前,首先应根据框架结构房屋在使用过程中可能出现的各种荷载,分别计算出它们的内力;然后分析它们出现的可能性;最后确定内力组合的项目,根据上一节所述设计规范规定的规则组合起来。例如,框架结构住宅,作用在其上的荷载有恒荷载、楼面活荷载、风荷载等,它们出现的可能性是:恒荷载可以单独出现,而楼面活荷载、风荷载等都不可能脱离恒荷载单独出现或几种活荷载同时出现,恒荷载可以与一种或几种活荷载同时出现。根据以上分析,框架结构房屋非抗震内力,由式(4-28)可知,可以做出以下几种组合。

① 当永久荷载效应起控制作用($\gamma_G = 1.35$)时,仅考虑楼面活荷载效应参与组合,ψ_Q 一般取0.7,风荷载效应不参与组合($\psi_w = 0.0$),即:

$$S_d = 1.35 S_{Gk} + \gamma_L \times 0.7 \times 1.4 S_{Qk} \tag{4-29}$$

② 当可变荷载效应起控制作用($\gamma_G = 1.2$ 或 1.0),而风荷载作为主要可变荷载、楼面活荷载作为次要可变荷载时,$\psi_w = 1.0$,$\psi_Q = 0.7$,即:

$$S_d = 1.2 S_{Gk} \pm 1.0 \times 1.4 S_{Wk} + \gamma_L \times 0.7 \times 1.4 S_{Qk} \tag{4-30}$$

$$S_d = 1.0 S_{Gk} \pm 1.0 \times 1.4 S_{Wk} + \gamma_L \times 0.7 \times 1.4 S_{Qk} \tag{4-31}$$

③ 当可变荷载效应起控制作用($\gamma_G = 1.2$ 或 1.0),而楼面活荷载作为主要可变荷载、风荷载作为次要可变荷载时,$\psi_Q = 1.0$,$\psi_w = 0.6$,即:

$$S_d = 1.2 S_{Gk} + \gamma_L \times 1.0 \times 1.4 S_{Qk} \pm 0.6 \times 1.4 S_{Wk} \tag{4-32}$$

$$S_d = 1.0 S_{Gk} + \gamma_L \times 1.0 \times 1.4 S_{Qk} \pm 0.6 \times 1.4 S_{Wk} \tag{4-33}$$

需要注意的是,式(4-29)~式(4-33)中,对书库、档案室、储藏室、通风机房和电梯机房等楼面活荷载较大且相对固定的情况,其楼面活荷载组合值系数的取值应由0.7改为0.9。

4.8 框架结构非抗震设计及构造要求

框架抗震计算设计

框架结构设计分为非抗震设计和抗震设计,本书只介绍非抗震设计中梁截面、柱截面和节点设计的计算及构造要求。有关抗震设计的问题,可参阅有关参考文献或扫描本书中的相关二维码。

4.8.1 梁、柱截面设计

4.8.1.1 框架梁

框架梁属于受弯构件,截面设计就是根据前述内力组合的最不利内力,按照受弯构件正截面受弯承载力计算所需要的纵筋数量,按斜截面受剪承载力计算所需要的箍筋数量,并采取相应的构造措施。

需要注意的是,应先对竖向荷载作用下的框架梁端负弯矩进行调幅,同时按相应平衡条件计算调整梁跨中截面的弯矩,调整后的弯矩再与水平荷载产生的框架梁弯矩进行组合,从组合中选出最为不利的内力作为设计依据。

非抗震框架结构的侧移验算主要是计算框架在风荷载作用下的侧移。框架侧移按本章4.6节讲述的方法计算。其计算结果要满足:楼层层间最大侧移 Δu 与层高 h 的比值不宜大于 1/550,即 $\Delta u/h \leqslant 1/550$。

4.8.1.2　框架柱

框架柱一般为偏心受压构件,通常采用对称配筋,柱中纵筋数量应按偏心受压构件的正截面受压承载力计算确定;箍筋数量按偏心受压构件的斜截面受剪承载力计算确定。下面就框架结构截面设计中的两个问题进行说明。

（1）柱截面最不利内力的选取

经内力组合后,每根柱上、下两端组合的内力设计值一般有6～8组,应从中挑选出一组最不利内力进行截面配筋计算。然而,因 M 与 N 的相互影响,很难找出哪一组为最不利内力。这时可根据偏心受压构件的判别条件,将这几组内力分为大偏心受压组和小偏心受压组。对于大偏心受压组,按照"弯矩相差不多时,轴力越小越不利;轴力相差不多时,弯矩越大越不利"的原则进行比较,选出最不利内力。对于小偏心受压组,按照"弯矩相差不多时,轴力越大越不利;轴力相差不多时,弯矩越大越不利"的原则进行比较,选出最不利内力。

（2）框架柱的计算长度 l_0

在偏心受压构件承载力计算中,考虑构件自身挠曲二阶效应的影响,构件的计算长度取其支撑长度。对于一般多层房屋中的梁、柱为刚接的框架结构,当计算轴心受压框架柱稳定系数时,各层柱的计算长度 l_0 可按表4-6采用。

表4-6　　　　　　　　　　　　**框架结构各层柱的计算长度**

楼盖类型	柱的类型	l_0
现浇楼盖	底层柱	$1.0H$
	其余各层柱	$1.25H$
装配式楼盖	底层柱	$1.25H$
	其余各层柱	$1.5H$

注:H 为柱的高度,对底层柱,取从基础顶面到一层楼盖顶面的高度;对其余各层柱,取上、下两层楼盖顶面之间的距离。

4.8.2　一般构造要求

① 梁、柱最外层钢筋保护层的最小厚度应根据框架所处的环境条件确定,见附表5。当梁、柱纵向受力钢筋的保护层厚度大于 50 mm 时,宜对保护层采取有效的构造措施。

② 梁的纵向钢筋在配筋密集区域宜采用并筋的配筋形式,梁底层钢筋中的角部钢筋不应弯起,顶层钢筋中的角部钢筋不应弯下,框架梁一般不采用弯起钢筋抗剪。

③ 框架梁、柱的截面尺寸（尤其是柱）最终应按房屋的侧移验算是否满足规范要求来确定。现浇框架结构按前述方法初估的梁、柱截面尺寸,在侧移验算中通常能满足要求。

④ 框架梁、柱应分别满足受弯构件和受压构件的构造要求,抗震设计的框架还应满足抗震设计的构造规定。

⑤ 框架柱的纵向钢筋宜采用对称配筋。

4.8.3　非抗震框架梁、柱的配筋构造规定

框架梁、柱的配筋构造应满足《混凝土结构设计标准（2024 年版）》（GB/T 50010—2010）要求。非抗震框架结构,其梁、柱和节点的构造,应满足以下要求。

4.8.3.1 框架梁钢筋配置要求

(1)梁的纵向钢筋配置要求

① 沿梁全长顶面和底面应至少各配置两根纵向钢筋,非抗震设计时钢筋直径不应小于 12 mm;

② 框架梁的纵向钢筋不应与箍筋、拉筋及预埋件等焊接。

(2)梁的箍筋配置要求

非抗震设计时,框架梁箍筋配筋构造应符合下列规定:

① 应沿梁全长设置箍筋。

② 截面高度大于 800 mm 的梁,其箍筋直径不应小于 8 mm;其余截面高度的梁不应小于 6 mm。在受力钢筋搭接长度范围内,箍筋直径不应小于搭接钢筋最大直径的 1/4。

③ 箍筋间距不应大于附表 7 的规定;在纵向受拉钢筋的搭接长度范围内,箍筋间距不应大于搭接钢筋较小直径的 5 倍,且不应大于 100 mm;在纵向受压钢筋的搭接长度范围内,箍筋间距不应大于搭接钢筋较小直径的 10 倍,且不应大于 200 mm。

④ 当梁的剪力设计值大于 $0.7f_t bh_0$ 时,其箍筋的面积配筋率应符合下式要求:

$$\rho_{sv} \geq \frac{0.24 f_t}{f_{yv}}$$ (4-34)

⑤ 当梁中配有计算需要的纵向受压钢筋时,其箍筋配置还应符合下列要求:箍筋直径不应小于纵向受压钢筋最大直径的 1/4;箍筋应做成封闭式;箍筋间距不应大于 15d 且不应大于 400 mm(d 为纵向受压钢筋的最小直径);当一层内的受压钢筋多于 5 根且直径大于 18 mm 时,箍筋间距不应大于 10d;当梁截面宽度大于 400 mm 且一层内的纵向受压钢筋多于 3 根时,或当梁截面宽度不大于 400 mm 且一层内的纵向受压钢筋多于 4 根时,应设置复合箍筋。

框架抗震
构造要求

4.8.3.2 框架柱钢筋配置要求

(1)柱的纵向钢筋配置要求

① 柱全部纵向钢筋的配筋率不应小于 0.5%～0.6%,且柱截面每一侧纵向钢筋配筋率不应小于 0.2%,详见附表 6;全部纵向钢筋的配筋率,非抗震设计时不宜大于 5% 且不应大于 6%。

② 柱纵向钢筋间距不应大于 300 mm;柱纵向钢筋净距均不应小于 50 mm。

③ 柱的纵筋不应与箍筋、拉筋及预埋件等焊接。

(2)柱的箍筋配置要求

非抗震设计时,柱中箍筋应符合下列规定:

① 周边箍筋应为封闭式。

② 箍筋间距不应大于 400 mm,且不应大于构件截面的短边尺寸和最小纵向受力钢筋直径的 15 倍。

③ 箍筋直径不应小于最大纵向钢筋直径的 1/4,且不应小于 6 mm。

④ 当柱中全部纵向受力钢筋的配筋率超过 3% 时,箍筋直径不应小于 8 mm,箍筋间距不应大于纵向钢筋直径的 10 倍,且不应大于 200 mm;箍筋末端应做成 135° 弯钩且弯钩末端平直段长度不应小于箍筋直径的 10 倍。

⑤ 当柱每边纵筋多于 3 根时,应设置复合箍筋(可采用拉筋)。

⑥ 柱内纵筋采用搭接做法时,搭接长度范围内箍筋直径不应小于搭接钢筋较大直径的 1/4;在纵向受拉钢筋的搭接长度范围内的箍筋间距不应大于搭接钢筋较小直径的 5 倍,且不应大于 100 mm;在纵向受压钢筋的搭接长度范围内的箍筋间距不应大于搭接钢筋较小直径的 10 倍,且不

应大于 200 mm。当受压钢筋直径大于 25 mm 时,还应在搭接接头端部外 100 mm 的范围内各设置两道箍筋。

4.8.4 钢筋的搭接与锚固

受力钢筋的连接接头宜设置在构件受力较小部位。受拉钢筋的最小锚固长度应取 l_a。受拉钢筋绑扎搭接的搭接长度,应根据位于同一连接区段内搭接钢筋截面面积的百分率按下式计算,且不应小于 300 mm:

$$l_1 = \zeta l_a \tag{4-35}$$

式中 l_1——受拉钢筋的搭接长度;

　　　l_a——受拉钢筋的锚固长度,应按《混凝土结构设计标准(2024 年版)》(GB/T 50010—2010)的有关规定采用;

　　　ζ——受拉钢筋搭接长度修正系数,应按表 4-7 选用。

表 4-7　　　　　　　　　　　　　纵向受拉钢筋搭接长度修正系数 ζ

同一连接区段内搭接钢筋面积百分率/%	≤25	50	100
受拉钢筋搭接长度修正系数 ζ	1.2	1.4	1.6

注:同一连接区段内搭接钢筋面积百分率取在同一连接区段内有搭接接头的受力钢筋与全部受力钢筋面积之比。

4.8.5 梁柱节点

节点设计是框架结构设计中极为重要的一环。在非地震区,框架节点的承载力一般通过采取适当的构造措施来保证。节点设计应保证整个框架结构安全可靠、经济合理且便于施工。对装配整体式框架节点,还需保证结构的整体性,使其受力明确,构造简单,安装方便又便于调整,在构件连接后能尽早地承受部分或全部设计荷载,并能及时继续安装上部结构。

《混凝土结构设计标准(2024 年版)》(GB/T 50010—2010)对一般框架结构节点的构造要求规定如下。

4.8.5.1 框架柱顶层中间节点柱筋的锚固

柱内纵向钢筋应伸入顶层中间节点并在梁中锚固。柱纵向钢筋可采用直线锚固,其锚固长度自梁底算起不应小于 l_a,且必须伸至柱顶,如图 4-32(a)所示;当顶层节点处梁截面高度不足时,柱纵向钢筋应伸至梁顶面然后向节点内水平弯折,如图 4-32(b)所示;当顶层有现浇板且板厚不小于 100 mm 时,柱纵向钢筋也可向外弯入现浇板内,如图 4-32(c)所示;当截面尺寸不足时,也可采用带锚头的机械锚固措施,竖向锚固长度包含锚头在内不应小于 $0.5l_{ab}$,如图 4-32(d)所示。

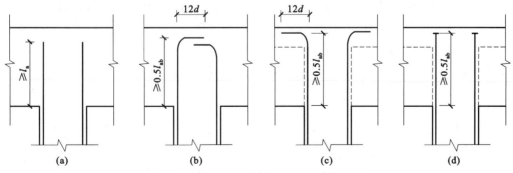

图 4-32　顶层中间节点柱的纵向钢筋锚固

(a) 直线锚固;(b),(c) 弯折锚固;(d) 锚头机械锚固

4.8.5.2　框架顶层边端节点钢筋锚固

顶层端节点柱外侧纵向钢筋可弯入梁内作梁上部纵向钢筋,也可将梁上部纵向钢筋与柱外侧纵向钢筋在节点及附近部位搭接。

① 搭接接头可沿顶层端节点外侧及梁端顶部布置,搭接长度不应小于 $1.5l_{ab}$,如图 4-33(a)所示,伸入梁内的柱外侧钢筋截面面积不小于其全部面积的 65%;梁宽范围以外的柱外侧钢筋沿节点顶部伸至柱内边锚固。当柱外侧钢筋位于柱顶第一层(从上至下)时,钢筋伸至柱内边后向下弯折不小于 $8d$ 后截断,如图 4-33(a)所示;当柱外侧钢筋位于柱顶第二层时,可不向下弯折。当现浇板厚不小于 100 mm 时,梁宽范围以外的柱外侧钢筋可伸入现浇板内,其长度与伸入梁内的柱钢筋相同。

② 当柱外侧钢筋配筋率大于 1.2% 时,伸入梁内的柱纵向钢筋截面面积不小于全部面积的 65%,且宜分两批截断,截断点之间的距离不小于 $20d$,梁上部纵向钢筋应伸至节点外侧并向下弯至梁下边缘高度位置截断。

③ 纵向钢筋搭接接头也可沿节点柱顶外侧直线布置,如图 4-33(b)所示,其搭接长度自柱顶算起不应小于 $1.7l_{ab}$。当梁上部钢筋的配筋率大于 1.2% 时,弯入柱外侧的梁上部钢筋与柱外侧钢筋的搭接长度不小于 $1.5l_{ab}$,且宜分两批截断,截断点之间的距离不小于 $20d$,d 为梁上部钢筋的直径。

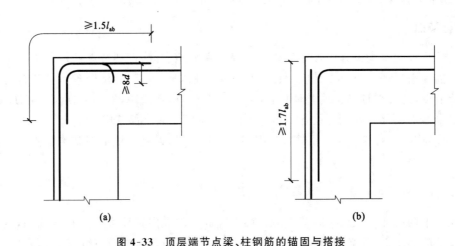

图 4-33　顶层端节点梁、柱钢筋的锚固与搭接

(a) 搭接接头沿顶层端节点外侧及梁端顶部布置;(b) 搭接接头沿节点柱顶外侧直线布置

④ 当梁的截面高度较大,梁、柱钢筋相对较小,从梁底算起的直线搭接长度未延伸至柱顶即已满足 $1.5l_{ab}$ 的要求时,应将搭接长度延伸至柱顶并满足搭接长度 $1.7l_{ab}$ 的要求;或者从梁底算起的弯折搭接长度未延伸至柱内侧边缘即已满足 $1.5l_{ab}$ 的要求时,其弯折后水平段的长度不应小于 $15d$,d 为柱纵向钢筋直径。

⑤ 顶层端节点处梁上部纵向钢筋的截面面积 A_s 应符合下式规定:

$$A_s \leqslant \frac{0.35\beta_c f_c b_b h_0}{f_y} \tag{4-36}$$

式中　b_b——梁宽度;

$\qquad h_0$——梁截面有效高度。

端角部位钢筋弯弧外的混凝土中应配置防裂、防剥落的构造钢筋。

4.8.5.3　框架梁中间层中间节点的钢筋锚固

框架中间层中间节点或连续梁中间支座，梁的上部纵向钢筋应贯穿节点或支座，该钢筋自柱边伸向跨中的截断位置应根据梁端负弯矩确定。梁的下部纵向钢筋宜贯穿节点或支座。当必须锚固时，应符合以下锚固要求：当计算中不利用该钢筋的强度时，其伸入支座的锚固长度对带肋钢筋不小于 $12d$，对光面钢筋不小于 $15d$；如纵向受力钢筋伸入梁支座范围内的锚固长度不符合上述要求时，应采取在钢筋端头上加焊锚固钢板等措施。当计算中充分利用钢筋的抗拉强度时，钢筋可采用直线方式锚固在节点或支座内，锚固长度不应小于钢筋的受拉锚固长度 l_a，如图 4-34(a) 所示，适用于柱截面高度较大的情况；柱截面高度较小不够直线锚固时，可采用 $90°$ 弯折锚固的方式。当计算中充分利用钢筋的抗压强度时，其下部纵向钢筋应按受压钢筋锚固在中间节点或中间支座内，其直线锚固长度不应小于 $0.7l_a$。梁下部纵向钢筋也可在节点或支座外梁中弯矩较小处设置搭接接头，搭接长度的起始点至节点或支座边缘的距离不应小于 $1.5h_0$，如图 4-34(b) 所示。

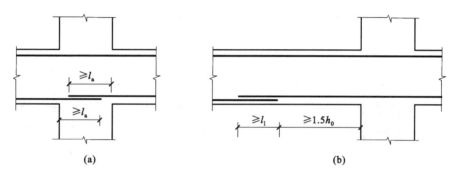

图 4-34　梁下部纵向筋在中间节点或中间支座范围的锚固与搭接

(a) 下部钢筋在节点中直线锚固；(b) 下部钢筋在节点或支座范围外的搭接

4.8.5.4　框架梁中间层端节点的钢筋锚固

梁上部纵向钢筋的锚固：当采用直线锚固形式时，锚固长度不应小于 l_a，且应伸过柱中心线，伸过的长度不宜小于 $5d$，如图 4-35(a) 所示；当柱截面尺寸不满足直线锚固要求时，梁上部钢筋可采用钢筋端部加机械锚头的锚固方式，梁上部纵向钢筋宜伸至柱外侧纵向钢筋内边，其水平锚固长度不应小于 $0.4l_{ab}$，如图 4-35(b) 所示；梁上部钢筋也可采用 $90°$ 弯折锚固方式，此时梁上部钢筋应伸至柱外侧纵向钢筋内边并向节点内弯折，其水平长度不应小于 $0.4l_{ab}$，弯折钢筋的竖向长度不应小于 $15d$，如图 4-35(c) 所示。

梁下部纵向钢筋在端节点的锚固要求与中间节点相同。

框架柱的纵向受力钢筋应贯穿中间层中间节点和中间层端节点，柱纵筋接头应设在节点区以外。

非抗震设计时，多高层框架梁、柱纵向钢筋在节点区的锚固要求，如图 4-36 所示。需要说明的是，框架梁支座截面上部纵向受拉钢筋应向跨中延伸 $(1/4 \sim 1/3)l_n$（l_n 为梁的净跨），工程中常用的做法是，梁上部第一层纵筋从支座边缘向跨中延伸长度取 $l_n/3$，并与跨中的架立筋（不少于 $2\phi12$）搭接，搭接长度可取 $150\,mm$。第二层纵筋从支座边缘向跨中延伸长度取 $l_n/4$，与抗震设计构造相同。

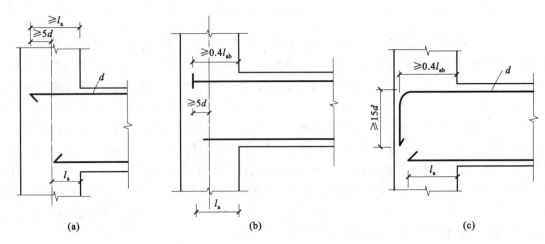

图 4-35 中间层端节点梁的纵向钢筋锚固

(a) 梁上部筋直线锚固;(b) 梁上部筋加机械锚头锚固;(c) 梁上部筋弯折锚固

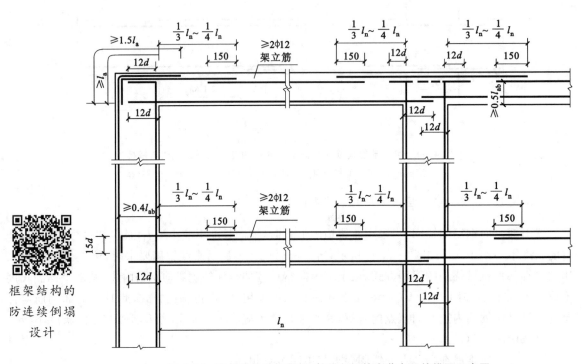

框架结构的
防连续倒塌
设计

图 4-36 非抗震设计框架梁、柱纵向钢筋在节点区的锚固示意图

4.8.5.5 框架节点范围内箍筋设置要求

梁柱节点处于剪压复合受力状态,为保证节点具有足够的受剪承载力,防止节点产生剪切脆性破坏,必须在框架节点范围内设置足够数量的水平箍筋,间距不宜大于 250 mm,并且应符合对柱中箍筋的构造要求。对四边均有梁与之相连的中间节点,节点内可只设沿周边的矩形箍筋。当顶层端节点内设有梁上部纵向钢筋和柱外侧纵向钢筋的搭接接头时,节点内水平箍筋的布置应依照纵向钢筋搭接范围内箍筋的布置要求确定。

4.9 框架结构设计典型例题

框架结构的
抗震设计

4.9.1 设计资料

某中学 6 层现浇钢筋混凝土框架结构教学楼,柱网布置如图 4-37 所示,各层层高均为 3.6 m。拟建房屋所在地的基本雪压 $s_0 = 0.35$ kN/m²,基本风压 $w_0 = 0.6$ kN/m²,地面粗糙度为 B 类,不考虑抗震设防,设计使用年限为 50 年。

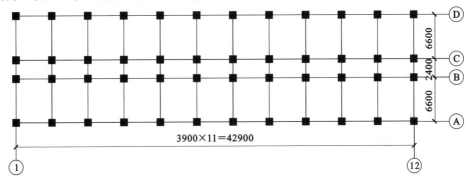

图 4-37 柱网布置

年降雨量为 700 mm,常年地下水位在地表下 6.5 m,水质对混凝土无侵蚀性。地基承载力特征值 $f_{ak} = 175$ kN/m²。

4.9.2 截面尺寸及计算简图

楼面及屋面均采用现浇混凝土结构,楼板厚度取 100 mm。梁截面高度按梁跨度的 1/18~1/10 估算,由此估算的梁截面尺寸见表 4-8,表中还给出了各层梁、柱和板的混凝土强度等级。其强度设计值为:C30($f_c = 14.3$ kN/m²,$f_t = 1.43$ kN/m²)。

表 4-8 梁截面尺寸及各层混凝土强度等级 （单位:mm)

层次	混凝土强度等级	横梁($b \times h$)		纵梁($b \times h$)
		AB 跨、CD 跨	BC 跨	
1 层、2 层	C30	300×600	300×450	300×450
3~6 层		300×600	300×450	300×450

柱截面尺寸可根据式(4-3)估算。各层的重力荷载可近似取 14 kN/m²,由图 4-37 可知,边柱及中柱的负载面积分别为 3.9 m×3.3 m 和 3.9 m×4.5 m。由式(4-3)和式(4-4)可得第 1 层柱截面面积为:

边柱

$$A_c \geqslant 1.2 \frac{N}{f_c} = \frac{1.2 \times (1.25 \times 3.9 \times 3.3 \times 14 \times 10^3 \times 6)}{14.3}$$

$$= 113400 (\text{mm}^2)$$

中柱

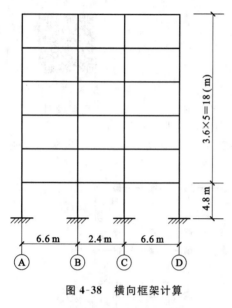

图4-38 横向框架计算

$$A_c \geqslant 1.2 \frac{N}{f_c} = \frac{1.2 \times (1.25 \times 3.9 \times 4.5 \times 14 \times 10^3 \times 6)}{14.3}$$
$$= 154637(\text{mm}^2)$$

如取柱截面为正方形,则边柱和中柱截面尺寸分别为337 mm 和393 mm。根据上述估算结果并综合考虑其他因素,该设计柱截面尺寸取值为:1层500 mm×500 mm;2~6层450 mm×450 mm。基础选用条形基础,基础埋深取2.0 m(自室外地坪算起),肋梁高度取1.2 m,室内、外地坪高度差为0.5 m。

本例仅取一榀横向中间框架进行分析,其计算简图如图4-38所示。取顶层柱的形心线作为框架柱的轴线,各层柱轴线重合;梁轴线取在板底处,2~6层柱计算高度即为层高,取3.6 m;底层柱计算高度从基础梁顶面算至一层板底,即:

$$h_1 = 3.6 + 0.5 + 2.0 - 1.2 - 0.1 = 4.8(\text{m})$$

4.9.3 竖向荷载及水平荷载计算

4.9.3.1 重力荷载计算

(1)屋面及楼面的永久荷载标准值

① 屋面(上人)。

30 mm 厚细石混凝土保护层:	$24 \times 0.03 = 0.72(\text{kN/m}^2)$
三毡四油防水层:	$0.40(\text{kN/m}^2)$
20 mm 厚水泥砂浆找平层:	$20 \times 0.02 = 0.40(\text{kN/m}^2)$
150 mm 水泥蛭石保温层:	$5 \times 0.15 = 0.75(\text{kN/m}^2)$
100 mm 厚钢筋混凝土板:	$25 \times 0.10 = 2.50(\text{kN/m}^2)$
15 mm 厚混合砂浆抹底:	$17 \times 0.015 = 0.26(\text{kN/m}^2)$

$5.03(\text{kN/m}^2)$

② 1~6层楼面。

水磨石面层:	$0.65(\text{kN/m}^2)$
30 mm 厚 C20 细石混凝土找平层:	$24 \times 0.03 = 0.72(\text{kN/m}^2)$
100 mm 厚钢筋混凝土板:	$25 \times 0.10 = 2.50(\text{kN/m}^2)$
15 mm 厚混合砂浆抹板底:	$17 \times 0.015 = 0.26(\text{kN/m}^2)$

$4.13(\text{kN/m}^2)$

(2)屋面及楼面的可变荷载标准值

上人屋面均布荷载标准值:	$2.0(\text{kN/m}^2)$
楼面活荷载标准值(房间):	$2.5(\text{kN/m}^2)$
楼面活荷载标准值(走廊):	$3.5(\text{kN/m}^2)$
屋面雪荷载标准值:	$s_k = \mu_r \cdot s_0 = 1.0 \times 0.35 = 0.35(\text{kN/m}^2)$

其中，μ_r 为屋面积雪分布系数，取 1.0。

（3）梁、柱、墙、门、窗等重力荷载计算

梁、柱可根据截面尺寸、材料密度等计算出单位长度的重力荷载，因计算楼、屋面的永久荷载时，已考虑了板的自重，故在计算梁的自重时，应从梁截面高度中减去板的厚度。

内墙为 250 mm 厚水泥空心砖（9.6 kN/m³），两侧均为 20 mm 厚抹灰，则墙面单位面积重力荷载为：

$$9.6 \times 0.25 + 17 \times 0.02 \times 2 = 3.08 (kN/m^2)$$

外墙也为 250 mm 水泥空心砖，外墙面贴瓷砖（0.5 kN/m²），内墙面为 20 mm 厚抹灰（0.34 kN/m²），则外墙面单位面积重力荷载为：

$$9.6 \times 0.25 + 0.5 + 0.34 = 3.24 (kN/m^2)$$

外墙窗尺寸为 1.8 m×2.1 m，单位面积自重为 0.4 kN/m²。

4.9.3.2 风荷载计算

风荷载标准值按式（4-5）计算。基本风压 $w_0 = 0.6$ kN/m²，风载体型系数 $\mu_s = 0.8$（迎风面）和 $\mu_s = -0.5$（背风面）。因 $H = 22.8$ m < 30 m 且 $H/B = 22.8/15.6 = 1.46 < 1.5$，所以不考虑风振系数，取 $\beta_z = 1.0$，风压高度变化系数 μ_z 可由附表 13 查得，不能直接查取时，采用线性内插法。

将风荷载转换为作用于框架每层节点的集中荷载，如图 4-39 所示，计算过程如表 4-9 所示。

表 4-9   **风荷载标准值计算表**

层次	β_z	μ_s	z/m	μ_z	$w_0/(kN/m^2)$	迎风面面积 A/m^2	F_{wk}/kN
6	1.0	1.3	22.1	1.2636	0.60	7.020	6.919
5	1.0	1.3	18.5	1.2000	0.60	14.040	13.141
4	1.0	1.3	14.9	1.1274	0.60	14.040	13.395
3	1.0	1.3	11.3	1.0338	0.60	14.040	12.215
2	1.0	1.3	7.7	1.0000	0.60	14.040	10.951
1	1.0	1.3	4.1	1.0000	0.60	15.015	11.712

4.9.4 竖向荷载作用下框架结构内力分析

4.9.4.1 计算单元与计算简图

竖向荷载作用下框架结构内力仍取中间框架进行计算。由于楼面荷载均匀分布，所以可取两轴线之间的长度为计算单元宽度，如图 4-40 所示。

因梁板为整体现浇，且各区格为双向板，故直接传给横梁的楼面荷载为梯形分布荷载（边梁）或三角形分布荷载（走道梁），计算单元范围内的其余荷载通过纵梁以集中荷载的形式传给框架柱。另外，本例中纵梁轴线与柱轴线不重合，所以作用在框架上的荷载还有集中力矩。框架横梁自重以及直接作用在横梁上的填充墙体自重则按均布荷载考虑。竖向荷载作用下框架结构计算简图，如图 4-41 所示。

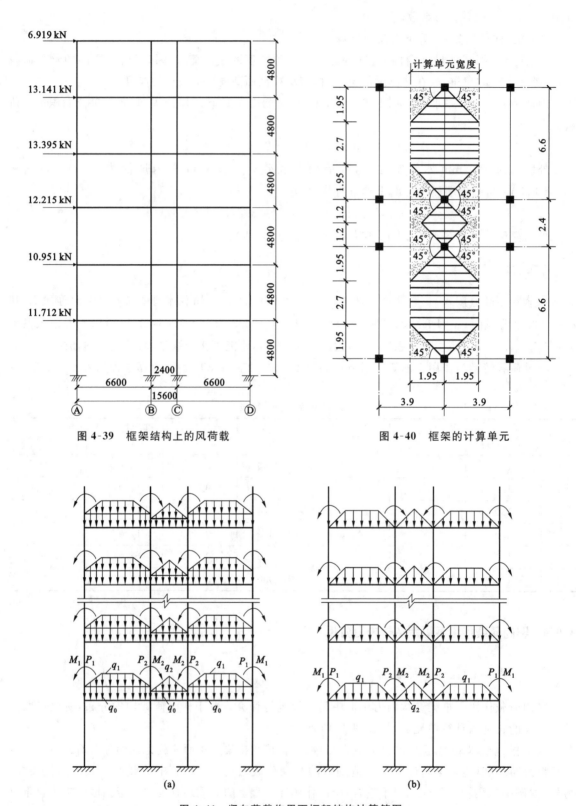

图 4-39　框架结构上的风荷载

图 4-40　框架的计算单元

(a)

(b)

图 4-41　竖向荷载作用下框架结构计算简图

(a) 恒荷载作用下；(b) 活荷载作用下

4.9.4.2　荷载计算

下面以 2～5 层的恒荷载计算为例,说明荷载计算方法,其余荷载计算过程从略,计算结果见表 4-10。

表 4-10　　　　　　　　　　　　各层梁上的竖向荷载标准值

层次	恒荷载								活荷载					
	q_0	q_0'	q_1	q_2	P_1	P_2	M_1	M_2	q_1	q_2	P_1	P_2	M_1	M_2
6	3.75	2.63	19.62	12.07	29.36	45.66	2.20	3.42	7.8	4.8	7.61	14.09	0.57	1.06
2～5	12.99	2.63	16.11	9.91	50.417	72.79	3.78	5.46	9.75	8.4	9.51	20.85	0.71	1.56
1	12.99	2.63	16.11	9.91	50.417	72.79	5.04	7.28	9.75	8.4	9.51	20.85	0.95	2.09

注:表中 q_0、q_0'、q_1、q_2 的单位为 kN/m;P_1、P_2 的单位为 kN;M_1、M_2 的单位为 kN·m。

在图 4-41(a)中,q_0 及 q_0' 包括梁自重(扣除板自重)和填充墙自重,由 4.9.3 小节的有关数据得:

$$q_0 = 0.3 \times (0.6 - 0.1) \times 25 + 3.08 \times (3.6 - 0.6) = 12.99 \text{(kN/m)}$$

$$q_0' = 0.3 \times (0.45 - 0.1) \times 25 = 2.63 \text{(kN/m)}$$

q_1、q_2 为板自重传给横梁的梯形和三角形分布荷载峰值,由图 4-40 所示计算单元可得:

$$q_1 = 4.13 \times 3.9 = 16.11 \text{(kN/m)}$$

$$q_2 = 4.13 \times 2.4 = 9.91 \text{(kN/m)}$$

P_1、M_1、P_2、M_2 分别为通过纵梁传给柱的板自重、纵向梁自重、纵墙自重所产生的集中荷载和集中力矩。外纵向梁外侧与柱外侧齐平,内纵梁一侧与柱的走道侧齐平,则:

$$P_1 = 4.13 \times \frac{1.95^2}{2} \times 2 + 0.3 \times (0.45 - 0.1) \times 25 \times 3.9 + 3.24$$

$$\times \lceil (3.6 - 0.45) \times (3.9 - 0.45) - 1.8 \times 2.1 \rceil + 1.8 \times 2.1 \times 0.4$$

$$= 50.417 \text{(kN)}$$

$$M_1 = 50.417 \times \left(\frac{0.45 - 0.3}{2}\right) = 3.78 \text{(kN·m)}$$

同理,可计算出 P_2、M_2,见表 4-10。

4.9.4.3　梁、柱线刚度计算

框架梁线刚度 $i_b = EI_b/l$,因取中间框架计算,故 $i_b = 2E_cI_0/l$,其中 I_0 为按 $b \times h$ 的矩形截面计算所得的梁截面惯性矩,计算结果见表 4-11。柱线刚度 $i_c = E_cI_c/h_c$,计算结果见表 4-12。

表 4-11　　　　　　　　　　　　梁线刚度

类别	$E_c/(\text{N/mm}^2)$	$b \times h/\text{mm}$	I_0/mm^4	l/mm	$i_b = 2E_cI_0/l/(\text{N·mm})$
边梁	2.80×10^4	300×600	5.4×10^9	6600	4.582×10^{10}
走道梁	2.80×10^4	300×450	2.278×10^9	2400	5.315×10^{10}

表 4-12　　　　　　　　　　　　　　　　　　柱线刚度

层次	层高/mm	$b \times h$/mm	E_c/(N/mm^2)	I_c/mm^4	$i_c = E_c I_c / h_c$/(N·mm)
2～6 层	3600	450×450	2.80×10^4	3.417×10^9	2.658×10^{10}
1 层	4800	500×500	2.80×10^4	5.208×10^9	3.038×10^{10}

4.9.4.4　竖向荷载作用下框架内力计算

本例中,因结构和荷载均对称,故取对称轴一侧的框架为计算对象,且中间跨梁取为竖向滑动支座。另外,除底层和顶层的荷载数值略有不同外,其余各层荷载的分布和数值相同。为简化计算,沿竖向取 5 层框架计算,其中 1、2 层代表原结构的底部两层,第 3 层代表原结构的 3～4 层,4、5 层代表原结构的顶部两层,如图 4-42、图 4-43 所示。

用 4.5.1 小节所述的弯矩二次分配法计算杆端弯矩。首先计算杆端弯矩分配系数。由于计算简图中的中间跨梁跨长为原梁跨长的一半,故其线刚度应取表 4-11 所列值的 2 倍。下面以第 1 层两个框架节点的杆端弯矩分配系数计算为例,说明计算方法,其中 S_A、S_B 分别表示边节点和中节点各杆端的转动刚度之和。

$$S_A = 4 \times (2.658 + 3.038 + 4.582) \times 10^{10} = 4 \times 10.278 \times 10^{10} (\text{N·mm/rad})$$

$$S_B = 4 \times (4.582 + 2.658 + 3.038) \times 10^{10} + 2 \times 5.315 \times 10^{10} = 51.742 \times 10^{10} (\text{N·mm/rad})$$

$$\mu^A_{右梁} = 1 - 0.259 - 0.295 = 0.446$$

$$\mu^A_{上柱} = \frac{4 \times 2.658}{4 \times 10.278} = 0.259$$

$$\mu^A_{下柱} = \frac{4 \times 3.038}{4 \times 10.278} = 0.295$$

$$\mu^B_{上柱} = \frac{4 \times 2.658}{51.742} = 0.205$$

$$\mu^B_{下柱} = \frac{4 \times 3.038}{51.742} = 0.235$$

$$\mu^B_{左梁} = \frac{4 \times 4.582}{51.742} = 0.354$$

$$\mu^B_{右梁} = \frac{2 \times 5.315}{51.742} = 0.206$$

其余各节点的杆端弯矩分配系数计算过程从略,计算结果如图 4-42、图 4-43 所示。

其次计算杆件固端弯矩。现以在恒荷载作用下第 1 层的边跨梁和中间跨梁为例,说明计算方法。边跨梁的固端弯矩为:

$$M_A = -\frac{1}{12} q_0 l^2 - \frac{1}{12} q_1 l^2 (1 - 2\alpha^2 + \alpha^3)$$

$$= -\frac{1}{12} \times 12.99 \times 6.6^2 - \frac{1}{12} \times 16.11 \times 6.6^2 \times \left[1 - 2 \times \left(\frac{1.95}{6.6}\right)^2 + \left(\frac{1.95}{6.6}\right)^3\right]$$

$$= -96.93 (\text{kN·m})$$

中间跨梁的固端弯矩为:

$$M_B = -\frac{1}{3} q_0' l^2 - \frac{5}{24} q_2 l^2 = -\frac{1}{3} \times 2.63 \times 1.2^2 - \frac{5}{24} \times 9.91 \times 1.2^2 = -4.24 (\text{kN·m})$$

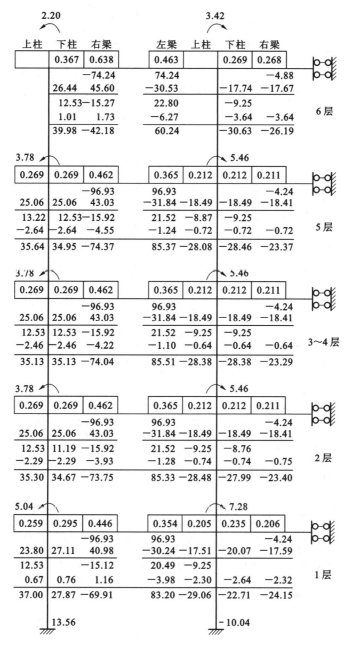

图 4-42　恒荷载作用下框架结构的弯矩二次分配

恒荷载作用下框架各节点的弯矩分配以及杆端分配弯矩的传递过程在图 4-42 中进行,活荷载作用下框架各节点的弯矩分配及杆端分配弯矩的传递过程在图 4-43 中进行。最后所得的杆端弯矩应为固端弯矩、分配弯矩和传递弯矩的代数和,不得计入节点力矩(因为节点力矩是外部作用,不是截面内力)。梁跨间最大弯矩根据梁两端的杆端弯矩及作用于梁上的荷载,用平衡条件求得。图 4-44(a)是恒荷载作用下的框架弯矩图,图 4-44(b)是活荷载作用下的框架弯矩图。

根据作用于梁上的荷载及梁端弯矩,用平衡条件可求得梁端剪力及梁跨中截面弯矩。将柱两侧的梁端剪力、节点集中力及柱轴力叠加,即得柱轴力。例如,在恒荷载作用下,第 6 层 B 柱上的轴力为:

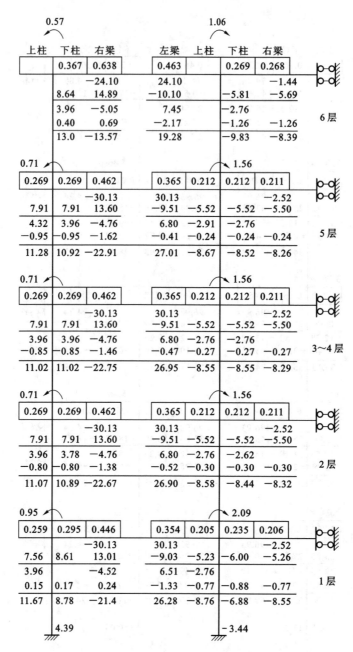

图 4-43　活荷载作用下框架结构的弯矩二次分配

$$N_B^u = 60.72 + 10.40 + 45.66 = 116.78(\text{kN})$$

该层柱下端的轴力应计入柱的自重，即：

$$N_B^b = 116.78 + 0.45 \times 0.45 \times 3.6 \times 25 = 135.01(\text{kN})$$

梁端剪力及柱轴力的计算结果见表 4-13。

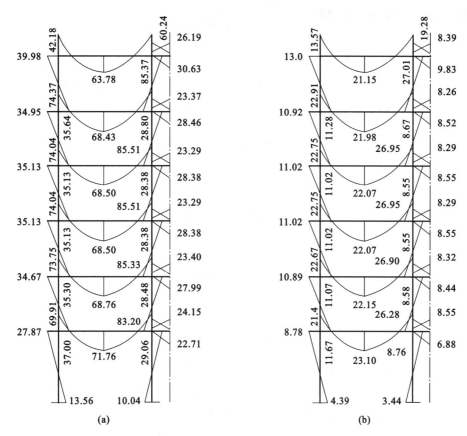

图 4-44　竖向荷载作用下框架弯矩图(单位:kN·m)

(a) 恒荷载作用下框架弯矩图;(b) 活荷载作用下框架弯矩图

表 4-13　　　　　　　　　　　　竖向荷载作用下梁端剪力及柱轴力　　　　　　　　　　(单位:kN)

层次	恒载内力							活载内力				
	梁端剪力			A 柱轴力		B 柱轴力		梁端剪力			柱轴力	
	V_A	V_b^l	$V_B^r=V_C^l$	N_A^u	N_A^b	N_B^u	N_B^b	V_A	V_b^l	$V_B^r=V_C^l$	N_A	N_B
6	55.26	60.72	10.40	84.62	102.85	116.78	135.01	17.27	19.00	2.88	24.88	35.97
5	78.66	81.99	9.10	231.93	250.16	298.89	317.12	22.05	23.29	5.04	56.44	85.15
4	78.58	82.07	9.10	379.16	397.38	481.08	499.31	22.03	23.31	5.04	87.98	134.35
3	78.58	82.07	9.10	526.38	544.60	663.28	681.51	22.03	23.31	5.04	119.52	183.55
2	78.57	82.08	9.10	673.59	691.81	845.48	863.71	22.03	23.31	5.04	152.06	232.75
1	78.31	82.34	9.10	820.54	850.54	1027.94	1057.94	21.93	23.41	5.04	183.50	282.05

4.9.5 风荷载作用下框架结构分析

4.9.5.1 框架结构侧向刚度计算

柱侧向刚度按式(4-17)计算,其中 α 按表 4-4 所列公式计算,梁、柱线刚度分别见表 4-11、表 4-12。例如,第 2 层边柱和中柱的侧向刚度计算如下:

$$\overline{K} = \frac{\sum i_{\mathrm{b}}}{2i_{\mathrm{c}}} = \frac{4.582 \times 2}{2 \times 2.658} = 1.724$$

$$\alpha = \frac{\overline{K}}{2 + K} = \frac{1.724}{2 + 1.724} = 0.463$$

$$D_{21} = \alpha \frac{12i_{\mathrm{c}}}{h^2} = 0.463 \times \frac{12 \times 2.658 \times 10^{10}}{3600^2} = 11395 (\mathrm{N/mm})$$

$$\overline{K} = \frac{\sum i_{\mathrm{b}}}{2i_{\mathrm{c}}} = \frac{(4.582 + 5.315) \times 2}{2 \times 2.658} = 3.723$$

$$\alpha = \frac{\overline{K}}{2 + \overline{K}} = \frac{3.723}{2 + 3.723} = 0.651$$

$$D_{22} = \alpha \frac{12i_{\mathrm{c}}}{h^2} = 0.651 \times \frac{12 \times 2.658 \times 10^{10}}{3600^2} = 16022 (\mathrm{N/mm})$$

该层一榀横向框架的总侧向刚度为:

$$D_2 = (11395 + 16022) \times 2 = 54834 (\mathrm{N/mm})$$

其余各层柱侧向刚度计算过程从略,计算结果见表 4-14。

表 4-14　　　　　　　　　　　**各层柱侧向刚度 D 值**　　　　　　　　　（单位:N/mm）

层次	边柱			中柱			$\sum D$
	$\overline{K}$	α	D_{i1}	$\overline{K}$	α	D_{i2}	
2~6	1.724	0.463	11395	3.723	0.651	16022	54834
1	1.508	0.572	9051	3.258	0.715	11313	40728

4.9.5.2 侧移二阶效应的考虑

首先需按式(4-1)验算是否须考虑侧移二阶效应的影响,式中的 $\sum_{j=i}^{n} G_j$ 可根据图 4-23 中各层柱下端截面的轴力计算,且应转换为设计值,计算结果见表 4-15。

表 4-15　　　　　　　　　　　**各楼层重力荷载设计值计算**

层次	层高/m	恒载轴力标准值/kN		活载轴力标准值/kN		G_i/kN	G_i/h_i/(kN/m)
		A柱	B柱	A柱	B柱		
6	3.6	102.85	135.01	24.88	35.97	741.244	205.90
5	3.6	250.16	317.12	56.44	85.15	1757.924	488.31

续表

层次	层高/m	恒载轴力标准值/kN		活载轴力标准值/kN		G_i/kN	G_i/h_i/(kN/m)
		A柱	B柱	A柱	B柱		
4	3.6	397.38	499.31	87.98	134.35	2774.580	770.72
3	3.6	544.60	681.51	119.52	183.55	3791.260	1053.13
2	3.6	691.81	863.71	152.06	232.75	4810.716	1336.31
1	4.8	850.54	1057.94	183.50	282.05	5883.892	1225.81

比较表 4-14 与表 4-15 中的相应数值可见,各层均满足式(4-1)的要求,即本例的框架结构不需要考虑侧移二阶效应的影响。

4.9.5.3　框架结构侧移验算

根据图 4-39(b)所示的水平荷载,由式(4-10)计算层间剪力 V_i,然后依据表 4-14 所列的各层间柱侧向刚度,按式(4-19)计算各层的相对侧移,计算过程见表 4-16。由于该房屋的高宽比 ($H/B=22.8/15.6=1.46$)较小,故可以不考虑柱轴向变形产生的侧移。

表 4-16　　　　　　　　　　　　　　层间剪力及侧移计算

层次	6	5	4	3	2	1
F_i/kN	6.919	13.141	13.395	12.215	10.951	11.712
V_i/kN	6.919	20.060	33.455	45.670	56.621	68.333
$\sum D$/(N/mm)	54834	54834	54834	54834	54834	40718
(Δu_i)/mm	0.126	0.366	0.610	0.832	1.032	1.678
$(\Delta u_i)/h_i$	1/28571	1/9841	1/5900	1/4322	1/3488	1/2860

按式(4-20)及各楼层侧移允许值进行侧移验算,验算结果见表 4-16,由表 4-16 可知,各层的层间侧移角均小于 1/550,满足要求。

4.9.5.4　框架结构内力计算

按式(4-10)计算各柱的分配剪力,然后按式(4-18)计算反弯点高度,进而求得柱端弯矩。由于结构对称,故只需计算一根中柱的内力,计算过程见表 4-17。表 4-17 中的反弯点高度比 y 是按式(4-18)确定的,其中标准反弯点高度比 y_0 查均布荷载作用下的相应值(附表15)可得;第 2 层柱考虑了修正值 y_3,底层柱考虑了修正值 y_2,其余柱均无修正。

表 4-17　　　　　　　　　　　　风荷载作用下各层框架柱端弯矩计算

层次	层高/m	V_i/kN	D_i/(N/mm)	边柱						中柱					
				D_{i1}	V_{i1}	$\overline{K}$	y	M_{i1}^b	M_{i1}^u	D_{i2}	V_{i2}	$\overline{K}$	y	M_{i2}^b	M_{i2}^u
6	3.6	6.919	54834	11395	1.438	1.724	0.386	1.998	3.179	16022	2.022	3.723	0.450	3.275	4.002

层次	层高/m	V_i/kN	D_i/(N/mm)	边柱						中柱					
				D_{i1}	V_{i1}	$\overline{K}$	y	M_{i1}^b	M_{i1}^u	D_{i2}	V_{i2}	$\overline{K}$	y	M_{i2}^b	M_{i2}^u
5	3.6	20.060	54834	11395	4.169	1.724	0.436	6.546	8.464	16022	5.861	3.723	0.486	10.255	10.846
4	3.6	33.455	54834	11395	6.952	1.724	0.450	11.263	13.765	16022	9.775	3.723	0.500	17.595	17.595
3	3.6	45.670	54834	11395	9.491	1.724	0.486	16.605	17.561	16022	13.344	3.723	0.500	24.020	24.020
2	3.6	56.621	54834	11395	11.766	1.724	0.500	21.179	21.179	16022	16.544	3.723	0.500	29.779	29.779
1	4.8	68.333	40728	9051	15.186	1.508	0.599	43.662	29.229	11313	18.981	3.258	0.550	50.109	40.999

注：表中剪力 V 的单位为 kN；弯矩 M 的单位为 kN·m。

梁端弯矩按式(4-14)和式(4-15)计算，然后由平衡条件求出梁端剪力及柱轴力，计算过程见表 4-18。在图 4-44(b)所示的风荷载作用下，框架左侧的边柱轴力和中柱轴力均为拉力，右侧的两根柱轴力应为压力，总拉力与总压力数值相等，符号相反。

表 4-18　　　　　　风荷载作用下梁端弯矩、剪力及柱轴力计算

层次	边梁				走道梁				柱轴力	
	M_b^l	M_b^r	l	V_b	M_b^l	M_b^r	l	V_b	边柱	中柱
6	3.179	1.853	6.6	0.762	2.149	2.149	2.4	1.791	−0.762	−1.029
5	10.462	6.538	6.6	2.576	7.583	7.583	2.4	6.319	−3.338	−4.772
4	20.311	12.895	6.6	5.031	14.955	14.955	2.4	12.463	−8.369	−12.204
3	28.824	19.268	6.6	7.287	22.347	22.347	2.4	18.623	−15.656	−23.540
2	37.784	24.909	6.6	9.499	28.890	28.890	2.4	24.075	−24.155	−38.116
1	50.408	32.772	6.6	12.603	38.008	38.008	2.4	31.673	−36.758	−57.186

注：表中剪力和轴力的单位为 kN；弯矩的单位为 kN·m；梁跨度的单位为 m。

框架弯矩图如图 4-45 所示。

4.9.6　框架结构内力组合

本小节仅以第 1 层的梁、柱内力组合和截面设计为例，说明设计方法，其他层的从略。

4.9.6.1　梁控制截面内力标准值

表 4-19 是第 1 层梁在恒载、活载和风荷载标准值作用下，柱轴线处及柱边缘处（控制截面）的梁端弯矩值和剪力值，其中柱轴线处的弯矩值和剪力值取自表 4-13、表 4-17 和图 4-44、图 4-45；柱边缘处的梁端弯矩值和剪力值按下述方法计算。

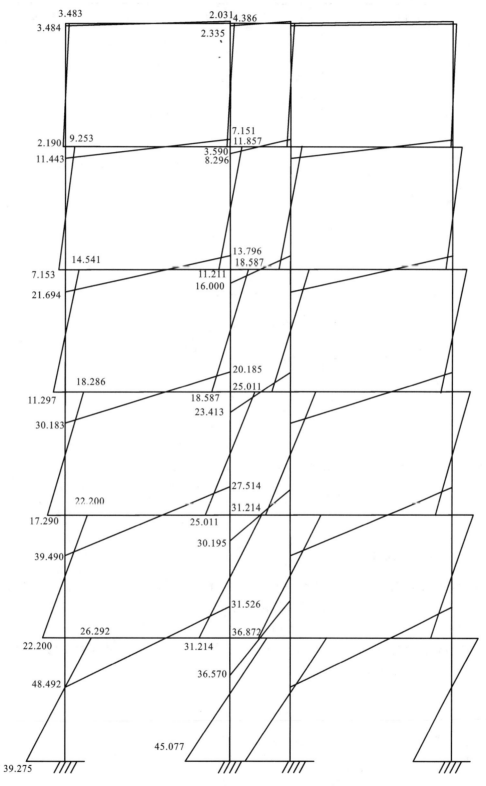

图 4-45 风荷载作用下框架弯矩图(另一半弯矩反对称)(单位:kN·m)

表 4-19 第 1 层梁端控制截面内力标准值（左风）

截面	恒载内力				活载内力				风载内力			
	柱轴线处		柱边缘处		柱轴线处		柱边缘处		柱轴线处		柱边缘处	
	M	V	M	V	M	V	M	V	M	V	M	V
A	−69.91	78.31	−50.33	75.06	−21.40	21.93	−15.92	21.93	50.408	12.603	47.26	12.603
B_l	−83.20	82.34	−62.62	79.09	−26.28	23.41	−20.43	23.41	−32.772	12.603	−29.621	12.603
B_r	−24.15	9.10	−21.88	8.44	−8.55	5.04	−7.29	5.04	38.008	31.673	30.190	31.673

注：表中弯矩的单位为 kN·m；剪力和轴力的单位为 kN；支座截面上部受拉时为负弯矩（−M），下部受拉时为正弯矩（M）。

在竖向荷载作用下：

$$M_b = M - \frac{V \cdot b}{2}$$

$$V_b = V - \frac{q \cdot b}{2}$$

例如，恒载作用下 A 支座边缘处的 M_b 和 V_b 分别为：

$$M_b = M - \frac{V \cdot b}{2} = 69.91 - \frac{78.31 \times 0.5}{2} = 50.33 (kN \cdot m)$$

$$V_b = V - \frac{q \cdot b}{2} = 78.31 - \frac{12.99 \times 0.5}{2} = 75.06 (kN)$$

在风荷载作用下：

$$M_b = M - \frac{V \cdot b}{2}$$

$$V_b = V$$

例如，风载作用下 A 支座边缘处的弯矩值和剪力值分别为：

$$M_b = M - \frac{V \cdot b}{2} = 50.408 - \frac{12.603 \times 0.5}{2} = 50.41 (kN \cdot m)$$

$$V_b = V = 12.603 (kN)$$

4.9.6.2 梁控制截面内力组合值

梁内力组合按 4.7.4 小节所述方法进行，第 1 层梁控制截面内力组合值见表 4-20，相应截面的内力标准值取自表 4-19。组合时，竖向荷载作用下的梁支座截面负弯矩乘了调幅系数 0.8，以考虑塑性内力重分布，跨中截面弯矩相应增大（由平衡条件确定）；当风荷载作用下支座截面为正弯矩且与永久荷载效应组合时，根据《荷载规范》3.2.4 条规定，当永久荷载效应对结构有利时，永久荷载分项系数应不大于 1.0，取 1.0。

表 4-20　　　　　　　　　　　第 1 层梁控制截面组合的内力设计值

截面		$1.2S_{Gk}\pm1.0\times1.4S_{Wk}+0.7\times1.4S_{Qk}$ 或 $1.0S_{Gk}\pm1.0\times1.4S_{Wk}+0.7\times1.4S_{Qk}$				$1.2S_{Gk}+1.0\times1.4S_{Qk}\pm0.6\times1.4S_{Wk}$ 或 $1.0S_{Gk}+1.0\times1.4S_{Qk}\pm0.6\times1.4S_{Wk}$				$1.35S_{Gk}+$ $0.7\times1.4S_{Gk}$	
		→		←		→		←			
		M	V	M	V	M	V	M	V	M	V
支座	A	13.42	89.41	−126.93	127.65	−18.37	89.15	−105.82	57.87	−83.55	118.91
	B_l	−117.03	−132.79	−24.64	−94.55	−107.88	133.04	−48.10	73.33	−104.56	−125.80
	B_r	19.04	−31.97	−68.99	53.38	−0.31	52.81	−54.53	−32.53	−36.68	13.64
跨中	AB	146.20	—	120.33	—	148.90		134.05	—	118.15	
	BC	18.37	—	18.37	—	−0.71		−0.71	—	−28.57	

注：表中弯矩 M 的单位为 kN·m，剪力 V 的单位为 kN；支座截面上部受拉时为负弯矩（$-M$），下部受拉时为正弯矩（M），剪力以绕杆顺时针为正。

下面以第 1 层 AB 跨梁为例，说明在 $1.2S_{Gk}\pm1.0\times1.4S_{Wk}+0.7\times1.4S_{Qk}$ 或 $1.0S_{Gk}\pm1.0\times1.4S_{Wk}+0.7\times1.4S_{Qk}$ 组合项中，各内力组合值的确定方法。

在左风荷载（→）作用下，由表 4-19 中的有关数据，并对竖向荷载作用下的梁端负弹性弯矩乘以系数 0.8，可得 A 端及 B_l 端的弯矩组合值为：

$$M_A=1.0\times0.8M_{Gk}+1.0\times1.4M_{Wk}+0.7\times1.4\times0.8M_{Qk}$$
$$=1.0\times0.8\times(-50.33)+1.0\times1.4\times47.26+0.7\times1.4\times0.8\times(-15.92)$$
$$=13.42(kN\cdot m)$$
$$M_{Bl}=1.2\times0.8M_{Gk}+1.0\times1.4M_{Wk}+0.7\times1.4\times0.8M_{Qk}$$
$$=1.2\times0.8\times(-62.62)+1.0\times1.4\times(-29.21)+0.7\times1.4\times0.8\times(-20.43)$$
$$=-117.03(kN\cdot m)$$

梁两端截面的剪力及跨间弯矩可根据梁的平衡条件求得，如图 4-46 所示。其中作用于梁上的恒荷载和活荷载设计值分别为：

$$q_0=1.2\times12.99=15.59(kN/m)$$
$$q_1=1.2\times16.11+0.7\times1.4\times9.75=28.887(kN/m)$$

由于梁端弯矩系支座边缘处的弯矩值，故计算时应取净跨为：

$$l_n=6.6-0.5=6.1(m)$$

由图 4-46 可得梁两端的剪力值为：

$$V_A=\left(\frac{15.59\times6.1}{2}+\frac{28.887\times1.70}{2}+\frac{28.887\times2.7}{2}\right)-\left(\frac{12.42+117.03}{6.1}\right)$$
$$=111.10-21.39=89.71(kN)$$
$$V_{Bl}=111.10+21.39=132.49(kN)$$

假定梁跨中最大弯矩至 A 端的距离为 x，且 $x>1.7$ m，则最大弯矩处的剪力应满足：

$$V(x)=89.71-15.59x-\frac{1.7\times28.887}{2}-28.887(x-1.7)=0$$

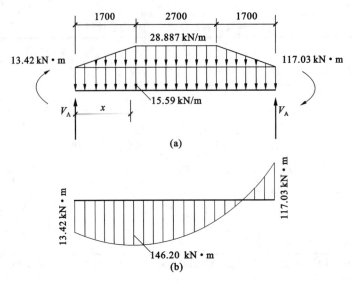

图 4-46 第 1 层 AB 跨梁

由此得 $x=2.569$ m>1.7 m，与初始假定相符，所得 x 有效。梁跨中最大弯矩为：

$$M=13.42+89.71\times2.569-\frac{1}{2}\times15.59\times2.569^2-\frac{1.7\times28.887}{2}\times\left(2.569-\frac{1.7\times2}{3}\right)$$

$$-\frac{28.887}{2}\times(2.572-1.7)^2=146.20(\text{kN}\cdot\text{m})$$

同样，可求出有右风荷载($\leftarrow$)作用下，梁端截面弯矩、剪力及跨中截面弯矩。在考虑风荷载效应的组合项中，BC 跨梁跨中无最大正弯矩，此时取相应的支座正弯矩作为跨中截面下部纵向受力钢筋计算的依据；在"$1.35S_{Gk}+0.7\times1.4S_{Qk}$"组合中，BC 跨梁跨中为负弯矩。

4.9.6.3 柱控制截面内力组合值

柱控制截面为上、下端截面，其内力组合值见表 4-21。表 4-21 中的柱端弯矩，以绕柱端截面逆时针方向旋转为正；柱端剪力以绕柱端截面顺时针方向旋转为正。图 4-47 是第 1 层左侧 A、B 两柱在恒荷载、活荷载、左风及右风作用下的弯矩图以及相应的轴力和剪力的实际方向，组合时应根据此图确定内力值的正负号。

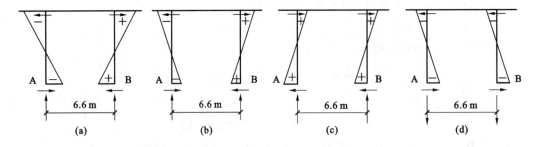

图 4-47 第 1 层左侧 A、B 两柱内力及方向示意图

(a) 恒荷载内力；(b) 活荷载内力；(c) 左风载内力；(d) 右风载内力

下面以第 1 层 A 柱上端截面在 $1.2S_{Gk}\pm1.0\times1.4S_{Wk}+0.7\times1.4S_{Qk}$ 或 $1.0S_{Qk}\pm1.0\times1.4S_{Wk}+0.7\times1.4S_{Qk}$ 组合项时的内力组合为例，说明组合方法。

在左风荷载（→）作用下：

$$M=1.0\times(-27.87)+1.0\times1.4\times29.299+0.7\times1.4\times(-8.78)=4.53(kN\cdot m)$$

$$N=1.0\times820.54+1.0\times1.4\times(-36.758)+0.7\times1.4\times183.5=948.91(kN)$$

$$V=1.0\times(-8.63)+1.0\times1.4\times15.186+0.7\times1.4\times(-2.74)=9.95(kN)$$

在右风荷载（←）作用下：

$$M=1.2\times(-27.87)+1.0\times1.4\times(-29.299)+0.7\times1.4\times(-8.78)=-82.97(kN\cdot m)$$

$$N=1.2\times820.54+1.0\times1.4\times36.758+0.7\times1.4\times183.50=1215.94(kN)$$

$$V=1.2\times(-8.63)+1.0\times1.4\times(-15.186)+0.7\times1.4\times(-2.74)=-34.30(kN)$$

4.9.7 梁、柱截面设计

4.9.7.1 梁截面设计

材料强度：C30（$f_c=14.3$ N/mm²，$f_t=1.43$ N/mm²）；HRB400级钢筋（$f_y=360$ N/mm²）。

从表4-20中，选择第1层梁的跨中和支座截面的最不利内力。

AB跨：

跨中截面　$M=148.90$ kN·m

支座截面　$M_A=-126.693$ kN·m，$M_{Bl}=-117.03$ kN·m

　　　　　$V_A=57.87$ kN，$V_{Bl}=-107.3$ kN

BC跨：

跨中截面　$M=18.37$ kN·m，$M=-28.57$ kN·m

支座截面　$M=-68.99$ kN·m，$V=-31.97$ kN

（1）梁正截面受弯承载力计算

AB跨梁：先计算跨中截面。因梁板现浇，故跨中按T形截面计算。$h_f'=100$ mm，$h_0=560$ mm，$h_f'/h_0=100/560=0.18>0.1$，因而$b_f'$不受此限制；$b+s_n=3900$ mm；$l_0/3=6600/3=2200(mm)$，故取$b_f'=2200$ mm。

$$\alpha_1 f_c b_f' h_f'(h_0-h_f'/2)=1.0\times14.3\times2200\times100\times\left(560-\frac{100}{2}\right)$$

$$=1604.46\times10^6(N\cdot mm)=1604.46(kN\cdot m)>148.90\ kN\cdot m$$

故属于第一类T形截面。

$$\alpha_s=\frac{M}{\alpha_1 f_c b_f' h_0^2}=\frac{148.90\times10^6}{1.0\times14.3\times2200\times560^2}=0.0151$$

$$\xi=1-\sqrt{1-2\alpha_s}=1-\sqrt{1-2\times0.0151}=0.0152$$

$$A_s=\frac{\alpha_1 f_c b_f' h_0\xi}{f_y}=\frac{1.0\times14.3\times2200\times560\times0.0152}{360}=743.85(mm^2)$$

因$0.45f_t/f_y=0.45\times1.43/360=0.00179<0.002$，$0.002bh=0.002\times300\times600=360(mm^2)<A_s$，故满足要求，实配钢筋3$\oplus$18（$A_s'=763$ mm²）。

将跨中截面的3$\oplus$18全部伸入支座，作为支座负弯矩作用下的受压钢筋（$A_s'=763$ mm²），据此计算支座上部纵向受拉钢筋的数量。

支座A：$M=-126.93$ kN·m，$A_s'=763$ mm²

$$\alpha_s=\frac{M-f_y'A_s'(h_0-a_s')}{\alpha_1 f_c b h_0^2}=\frac{126.93\times10^6-360\times763\times(560-40)}{1.0\times14.3\times300\times560^2}=-0.0118$$

$$\xi=1-\sqrt{1-2\alpha_s}=1-\sqrt{1+2\times0.01118}=-0.0119<\xi_b=0.518,\text{且}<\frac{2a_s'}{h_0}=0.1429$$

$$A_s=\frac{M}{f_y(h_0-a_s')}=\frac{126.93\times10^6}{360\times(560-40)}=678(\text{mm}^2)$$

实配钢筋 $2\Phi16+2\Phi14(A_s=710\ \text{mm}^2)$。

支座 $B_l:M=-117.03\ \text{kN}\cdot\text{m},A_s'=763\ \text{mm}^2$

$$A_s=\frac{M}{f_y(h_0-a_s')}=\frac{117.03\times10^6}{360\times(560-40)}=625(\text{mm}^2)$$

实配钢筋 $2\Phi16+2\Phi12(A_s=628\ \text{mm}^2)$。

BC 跨梁的计算方法与上述相同，计算结果为：

跨中截面 $2\Phi14(A_s=308\ \text{mm}^2)$

支座截面 $2\Phi16+1\Phi12(A_s=515\ \text{mm}^2)$

且 BC 跨梁支座截面上部钢筋不截断，全部拉通布置，以抵抗跨中截面的负弯矩。

（2）梁斜截面受剪承载力计算

AB 跨梁两端支座截面剪力值相差较小，所以两端支座截面均按 $V=134.64\ \text{kN}$ 确定箍筋数量。因为：

$$h_w/b=\frac{560}{300}=1.87<4$$

故

$$0.25\beta_c f_c bh_0=0.25\times1.0\times14.3\times300\times560=600.6(\text{kN})>V$$

可知，截面尺寸满足要求。

$$0.7f_t bh_0=0.7\times1.43\times300\times560=168.17(\text{kN})>V$$

故可按构造要求配置箍筋，取 $\Phi8@200$。

经计算，BC 跨梁也是按构造要求配置箍筋，取 $\Phi8@200$。

4.9.7.2　柱截面计算

下面以第 1 层 B 轴柱为例说明计算方法。

纵筋和箍筋选用 HRB400 级钢筋（$f_y=f_y'=360\ \text{N/mm}^2$），混凝土强度等级为 C30（$f_c=14.3\ \text{N/mm}^2$，$f_t=1.43\ \text{N/mm}^2$），取 $h_0=455\ \text{mm}$。

从 B 轴柱的 6 组内力中（表 4-21）选下列两组内力进行截面配筋计算。

第 1 组：$M_2=91.39\ \text{kN}\cdot\text{m},N=1626.00\ \text{kN};M_1=85.57\ \text{kN}\cdot\text{m}$。

第 2 组：$M_2=37.40\ \text{kN}\cdot\text{m},N=1704.63\ \text{kN};M_1=16.93\ \text{kN}\cdot\text{m}$。

（1）第 1 组内力的柱截面配筋计算

① 判断构件是否需要考虑附加弯矩。

取 $a_s=a_s'=45\ \text{mm},h_0=h-a_s=500-45=455(\text{mm})$

杆端弯矩比为：

$$\frac{M_1}{M_2}=-\frac{85.57}{91.39}=-0.94<0.9$$

轴压比为：

$$\frac{N}{Af_c}=\frac{1626.00\times10^3}{500\times500\times14.3}=0.455<0.9$$

表 4-21

第 1 层柱控制截面内力组合值表

截面		S_{Gk}	S_{Qk}	S_{wk}	$1.35S_{Gk}+$ $0.7\times1.4S_{Qk}$	$1.2S_{Gk}\pm1.0\times1.4S_{Qk}+$ $0.7\times1.4S_{wk}$ 或 $1.0S_{Gk}\pm1.0\times1.4S_{wk}+$ $0.7\times1.4S_{Qk}$		$1.2S_{Gk}\pm1.0\times1.4S_{Qk}+$ $0.6\times1.4S_{wk}$ 或 $1.0S_{Gk}\pm1.0\times1.4S_{Qk}\pm$ $0.6\times1.4S_{wk}$		$\lvert M\rvert_{max}$ N V	N_{max} N V	N_{min} N V
						→	↓	→	↓			
A柱 上端	M	-27.87	-8.78	±29.229	-46.23	4.53	-82.97	-15.61	-70.29	-82.97	-46.23	4.53
	N	820.54	183.50	±36.758	1287.56	948.91	1215.94	1046.56	1272.42	1215.94	1287.56	948.91
	V	-8.63	-2.74	±15.186	-14.34	9.95	-34.30	0.29	-26.95	-34.30	-14.34	9.95
A柱 下端	M	-13.56	-4.39	±43.662	-22.61	43.26	-81.70	16.97	-59.09	-81.70	-22.61	43.26
	N	850.54	183.50	±36.758	1328.06	978.91	1251.94	1076.56	1308.42	1251.94	1328.06	978.91
	V	-8.63	-2.74	±15.186	-14.34	9.95	-34.30	0.29	-26.95	-34.30	-14.34	9.95
B柱 上端	M	22.71	6.88	±40.999	37.40	91.39	-27.95	71.32	-2.10	91.39	37.40	-27.95
	N	1027.94	282.05	±57.186	1664.13	1590.00	1224.29	1676.45	1374.77	1590.00	1664.13	1224.29
	V	6.82	2.15	±18.981	11.31	36.74	-17.52	27.14	-6.11	36.74	11.31	-17.52
B柱 下端	M	10.04	3.44	±50.109	16.93	85.57	-56.74	59.03	-27.24	85.57	16.93	-56.74
	N	1057.94	282.05	±57.186	1704.63	1626.00	1254.29	1712.43	1404.77	1626.00	1704.63	1254.29
	V	6.82	2.15	±18.981	11.31	36.74	-17.52	27.14	-6.11	36.74	11.31	-17.52

注 1. 表中 M 的单位为 kN·m；N、V 的单位为 kN；

2. 弯矩以绕柱端截面逆时针方向旋转为正，剪力以顺时针方向为正，轴力以受压为正。

截面回转半径为:

$$i = \frac{h}{2\sqrt{3}} = \frac{500}{2\sqrt{3}} = 144.3(\text{mm})$$

长细比为:

$$\frac{l_c}{i} = \frac{4800}{144.3} = 33.3 < 34 - 12\frac{M_1}{M_2} = 34 - 12 \times \left(-\frac{83.56}{86.85}\right) = 45.28$$

故不需要考虑杆件自身挠曲变形的影响。

② 计算弯矩设计值。

$$M = C_m \eta_{ns} M_2 = 1.0 \times 91.39 = 91.39(\text{kN} \cdot \text{m})$$

③ 判断偏压类型。

$$e_0 = \frac{M}{N} = \frac{91.39 \times 10^6}{1626.00 \times 10^3} = 56.51(\text{mm})$$

$$\frac{h}{30} = \frac{500}{30} = 16.7(\text{mm}) < 20(\text{mm})$$

取 $e_a = 20\ \text{mm}$,则:

$$e_i = e_0 + e_a = 56.21 + 20 = 76.21(\text{mm}) < 0.3h_0 = 0.3 \times 455 = 137(\text{mm})$$

故 B 轴柱为小偏心受压构件。

④ 计算 A_s。

$$e = e_i + \frac{h}{2} - a_s = 76.21 + \frac{500}{2} - 45 = 281.21(\text{mm})$$

可按下式计算截面受压区相对高度为:

$$\xi = \frac{N - \alpha_1 f_c b h_0 \xi_b}{Ne - 0.43\alpha_1 f_c b h_0^2}{(\beta_1 - \xi_b)(h_0 - a_s')} + \alpha_1 f_c b h_0} + \xi_b$$

上式应满足 $N > \xi_b \alpha_1 f_c b h_0$ 和 $Ne > 0.43\alpha_1 f_c b h_0^2$,否则为构造配筋。对本例而言,$\beta_1 = 0.8, \alpha_1 = 1.0, \xi_b = 0.518, e = 281.21\ \text{mm}$,则:

$$\xi_b \alpha_1 f_c b h_0 = 0.518 \times 1.0 \times 14.3 \times 500 \times 455 = 1685.18(\text{kN}) > N = 1626.00(\text{kN})$$

$$0.43\alpha_1 f_c b h_0^2 = 0.43 \times 1.0 \times 14.3 \times 500 \times 455^2$$
$$= 636.50(\text{kN} \cdot \text{m}) > Ne = 1626.00 \times 281.21 = 457.25(\text{kN} \cdot \text{m})$$

因后式不满足要求,所以应按构造配置纵向受力钢筋。

$$A_s > A_{s,\min} = \rho_{\min} bh = 0.002 \times 500 \times 500 = 500(\text{mm}^2)$$

实配钢筋 3Φ18($A_s = 763\ \text{mm}^2$)。截面总配筋率 $\rho = \frac{A_s + A_s'}{bh} = \frac{763 + 763}{500 \times 500} = 0.0061 > 0.0055$,满足要求。

⑤ 验算垂直于弯矩作用平面的受压承载力。

$$\frac{l_0}{b} = \frac{4800}{500} = 9.6, \quad \varphi = 0.984$$

$$N_u = 0.9\varphi(f_c A + f_y' A_s') = 0.9 \times 0.984 \times [14.3 \times 500 \times 500 + 360 \times (763 + 763)]$$
$$= 3652.53(\text{kN}) > N = 1626.00(\text{kN})$$

满足要求。

(2) 第 2 组内力的柱截面配筋计算

① 判断构件是否需要考虑附加弯矩。

杆端弯矩比为:

$$\frac{M_1}{M_2} = -\frac{16.93}{37.40} = -0.45 < 0.9$$

轴压比为：

$$\frac{N}{Af_c} = \frac{1704.63 \times 10^3}{500 \times 500 \times 14.3} = 0.477 < 0.9$$

截面回转半径为：

$$i = \frac{h}{2\sqrt{3}} = \frac{500}{2\sqrt{3}} = 144.3 \, (\text{mm})$$

长细比为：

$$\frac{l_c}{i} = \frac{4800}{144.3} = 33.3 < 34 - 12\left(-\frac{M_1}{M_2}\right) = 34 + 12 \times 0.45 = 39.4$$

故不需要考虑杆件自身挠曲变形的影响。

② 计算弯矩设计值。

$$M = C_m \eta_{ns} M_2 = 1.0 \times 37.40 = 37.40 \, (\text{kN} \cdot \text{m})$$

③ 判断偏压类型。

$$e_0 = \frac{M}{N} = \frac{37.40 \times 10^6}{1704.63 \times 10^3} = 21.9 \, (\text{mm})$$

取 $e_a = 20 \, \text{mm}$，则：

$$e_i = e_0 + e_a = 21.9 + 20 = 41.9 \, (\text{mm}) < 0.3h_0 = 0.3 \times 455 = 137 \, (\text{mm})$$

故 B 轴柱为小偏心受压构件。

$$e = e_i + \frac{h}{2} - a_s = 41.9 + \frac{500}{2} - 45 = 246.9 \, (\text{mm})$$

④ 计算 A_s。

$$\xi = \frac{N - \alpha_1 f_c b h_0 \xi_b}{\dfrac{Ne - 0.43\alpha_1 f_c b h_0^2}{(\beta_1 - \xi_b)(h_0 - a_s')} + \alpha_1 f_c b h_0} + \xi_b$$

上式应满足 $N > \xi_b \alpha_1 f_c b h_0$ 和 $Ne > 0.43\alpha_1 f_c b h_0^2$，否则为构造配筋。对本例而言，$\beta_1 = 0.8$，$\alpha_1 = 1.0$，$\xi_b = 0.518$，$e = 246.9 \, \text{mm}$，则：

$$\xi_b \alpha_1 f_c b h_0 = 0.518 \times 1.0 \times 14.3 \times 500 \times 455 = 1685.18 \, (\text{kN}) < N = 1704.63 \, (\text{kN})$$

$$0.43\alpha_1 f_c b h_0^2 = 0.43 \times 1.0 \times 14.3 \times 500 \times 455^2$$
$$= 636.50 \, (\text{kN} \cdot \text{m}) > Ne = 1704.63 \times 0.2469 = 420.873 \, (\text{kN} \cdot \text{m})$$

因后式不满足要求，所以应按构造要求设配纵向受力钢筋。

$$A_s > A_{s,\min} = \rho_{\min} bh = 0.002 \times 500 \times 500 = 500 \, (\text{mm}^2)$$

实配钢筋 3Φ18（$A_s = 763 \, \text{mm}^2$）。

其余验算同上，满足要求。

(3) 斜截面受剪承载力验算

由表 4-31 可知，B 轴柱的最大剪力 $V = 36.75 \, \text{kN}$，相应的轴力取 $N = 1467.37 \, \text{kN}$。

$$\lambda = \frac{H_n}{2h_0} = \frac{4800 - (600 + 450)/2}{2 \times 455} = 4.70 > 3 \quad （取 \lambda = 3）$$

$$\frac{1.75}{\lambda + 1} f_t b h_0 = \frac{1.75}{3 + 1} \times 1.43 \times 500 \times 455 = 142.33 \, (\text{kN}) > V = 36.75 \, (\text{kN})$$

故可按构造要求配置箍筋，选 Φ8@200，因第 1 层柱截面尺寸大于 400 mm，宜配置复合箍筋。

按上述同样的方法,可计算第 1 层 A 柱的配筋,其结果为:3 $\oplus$ 18($A_s = 763$ mm^2),箍筋$\oplus$8@200。

4.9.7.3 配筋图

按梁柱配筋计算及非抗震构造要求,绘出第 1 层⑤轴框架配筋平法标注图,如图 4-48 所示。

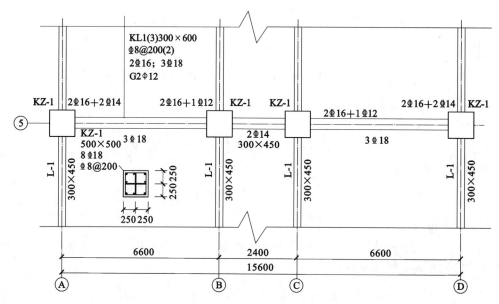

图 4-48   第 1 层⑤轴框架配筋平法标注图

本章小结

(1) 框架结构是多高层建筑的主要结构形式之一,梁和柱是其基本组成构件。框架设计时,要首先进行结构布置及初步拟定梁、柱截面尺寸,确定计算简图,其次进行荷载计算、内力计算、内力组合及配筋设计,最后绘出结构施工图。

(2) 框架是高次超静定结构,其内力计算方法很多,本章主要介绍了在实际工程中常用的几种近似计算法。在竖向荷载作用下框架内力分析可采用分层法和弯矩二次分配法;水平荷载作用下框架内力可用 D 值法、反弯点法等近似方法计算。其中,D 值法的计算精度较高,当梁、柱的线刚度比大于 3 时,反弯点法也有较好的计算精度,两者均可用于工程设计。

(3) 框架梁的控制截面通常是梁的两端截面和跨中截面,而框架柱的控制截面则取各柱的上、下端截面。内力组合是框架结构设计中颇为重要且工作量较大的内容,其目的是确定梁、柱截面的最不利内力,以此作为梁、柱截面配筋的依据。框架结构设计时,应考虑活荷载的最不利布置组合。当活荷载不大时,可采用满布荷载法;水平风荷载和地震则应考虑正反两个方向的作用并加以组合,特别是框架柱的内力组合。

(4) 框架柱截面设计通常采用对称配筋,在选择内力组合时,要注意弯矩和轴力的相关性;进行框架梁截面设计时,可根据塑性内力重分布进行梁端弯矩调幅。

(5) 框架梁、柱的纵向钢筋与箍筋配置,除应满足计算要求外,还要满足有关构造要求。

习题与思考题

4-1 框架承重布置方案有哪几种？各有何特点？

4-2 分层法的计算步骤和要点有哪些？

4-3 什么是框架柱的 D 值法？其影响因素有哪些？

4-4 什么是反弯点法？反弯点法和 D 值法的区别是什么？

4-5 框架结构计算中梁、柱控制截面如何选定？

4-6 框架梁、柱最不利内力的组合是如何确定的？

4-7 对称配筋偏心受压柱，当某控制截面组合出多组内力时，应根据什么原则选取最不利内力？

4-8 某 4 层两跨框架，如图 4-49 所示。梁和柱的相对线刚度均为 1，各层竖向均布荷载 $q=20$ kN/m，用分层法计算并画出顶层梁 AB 的弯矩图。

4-9 3 层平面框架的各层层高、跨度及水平荷载如图 4-50 所示，梁柱截面尺寸为：L_{AB}，250 mm×700 mm；L_{BC}，250 mm×500 mm；Z_A、Z_C，300 mm×300 mm；Z_B，350 mm×350 mm。采用 C30 混凝土，$E=3.0×10^4$ N/mm²。试用反弯点法做出弯矩图。

4-10 框架计算简图如图 4-51 所示，试用 D 值法计算内力并绘制弯矩图。

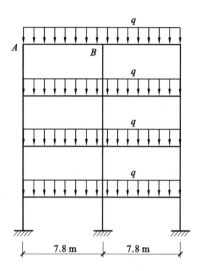

图 4-49 习题与思考题 4-8 图

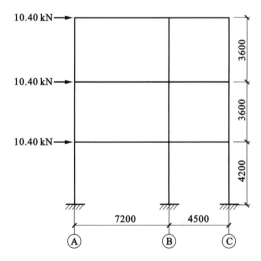

图 4-50 习题与思考题 4-9 图

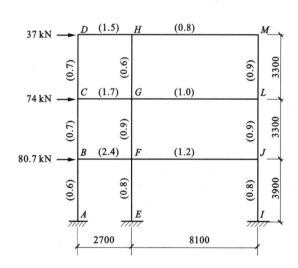

图 4-51 习题与思考题 4-10 图

5 框架结构设计与 PKPM 系列软件应用

【内容提要】

　　本章主要内容包括 PKPM 系列软件的简要介绍,PKPM 进行多层框架结构计算设计的过程和步骤;PMCAD 模块(注:在 PKPM 最新版本中,该模块已经嵌入 SAT-WE 核心的集成设计模块,考虑工程设计人员的使用习惯,在本书中仍沿用了 PM-CAD 这一模块说法)的操作步骤,包括结构模型的建立、荷载输入,以及结构平面图的绘制等;SATWE——多高层建筑结构有限元分析模块的操作步骤,包括 SATWE 数据的生成、结构内力和配筋计算;框架结构梁柱施工图设计的操作步骤等。本章的教学重点为 PMCAD 结构辅助设计的操作步骤,以及框架结构梁、柱施工图的设计。教学难点为 SATWE 模块的正确合理运用,特别是如何深入理解规范规定、参数含义和参数取值,从而正确完成建筑结构在恒活荷载、风荷载、地震力等作用下的内力分析、荷载效应组合及配筋计算等。

【能力要求】

　　通过本章的学习,学生应了解 PKPM 系列软件中结构设计部分各模块的主要功能;掌握 PMCAD 进行框架结构计算设计的过程和步骤,如结构模型的建立、荷载输入,以及结构平面图的绘制(主要是楼板)和梁柱施工图的绘制。

5.1　PKPM 系列软件简介

5.1.1　PKPM 概述

　　PKPM 设计软件(又称 PKPMCAD)是一套集建筑、结构、鉴定加固、设备(给排水、电气、采暖、通风空调)、节能设计及概预算、施工软件于一体的大型建筑工程综合 CAD 系统。PKPM 是中国结构设计行业中最权威、最通用的结构设计软件之一,在国内的结构设计行业里面,它的使用率相当高,90％的设计院均使用 PKPM 系列软件进行结构设计。随着构件结构设计规范、规程的出台,PKPM 设计软件也相应地进行了多次更新改版,特别是自 2010 年以来,《高层建筑混凝土结构技术规程》(JGJ 3—2010)、《建筑地基基础设计规范》(GB 50007—2011)、《建筑结构荷载规范》(GB 50009—2012)、《混凝土结构设计标准(2024 年版)》(GB/T 50010—2010)、《建筑抗震设计标准(2024 年版)》(GB/T 50011—2010)等重要新版规范、规程的颁布及实施,中国建筑科学研究院于 2010 年年底推出了基于新规范的 PKPM2010 设计软件(于 2011 年 3 月 31 日开始在全国范围内升级),并于 2018 年 9 月 30 日发布了 V4.3 版本的 PKPM 2010 设计软件。本章便以此版本的 PKPM 结构系列软件为例,主要介绍该软件的结构部分,希望读者能有所收获。

5.1.2 PKPM 结构系列软件的模块组成

PKPM 2010 设计软件由多个板块组成,包含了"结构""砌体""钢结构""鉴定加固""预应力""工具 & 工业""用户手册""改进说明"等 8 个主要专业板块,每个专业板块下,又包含了各自若干模块。在"结构"板块下,软件操作界面左边有"SATWE 核心的集成设计""PMSAP 核心的集成技术""Spas+PMSAP 的集成设计""PK 二维设计""数据转换""TCAD、拼图和工具"等模块组成,如图 5-1 所示。

图 5-1 PKPM 结构系列软件操作界面

5.1.3 PKPM 结构板块各模块的主要功能

① PMCAD——结构平面计算机辅助设计。PMCAD 是结构设计的核心模块,其主要功能包括为用户提供人机交互界面,以输入各楼层的几何信息和荷载信息;通过结构标准层完成楼层组装,形成整栋楼的模型,可自动计算全楼结构自重并形成各标准层与整栋建筑的荷载数据库和几何数据库,为后续分析设计程序(如 SATWE、PMSAP、JCCAD 等)提供必要的数据接口;还可以完成现浇楼板的内力分析计算和配筋计算,并画出楼板结构施工图。

② SATWE——多层及高层建筑结构空间有限元分析。它采用空间杆单元模拟梁、柱及支撑等杆件,并采用在壳元基础上凝聚而成的墙元模拟剪力墙,适用于多层和高层钢筋混凝土框架结构、框架-剪力墙结构、剪力墙结构、高层钢结构和钢-混凝土混合结构。其主要功能包括可以从 PMCAD 建立的模型中自动提取生成 SATWE 所需的几何信息和荷载信息,可完成建筑结构在恒荷载、活荷载、风荷载及地震作用下的内力分析、荷载效应组合及配筋计算。完成计算后,可结合绘图模块绘制墙、梁、柱施工图等。

③ PMSAP——复杂多层及高层建筑结构分析与设计。PMSAP 在程序总体结构的组织上采用了通用有限元程序技术,可适应任意结构形式,对多塔、错层、转换层、楼板局部开洞,以及体育场

馆、大跨结构等复杂结构形式着重考虑。它与 SATWE 截然不同的是，PMSAP 的剪力墙单元，以广义协调技术为基础，从而使得墙元的空间协调性和网格的状态同时得到保证，因而具有很高的计算精度和对复杂工程的适应性。

④ TAT——多层及高层建筑结构三维分析及设计。TAT 是采用薄壁杆件原理的空间分析程序，它适用于分析设计各种复杂体型的多层、高层建筑，不但可以计算钢筋混凝土结构，还可以计算钢-混凝土混合结构、纯钢结构、井字梁、平框及带有支撑或斜柱结构，并可以进行水平地震、风力、竖向力和竖向地震力的计算和荷载效应组合及配筋等。TAT 和 SATWE 都是三维空间分析软件，两者的大部分功能相差不大，主要区别在于剪力墙和楼板的模型不同。目前，SATWE 在结构设计计算中更为普及。

⑤ PK——钢筋混凝土框架、框排架、连续梁结构计算与施工图绘制。其主要功能包括适用于 30 层、20 跨以内工业与民用建筑中各种规则和复杂类型的框架结构、框排架结构、排架结构，剪力墙简化成的壁式框架结构及连续梁、拱形结构、桁架等的结构计算与施工图绘制；可与 PMCAD 软件连接，自动导荷并生成结构计算所需的平面杆系数据文件；具有很强的自动选筋、层跨剖面归并、自动布图等功能，同时又给设计人员提供多种方式干预选钢筋、布图、构造筋等施工图绘制结果。

⑥ TCAD——楼梯计算机辅助设计。TCAD 可采用交互方式布置楼梯或直接与 PMCAD 或 APM 接口读入数据，适用于单跑、二跑、三跑等各种类型楼梯的辅助设计，完成楼梯的内力与配筋计算及施工图设计，画出楼梯平面图、竖向剖面图、楼梯板、楼梯梁及平台板配筋详图等。

⑦ JCCAD——基础（独立基础、条形基础、筏板基础和桩基础）计算与设计。该模块可与 PM-CAD 接口，自动提取上部结构中与基础相连的结构几何布置信息，以及读取 PK、TAT、SATWE 和 PMSAP 等模块计算生成的基础的各种荷载，并按需要进行不同的荷载组合，且自动读取的上部结构生成的基础荷载可以同人工输入的基础荷载相互叠加。从而完成多种类型基础的结构计算、沉降计算和施工图的绘制。施工图绘制包括基础平面图、大样详图、基础梁立面及剖面图等。

⑧ SATWE-8 和 SATWE 功能及使用方法基本相同，但仅限 8 层及 8 层以下建筑结构的分析与设计。PMSAP-8 和 TAT-8 同理。

5.2　PKPM 框架结构计算设计的过程与步骤

PKPM 系列软件的结构设计程序模块主要用于混凝土结构设计、预应力结构设计、钢结构设计及基础工程的设计。使用 PKPM 结构程序模块进行结构设计时一般需要分三步，依次为前处理模块、分析计算模块、后处理模块。

V3 版本
PKPM 集成
系统操作介绍

5.2.1　前处理模块（设计数据输入）

前处理部分主要是利用 PMCAD 模块下的 1～2 项主菜单（建筑模型与荷载输入、平面荷载显示校核）来完成的，前处理所要做的主要工作有如下几个方面。

① 输入、校对及修改结构标准层的几何信息。如定位网格线、轴线，构件（柱、梁、墙、洞口、斜杆等）定义及布置等。

② 输入、校对及修改结构标准层所受荷载信息。如楼板恒荷载、活荷载，非楼面传来的梁间荷载、柱间荷载、墙间荷载、节点荷载，以及人防荷载、吊车荷载等。

③ 输入、校对及修改结构标准层的其他信息。如结构总信息（结构体系、结构主材、结构重要

性系数等)、材料信息、地震信息、风荷载信息、钢筋信息等。

④ 对结构标准层进行层高定义、楼层复制与荷载标准层组装,最终形成整楼模型等。

5.2.2 分析计算模块(结构计算及计算结果输出)

分析计算模块主要使用 SATWE(SATWE-8)、PMSAP、TAT(TAT-8)、JCCAD、PK 等程序模块下的分析计算程序结合 PMCAD 建立的结构模型,进行结构平面或空间的受力分析,并对计算结果进行判定操作。分析计算模块的主要工作如下。

① 执行该模块对前处理的相关信息进行校对检查,并补充其他相关信息,PKPM 计算程序根据结构的几何信息、荷载信息、其他信息进行荷载组合和结构计算,求解方程组,输出计算结果。计算结果主要包括结构内力信息、结构构件配筋信息和位移信息等。计算结果信息主要以图形结果及计算数据结果文本文件两种形式输出。

② 对分析计算结果进行判定,这里主要有两种情况:第一种情况主要是根据分析计算结果来判定是否满足相关的建筑结构设计规范及其他要求,如果满足要求则进行后处理模块的设计工作,否则重复前处理模块和分析计算模块,对结构及相关信息进行修改,重新计算,直至满足设计要求。第二种情况是当建筑设计需要进行改动时,结构设计也需要进行相应调整,修改几何信息、荷载信息等相关设计参数,重新进行前处理模块、分析计算模块的操作,直至满足设计要求。

5.2.3 后处理模块(施工图绘制)

后处理模块是在完成上述两个模块的操作且分析计算结果满足相关规范和设计各项要求后进行的,主要是对分析计算结果进行整理。其主要内容是根据满足设计要求的计算结果,进行施工图的绘制,对施工图进行相关修改、格式转换与整理等操作。后处理主要使用的程序模块包括 PM-CAD 程序模块下的后处理菜单(画结构平面图,结构三维线框透视图,图形编辑、打印及转换等菜单)、墙、梁、柱施工图程序模块及 JCCAD 程序模块下的绘图菜单等。

5.3 SATWE 核心的集成设计之 PMCAD 结构建模

5.3.1 PMCAD 结构建模的基本功能

PMCAD 结构建模是整个结构 CAD 设计的核心,它建立的全楼结构模型是 PKPM 各二维、三维结构计算软件的前处理部分,也是三维建筑设计软件 APM,结构设计 CAD,梁、柱、剪力墙、楼板等施工图设计软件和基础 CAD 的必备接口软件,因此,PMCAD 结构建模在整个系统中起到承前启后的重要作用。其基本功能如下所示。

① 人机交互建立全楼结构模型。PMCAD 结构建模用简便易学的人机交互方式输入各层平面布置及各层楼面的次梁、预制板、洞口、错层、挑檐等信息和外加荷载信息,建模中可方便地修改、复制、查询。逐层输入模型后,组装全楼形成全楼模型。

② 自动传导并计算荷载,为后续计算及处理模块提供数据文件(数据接口)。PMCAD 结构建模自动进行从楼板到次梁、次梁到承重梁的荷载传导并自动计算结构自重及人机交互方式输入的荷载,形成整栋建筑的荷载数据库,由此数据可自动给 PKPM 系列各结构计算软件提供接口。

③ 为上部结构各 CAD 绘图模块提供结构构件的精确尺寸,进行现浇钢筋混凝土楼板结构计算并绘制楼板配筋图。其包括柱、梁、墙、洞口的平面布置、尺寸、偏轴,画出轴线及总尺寸线,画出

预制板、次梁及楼板开洞布置，计算现浇楼板内力与配筋并画出楼板配筋图。

④ 多层、高层钢结构的三维建模从 PMCAD 扩展，包括了大量的型钢截面和组合截面。

5.3.2　PMCAD 结构建模的适用范围

PMCAD 结构建模适用于任意平面形式结构模型的创建，平面网格可以正交，也可以斜交成复杂体型平面，并可处理弧墙、弧梁、圆柱，以及各类偏心、转角等。具体适用范围如下：

① 层数小于或等于 190 层。

② 标准层小于或等于 190 层。

③ 正交网格时，横向网格、纵向网格数都小于或等于 100；斜交网格时，网格线条数小于或等于 5000；用户命名的轴线总条数小于或等于 5000。

④ 节点总数小于或等于 8000。

⑤ 标准柱、梁截面小于或等于 300；标准墙截面小于或等于 80；标准墙体洞口小于或等于 240；标准楼板洞口小于或等于 80；标准荷载定义小于或等于 6000。

⑥ 每层柱根数小于或等于 3000；每层梁根数（不包括次梁）小于或等于 8000；每层次梁总根数小于或等于 1200；每层墙数小于或等于 2500；每层房间总数小于或等于 3600；每个房间楼板开洞数小于或等于 7。

⑦ 两节点之间最多安置 1 个洞口。需要安置 2 个时，应在两洞口间增设一网格线与节点。

⑧ 结构平面上的房间数量的编号是由软件自动做出的，软件将由墙或梁围成的一个个平面闭合体自动编成房间。

⑨ 次梁是指在房间内布置且在执行结构建模主菜单的"次梁布置"时输入的梁，不论在矩形房间或者非矩形房间均可输入次梁。次梁布置时不需要网格线，次梁和主梁、墙相交处也不产生节点。

⑩ 在"构件布置"里面输入的墙应该是结构承重墙或者抗侧力墙，框架填充墙不应当作墙输入，它的重量可作为外加荷载输入，否则不能形成框架荷载。

⑪ 平面布置时，应避免大房间内套小房间的布置，否则会在荷载导算或统计材料时重叠计算，可在大小房间之间用虚梁连接（虚梁为截面 100 mm×100 mm 的梁），将大房间切割。

5.3.3　PMCAD 结构建模的基本工作方式

在正式学习结构建模前，首先要了解 SATWE 核心集成设计下的结构建模基本工作方式。

5.3.3.1　PMCAD 结构建模主菜单及操作过程

双击桌面 PKPM 软件快捷图标，进入 PKPM 主菜单后，在界面左上角的专业板块上选择"结构"模块，点击菜单左侧的"SATWE 核心的集成设计"按钮，如图 5-2 所示，其中首项为平面建模程序，菜单 2～6 项完成其他各功能。

5.3.3.2　PMCAD 结构建模工作子目录

在做任一项工程设计前（启动结构建模前），应建立该项工程专用的工作子目录，子目录名称任意，但是不能超过 20 个英文字符或 10 个中文字符，也不能使用特殊字符。为了设置当前工作目录，请点击菜单上的"改变目录"（图 5-2），然后选择磁盘分区、目录（刚建立的文件夹或已有的旧文件夹）；也可以直接在"目录名称"栏中输入带路径的目录，然后点击"确定"，就设置好了工作目录。

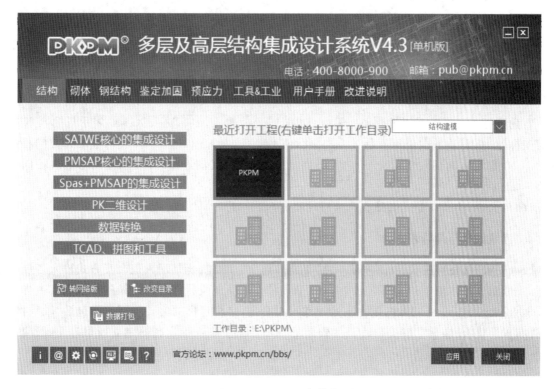

图 5-2　PMCAD 主菜单

注:不同的工程,应在不同的工作子目录下运行,也就是每个工程必须存放在独立的工作目录下,否则,最新建模生成的某些文件会将先前工程建模时所产生的同名文件覆盖掉。

5.3.3.3　结构建模常用的功能键

下面介绍结构建模最重要和常用的功能键的用法及坐标输入方式。

(1) 鼠标

① 鼠标左键:等同键盘【Enter】,用于确认、输入等。

② 鼠标右键:等同键盘【Esc】,用于否定、放弃、返回等。

③ 按住鼠标中滚轮平移:拖动平移显示的图形。

④ 鼠标中滚轮上下滚动:动态缩放显示的图形。

(2) 键盘功能键

【Tab】:用于功能切换,在绘图时选取参考点。

【F1】:帮助热键,提供必要的帮助信息。

【F3】:点网捕捉开关(也可以直接点击状态栏中"点网捕捉"按钮)。

【Ctrl】+【F3】:节点捕捉开关(也可以直接点击状态栏中"节点捕捉"按钮)。

【F4】:角度捕捉开关(也可以直接点击状态栏中"角度捕捉"按钮,打开后不仅可以画正交轴线,还可以画 30°、45° 和 60° 的斜线等)。

【F5】:重新显示当前图,刷新修改结果。

（3）坐标输入方式

结构建模也提供了多种坐标如绝对、相对、直角或极坐标的输入方式，各方式输入形式如下。

绝对直角坐标输入：! X，Y，Z 或! X，Y（注意，前面加一个惊叹号"!"）；

相对直角坐标输入：X，Y，Z 或 X，Y；

绝对极坐标输入：! R<A（R 为极距，A 为角度）；

相对极坐标输入：R<A。

直角坐标下还可以采用过滤坐标输入方式进行坐标输入。如：输入 X1000 表示只输入 X 方向相对坐标值 1000，Y 方向坐标值及 Z 方向坐标值不变；输入 XY1000,5000 表示输入 X 方向相对坐标值 1000 和 Y 方向相对坐标值 5000，Z 方向坐标值不变；仅输入 XYZ 表示输入与上次相同的坐标值。

注：极坐标、柱坐标和球坐标不能采用过滤输入。

5.3.4 建筑模型与荷载输入

"SATWE 核心的集成设计"主菜单之"结构建模"的主要功能是用人机交互方式输入各层平面数据，完成结构整体模型的建立。启动"SATWE 核心的集成设计"主菜单"结构建模"，其主界面如图 5-3 所示。显然，从主界面内的左上角菜单可以看出，结构建模的主要步骤一般包括"轴线网点""构件布置""楼板|楼梯""荷载布置""荷载补充"和"楼层组装"6 项步骤。建立模型时，一般应该从上至下依次执行这 6 项菜单区内的各项操作。

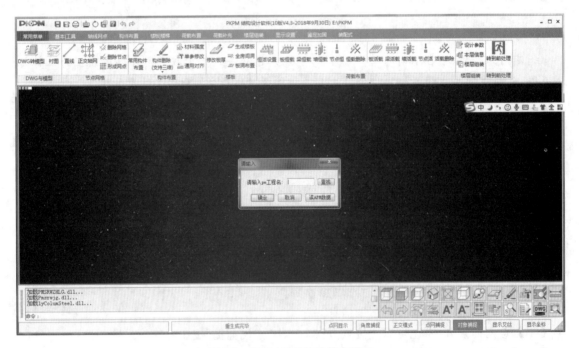

图 5-3 PMCAD 结构建模主界面

在介绍菜单的基本操作之前,要介绍一个非常重要的概念——结构标准层。其实 PKPM 结构系列软件的主要建模方式是以结构标准层为单位进行的。所谓"结构标准层",就是结构布置、层高、材料以及梁上荷载完全相同(梁上荷载不同要定义为不同的标准层)的相邻楼层的总称,这些楼层作为一个结构标准层共同进行建模、修改、计算、出图等操作,以提高设计效率。

5.3.4.1　轴线网点

"轴线网点"菜单是整个交互输入程序最为重要的一环,只有在此绘制出准确的图形才能为以后的布置工作打下良好的基础。这里采用作图工具绘制红色轴线,构件的定位都要根据网格或节点的位置决定。

"网格"是轴线交织后被交点分割成的小段红色线段。"节点"是所有轴线相交处及轴线本身的端点、圆弧的圆心处一个白色的点,将轴线划分为"网格"与"节点"的过程是在程序内部适时自动进行的。

单击"轴线网点"菜单,弹出如图 5-4 所示的下拉菜单。

注:程序所输入的尺寸单位全部为毫米(mm)。

图 5-4　"轴线网点"菜单

(1) 直线

"直线"用于绘制零散的直轴线,可以使用任何方式和工具绘制。

(2) 折线

"折线"适用于绘制连续首尾相接的直轴线和弧轴线,按【Esc】键可以结束一条折线,输入另一条折线或切换为切向圆弧。

(3) 平行直线

"平行直线"适用于绘制一组平行的直轴线。首先绘制第一条轴线,以第一条轴线为基准输入复制的间距和次数,间距值的正负决定了复制的方向。以"向上、向右为正",可以分别按不同的间距连续复制,提示区自动累计复制的总间距。

(4) 矩形

"矩形"适用于绘制一个与 x、y 轴平行的闭合矩形轴线,它只需要两个对角的坐标,因此它比用"折线"绘制同样的轴线更快速。

(5) 节点

"节点"用于直接绘制单个的白色节点,供以节点定位的构件使用,绘制是单个进行的,如果需要成批输入,可以使用图编辑菜单进行复制。

（6）圆环

"圆环"适用于绘制一组闭合的同心圆环轴线。在确定圆心和半径或直径的两个端点或圆上的三个点后可以绘制第一个圆。输入复制间距和次数可绘制同心圆,复制间距值的正负决定了复制方向,以"半径增加方向为正",可以分别按不同间距连续复制,提示区自动累计半径增减的总和。

（7）圆弧

"圆弧"适用于绘制一组同心圆弧轴线。按次序输入圆弧圆心,半径及圆弧起始角、终止角绘出第一条弧轴线。

（8）三点

"三点"适用于绘制一组同心圆弧轴线。按第一点、第二点、中间点,或第一点、第二点、第三点的次序输入第一个圆弧轴线,绘制过程中还可以使用热键直接输入数值。

注:三点圆弧轴网以逆时针方向为正,故圆弧的起始点和终止点应沿逆时针选取。

（9）正交轴网

"正交轴网"提供了快速建立正交直轴线的方法。该方法是通过定义开间和进深形成正交网格,定义开间是输入横向从左到右连续各跨跨度,上、下两侧跨度可能不相同,所以有上开间和下开间之分;定义进深是输入纵向定位轴线从下到上各跨跨度,跨度数据可用光标从屏幕上已有的常见数据中挑选,或从键盘输入。输完开间、进深后应再单击"确定"按钮,这时可形成一个正交轴网,将此轴线可移光标布放在屏幕上任意位置,同时可输入直线轴网转角来旋转整个轴网(如图5-5所示为直线轴网输入对话框,图中转角为30°),并可以指定基点位置,也可以与已有网格捕捉连接。

注:图5-5中"数据全清"按钮,用于对话框数据输入错误较多时,重新输入数据。

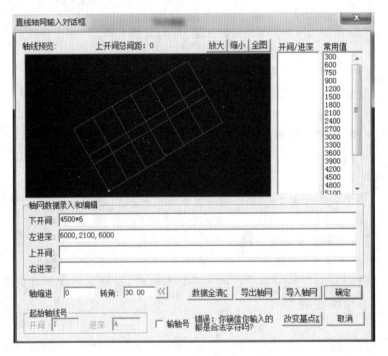

图 5-5　直线轴网输入对话框

（10）轴线命名

轴网生成后可以用本菜单为轴线命名，在此输入的轴线名称将在施工图中使用。轴线命名时，一般按照先命名竖向轴线，再命名横向轴线的顺序。在命名竖向轴线时一般也要按照从左到右的顺序，并且起始轴线从"1"开始命名；在命名横向轴线时一般按照从下到上的顺序，起始轴线应选择最下面的一条横向轴线，并且起始轴线从"A"开始命名。轴线命名完成后，可按【F5】刷新屏幕，查看命名后的轴网。

（11）网点编辑

凡是轴线相交处都会产生一个节点，轴线线段的起止点也作为节点。在图 5-4 中"网点编辑"面板中，设计者可对程序自动分割所产生的网格和节点进行进一步的修改、编辑等操作，网格确定后即可对轴线进行命名并显示。

"上节点高"子菜单：上节点高是指本层在层高处相对于楼层高的高差，程序隐含为每一节点位于层高处，即上节点高为 0。改变上节点高，也就改变了该节点处的柱高和与之相连的墙、梁的坡度。用该菜单可更方便地处理像坡屋顶这样楼面高度有变化的情况。

注：在使用"删除节点"子菜单时，端部节点的删除将导致与之相连的网格也被删除。

5.3.4.2 构件布置及楼板|楼梯

这是各层平面布置的核心程序。点击"构件布置"，弹出如图 5-6 所示的子菜单。本菜单的主要功能包括定义结构标准层的柱、主梁、墙、洞口、斜杆、次梁等构件，并将这些构件布置在网格线上或节点上；构件布置完成后，通过主菜单下的"楼板|楼梯"子菜单，可以自动生成和编辑现浇板、预制板、悬挑板，以及楼板厚度、错层、开洞等楼面信息；对已经布置构件的结构标准层进行编辑、修改；添加、复制或删除标准层以及布置楼梯等。

图 5-6 "构件布置"菜单

（1）柱

① 框架柱截面尺寸的估算。

在结构设计中，框架梁、柱截面尺寸应根据承载力、刚度及延性等要求确定。初步设计时，通常由经验或估算来选定截面尺寸，然后进行承载力、变形等验算，校核所选定的尺寸是否满足要求。

这里介绍两种估算方法：一种是根据相关规范要求的柱截面最小尺寸进行估算，另一种是按照轴压比的要求来初选柱截面尺寸。

按照《建筑抗震设计标准（2024 年版）》（GB/T 50011—2010）规定，框架柱的截面宽度和高度均不宜小于 400 mm（不超过 2 层的不宜小于 300 mm），圆柱截面直径不宜小于 450 mm（不超过 2 层的不宜小于 350 mm），柱截面的长边与短边边长比不宜大于 3。为避免柱产生脆性剪切破坏，柱的剪跨比宜大于 2 或柱净高与截面边长之比宜大于 4。

按照轴压比的要求来估算,轴压比的计算公式为:$\mu = N/f_c A$。式中,μ 为柱的轴压比(对于框架结构,抗震等级为一级时不宜超过 0.65,二级时不宜超过 0.75,三级时不宜超过 0.85,四级时不宜超过 0.90);N 为柱轴向压力设计值;f_c 为混凝土轴心抗压强度设计值;A 为柱截面面积。N 可近似按 $N = 1.25 N_k$ 计算,N_k 为柱轴向压力标准值,而其值又可采用公式 $N_k = nAq$ 来计算,该式中 n 为柱所承受的楼层数,A 为柱从属面积,q 为柱竖向荷载标准值(已包含活荷载),对于框架柱 q 值可按 $14 \sim 16 \ \text{kN/m}^2$(经验值)考虑,上述各有关参数确定后,就可按照式 $A \geqslant N/(\mu f_c)$ 最终估算出柱截面尺寸。

注:这里初选的柱截面尺寸并不一定满足要求,当后续程序(如 SATWE)验算出柱承载力或变形不满足要求时,需修改柱截面,再重新验算,直到满足要求为止,有时可能需要反复修改多次才能获得比较合适的结果。

② 柱截面类型与截面尺寸的定义。

布置柱之前必须先定义柱的截面形状类型、尺寸及材料(混凝土或钢材料),如图 5-7 和图 5-8 所示。柱最多可以定义 300 类截面。

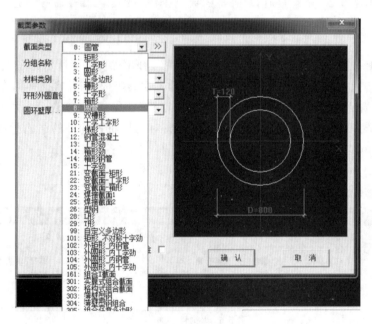

图 5-7 柱截面类型

③ 柱的布置。

完成柱的定义后,就可以开始进行柱的布置了,点击图 5-8 中"确认"按钮,弹出构件布置对话框,如图 5-9 所示。

柱布置面板中包含的参数有沿轴偏心、偏轴偏心、转角及柱底标高(图 5-10)。这四个参数的定义分别如下。

V3 系列版本
PMCAD
层间梁及层间板
建模技巧

a. 沿轴偏心:沿柱截面宽方向(转角方向)相对于节点的偏心,右偏为正,左偏为负。

b. 偏轴偏心:沿柱截面高方向相对于节点的偏心,上偏(柱高方向)为正,下偏为负。

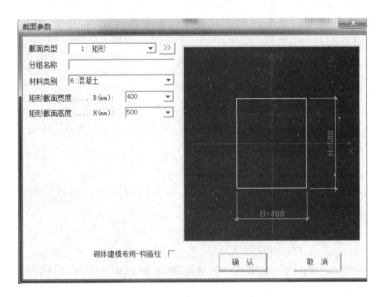

图 5-8 柱参数输入对话框

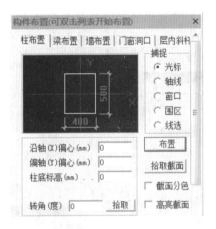

图 5-9 柱布置面板

c. 转角:柱宽边方向与 x 轴的夹角。

d. 柱底标高:柱底相对于本层层底的高度,柱底高于层底时为正值,低于层底时为负值。可以通过柱底标高的调整实现越层柱的建模。

注:柱必须布置在节点上,每个节点只能布置一根柱,如果在已布置了柱的节点上再布置柱,则后布置的柱将覆盖已有的柱。

(2)主梁

① 框架梁截面尺寸的估算。

框架结构中框架梁的截面高度 h 可按 $h = l/18 \sim l/10$ 估算,其中 l 为梁的计算跨度,主梁截面宽度可取 $b = (1/3 \sim 1/2)h$。按照《建筑抗震设计标准(2024 年版)》(GB/T 50011—2010)规定,梁截面宽度不宜小于 200 mm,并且为了防止梁发生脆性剪切破坏,梁截面高度 h 与净跨之比不宜大于 1/4,为了保证梁的侧向稳定性,梁截面高宽比(h/b)不宜大于 4。

需要说明的是,按照上述方法选取的梁截面尺寸只是估算值,如果后续计算中出现梁配筋超筋、变形过大等提示,需要返回这里更改梁的截面尺寸并重新计算,直到验算通过。

② 主梁截面类型与截面尺寸的定义。

同柱布置,布置梁之前必须先定义梁的截面形状类型、尺寸及材料(混凝土或钢材料),如图 5-10 所示。梁最多也可以定义 300 类截面。

③ 主梁的布置。

完成主梁的定义后,我们就可以开始进行主梁的布置了,点击"确认"按钮,弹出构件布置对话框,点击"梁布置"菜单,如图 5-11 所示。

梁布置的参数:偏轴距离、轴转角及梁顶标高。

a. 偏轴距离:梁相对于网格线的偏心,可以输入偏心的绝对值。布置梁时,光标偏向网格的哪一边,梁也偏向哪一边。

b. 轴转角:梁截面绕截面中心的夹角。

c. 梁顶标高:梁两端相对于本层顶的高差。如果梁两端标高为"0",则梁上沿与楼层同高。

注:主梁必须布置在两节点的网格线上,程序默认梁长为两节点间的距离。一根网格线上通过调整梁端的标高可布置多道梁,但两根梁之间不能有重合的部分。次梁的布置不需要网格线,而是选取与之首、尾两端相交的主梁或墙构件,连续次梁的首、尾两端可以跨越若干跨一次布置;次梁的端点一定要搭接在主梁或墙上,否则悬空的部分传入后面的模块时将被删除掉。还需要注意的是,次梁与主梁采用同一套截面定义的数据,如果对主梁的截面进行定义修改,次梁也会随之修改。

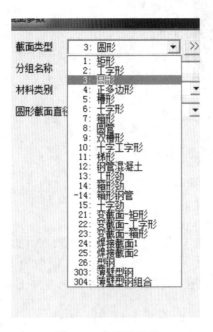

图 5-10　梁截面类型

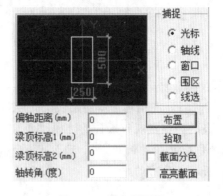

图 5-11　梁布置面板

(3) 墙

墙布置基本遵循与梁布置相同的原则,但是此处布置的墙体一般为受力构件,即剪力墙或承重墙,对于不承重的填充墙不需要布置,应将其重量转化为梁间荷载在"恒载布置"菜单中输入。墙最多可以定义 80 类截面。

（4）楼板生成

"楼板生成"菜单包含了生成楼板、修改板厚、全房间洞、楼板错层、楼板复制和楼板显示等设置功能，如图 5-12 所示。其中生成楼板功能按本层信息中设置的板厚值（如果没有人为设置，程序默认为100 mm）自动生成各房间楼板，同时生成了由主梁和墙围成的各房间信息。

生成楼板　修改板厚　全房间洞　楼板错层　楼板复制　楼板显示　板加腋　删除加腋　布暗挑板　删暗挑板　板洞布置　板洞删除　布层间板　修改板厚　删层间板　布置楼梯　修改楼梯　删除楼梯　画法切换　预制板　组合楼盖
（删除楼板）

图 5-12　"楼板生成"菜单

板厚值的设置，可以根据经验或参考《混凝土结构设计标准（2024 年版）》（GB/T 50010—2010）第9.1.2条的规定："现浇混凝土板的尺寸宜符合如下规定：1.板的跨厚比，钢筋混凝土单向板不大于30，双向板不大于40……2.现浇钢筋混凝土板的厚度不应小于表 9.1.2 规定的数值。"

需要注意的是，"全房间洞"菜单，不仅对所选择房间的楼板开洞，而且会扣除楼板荷载；"修改板厚"菜单，将房间板厚设置为0，相当于全房间楼板开洞，但楼板荷载会保留，楼梯间的处理常将板厚设置为0（结构设计中的通常做法）。

注：一般情况下，对于非承重构件（如阳台、雨篷、挑檐、空调板、填充墙和楼梯等）在整体建模时不用输入，只需考虑其荷载（将它们的重量转化为荷载）即可。

（5）本标准层信息、材料强度

"本标准层信息"菜单的功能是输入每个结构标准层的结构信息，是必须要做的操作，包括板厚、各构件的混凝土强度等级、钢筋类别及本标准层层高等，如图 5-13 所示。"本标准层层高"仅用来定向观察某一轴线立面时做立面高度的参考值（与实际层高没有关系，可不用修改），各层层高的数据应在"楼层组装"菜单中输入。

"材料强度"菜单的功能是修改在"本标准层信息"菜单中定义的材料强度。

注：板厚不仅用于计算板配筋，而且可用于计算板自重。2018 版 PKPM 软件实现了结构建模时设置的构件材料强度信息与 SATWE、TAT、PMSAP 等互通，如在 TAT 等计算模块中修改材料强度，其修改信息也会保存在结构建模中。

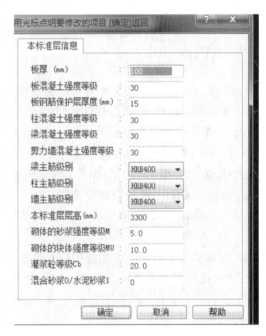

图 5-13　本标准层信息对话框

（6）层间编辑、楼梯布置

"层间编辑"菜单内容如图 5-14 所示，该菜单主要用于对已建的结构标准层进行删除、编辑、复制等操作，也可以插入新标准层，或者将其他工程中创建的标准层复制添加到当前工程的结构标准层中。

《建筑抗震设计标准（2024 年版）》（GB/T 50011—2010）第 3.6.6.1 条规定："计算模型的建立、必要的简化计算与处理，应符合结构的实际工作

图 5-14　"层间编辑"菜单

状况,计算中应考虑楼梯构件的影响。"其条文说明中指出:考虑到楼梯的梯板等具有斜撑的受力状态,对结构的整体刚度有较明显的影响,在结构计算中应予以适当考虑。

"楼梯布置"菜单下有四个子菜单,分别为"布置楼梯""修改楼梯""删除楼梯"和"画法切换",建议最好在进行完楼层组装后再进行楼梯布置,这样程序能自动计算出踏步高度与数量,便于建模。

5.3.4.3 荷载布置

"荷载布置"菜单的功能是输入当前标准层结构上的各类荷载,包括:①楼面恒、活荷载;②非楼面传来的梁间荷载、次梁荷载、墙间荷载、节点荷载;③人防荷载;④吊车荷载。初学者需要注意的是,此处所有荷载均输入标准值,荷载设计值和荷载组合值由程序自动完成,且竖向荷载以向下为正,并且对于初学者一般只要首先掌握"楼板荷载"及"梁间荷载"的设置及输入方法。"荷载布置"菜单如图 5-15 所示。

图 5-15 "荷载布置"菜单

(1) 恒活载设置

恒活载设置用于定义各结构标准层楼面的恒、活荷载标准值。

楼面活荷载可依据《荷载规范》取值,例如:由该规范表 5.1.1 可查得住宅楼的楼面活荷载标准值为 2.0 kN/m^2,教室的楼面活荷载标准值为 2.5 kN/m^2,住宅楼走廊和楼梯间的楼面活荷载标准值为 2.0 kN/m^2,教学楼走廊和楼梯间的楼面活荷载标准值为 3.5 kN/m^2;由该规范表 5.3.1 可查得上人屋面(屋顶层的楼面即屋面)和不上人屋面的均布活荷载标准值分别为 2.0 kN/m^2 和 0.5 kN/m^2。

楼面恒荷载一般是根据建筑施工图上楼面的做法来计算(还得依据《荷载规范》),各种楼面的做法不一样,恒荷载取值也不一样,在计算恒荷载时,还要考虑楼面下是否有吊顶等。

(2) 楼板荷载

该菜单用于根据生成的房间信息进行楼面恒、活荷载的局部修改。程序提供了三种荷载传导方式,对现浇混凝土楼板且房间为矩形的情况下一般选用梯形三角形传导方式。

注:1. 主次梁、柱、承重墙的自重程序会自动计算,而楼板自重既可以自动计算也可以人工输入;

2. 在输入楼面荷载前必须先生成楼板,没有布置楼板的房间不能输入楼面荷载。

(3) 梁间荷载

本菜单可输入非楼面传来的作用在梁上的恒荷载和活荷载。在结构建模时不需要布置的非承重墙如填充墙、隔墙等,在荷载输入时应将其荷载折算为均布线荷载布置在梁上,对于主梁、次梁、柱及承重墙的自重,程序会自动考虑,不需要再考虑。梁间荷载输入图标如图 5-16 所示。

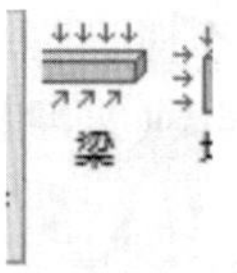

图 5-16 梁间荷载输入

填充墙荷载的计算。现举例来说明填充墙荷载的计算,假设一栋 5 层办公楼,框架结构,层高 3.3 m,内外填充墙采用蒸压粉煤灰砖砌筑,墙厚均为 200 mm,每侧抹灰厚 25 mm。查《荷载规范》有:蒸压粉煤灰砖重度为 16 kN/m³,水泥砂浆重度为 20 kN/m³,墙高 2.8 m(层高 3.3 m,梁高 0.5～2.8 m,假设梁高为500 mm),则墙体均布线荷载为 16×0.2×2.8+20×0.02×2.8×2= 11.2(kN/m)。梁间荷载布置的对话框如图 5-17 和图 5-18 所示。

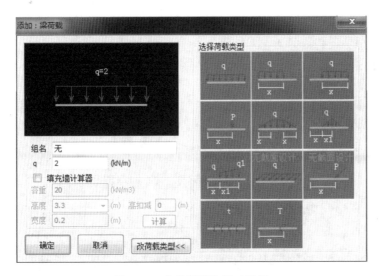

图 5-17 荷载类型选择对话框

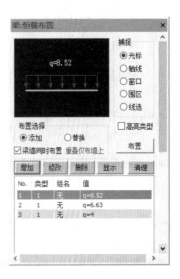

图 5-18 梁荷载布置对话框

5.3.4.4 楼层组装

楼层组装主要用于完成建筑物的竖向布置,即将已输入完毕(主要是构建布置和荷载输入)的各标准层按照一定的次序搭建为建筑整体模型的过程。单击“楼层组装”菜单(图 5-19),弹出如图 5-20 所示的下拉菜单。

注:1. 楼层组装中的层号与工程中的表达习惯并不一致,一般对于框架结构(无地下室)来说,PMCAD 结构建模楼层组装中的第 1 层相当于工程中的一层柱和二层梁板,第 2 层相当于工程中的二层柱和三层梁板,依次类推。

2. 普通楼层的组装应选择“自动计算底标高(m)”,以便于程序自动计算出各自然层的底标高。

3. 一般情况下应选择“生成与基础相连的墙柱支座信息”,程序会正确判断和设置常规工程与基础相连的墙柱支座信息。

快速学会 PKPM 工程拼装

图 5-19 “楼层组装”菜单

5.3.5 平面荷载校核

用户在执行完以上任务,且认真检查校对各构件的承载情况后,还应执行“SATWE结构查看”中的“平面荷载校核”以检查交互输入和自动导算的荷载是否准确。其主界面如图 5-21 所示。

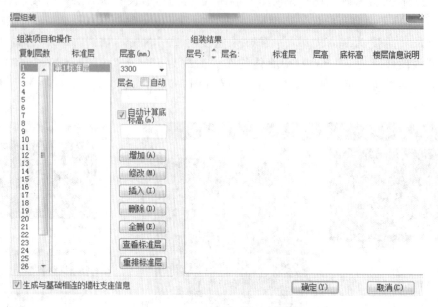

图 5-20　"楼层组装"对话框

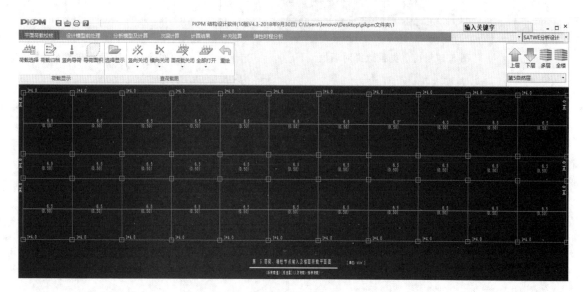

图 5-21　"平面荷载校核"主界面

荷载类型和种类很多,按荷载作用位置分为主梁、次梁、墙、柱、节点和房间楼板荷载;按荷载工况分为恒荷载、活荷载及其他各种工况下的荷载;按获得荷载的方法分为交互式输入荷载、楼板导算荷载和自重(主梁、次梁、墙、柱、楼板)荷载;按荷载作用构件位置分为横向荷载和竖向荷载;按荷载作用面分布密度分为分布荷载(均布荷载、三角形、梯形)和集中荷载。

这里专门介绍一下"竖向导荷"菜单,本菜单用来算出作用任意层柱底或墙底的由其上各层传来的恒、活荷载,可以根据《荷载规范》的要求考虑活荷载折减,输出某层的总面积及单位面积荷载,也可以输出某层以上的总荷载,如图 5-22 和图 5-23 所示。对于框架结构,导算出的底层柱底竖向总荷载可用于 PKPM 软件 JCCAD 模块基础设计。

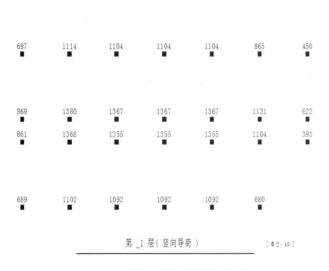

第 _1 层（竖向导荷）　　　[单位: kN]

图 5-22　竖向导荷图（荷载图方式）

图 5-23　竖向导荷结果（荷载总值方式）

5.3.6　画结构平面图

当设计者完成上述操作以后，即可开始绘制结构平面图，并完成现浇楼板的配筋计算及楼板配筋图的绘制，其主菜单如图 5-24 所示。可选取任一楼层绘制它的结构平面图，每一层绘制在一张图纸上，图的名称为 PM＊.T，其中星号"＊"代表具体点的自然层号。本菜单也可完成楼板的人防设计，结构建模的楼板人防设计应由本模块完成，如地下室顶板等。

图 5-24　"板施工图"主菜单

5.3.6.1　楼板计算

单击右上角"砼结构施工图"菜单，弹出如图 5-25 所示的子菜单。在这里程序对每个房间完成板底和支座的配筋计算，房间就是由主梁和墙围成的闭合多边形。当房间内有次梁时，程序按被次梁分割的多个板块对房间进行计算。

首次对某层进行计算时，应先设置好计算参数，其中主要包括计算方法（弹性或塑性），边缘梁墙、错层板的边界条件，钢筋级别等参数。设置好计算参数后，程序会自动根据相关参数生成初始边界条件，用户可根据需要对初始的边界条件进行修改。

自动计算时程序会对各块板逐板进行内力计算，对于矩形规则板块，程序会采用用户指定的计算方法（如弹性或塑性）计算该板块；对非矩形的凸形不规则板块，程序会用边界元法计算该块板；对非矩形的凹形不规则板块，程序会用有限元法计算该块板。总之，程序会自动识别板块的形状类型并选择相应的计算方法。

单击"板"下子菜单"参数",弹出如图 5-26 所示的楼板配筋参数对话框。对话框中钢筋级别有 HPB300、HRB400、冷轧带肋 550 等。

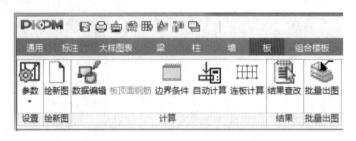

图 5-25　楼板计算子菜单

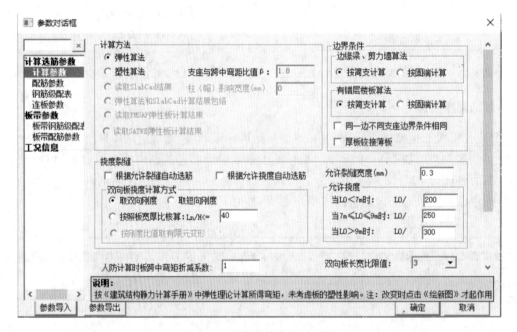

图 5-26　楼板配筋参数对话框

5.3.6.2　楼板钢筋

绘制楼板钢筋图之前,必须要执行"楼板计算"菜单,否则绘出的钢筋标注的直径和间距都是 0。楼板计算后,程序给出各房间的板底钢筋和每一根杆件的支座钢筋。板底钢筋以主梁或墙围成的房间为单元,给出 X、Y 两个方向的配筋。用"逐间配筋""板底正筋"菜单绘图时是以房间为单元绘出板底钢筋。用"板底通长"菜单时,将由设计者指定板底钢筋跨越的范围,一般都跨越房间。程序将在设计者指定的范围和方向上取大值绘出钢筋。点击"逐间配筋",程序将自动在指定房间按计算结果绘制板底钢筋和支座钢筋,逐间配筋示意图如图 5-27 所示。

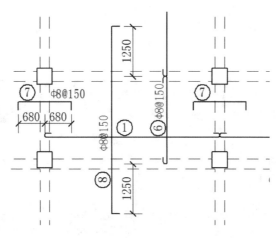

图 5-27　逐间配筋示意图

5.3.7　交互式建模应用实例

为了加强各位同学对上述各菜单的理解以及对 PMCAD 结构建模主要步骤的认识和掌握,本书列举了一个实例供各位同学参考和学习,具体见 5.6.2 节内容。

5.4　SATWE 多层建筑结构有限元分析

5.4.1　SATWE 的基本功能和限制

SATWE 是专门为多层、高层建筑结构分析与设计而研制的空间结构有限元分析软件,适用于各种复杂体型的高层钢筋混凝土框架结构、框架-剪力墙结构、剪力墙结构、筒体结构等,以及钢-混凝土混合结构和高层钢结构(SATWE 模块的主菜单界面如图 5-28 所示)。SATWE 采用空间杆单元模拟梁、柱、支撑等杆件,以及在壳元基础上凝聚而成的墙元模拟剪力墙。对于尺寸较大或带洞口的剪力墙,按照子结构的基本思想,由程序自动进行细分,然后用静力凝聚原理将由于墙元的细分而增加的内部自由度消去,从而保证墙元的精度和有限的出口自由度。墙元不仅具有平面内刚度,也具有平面外刚度,可以较好地模拟工程中剪力墙的实际受力状态。墙元的内部网格划分采用了基于四边形和三角形的混合形式,可以准确地模拟墙元之间的协调关系。

SATWE 的基本功能如下:

① 可从 SATWE 核心集成设计下的结构建模中自动提取生成 SATWE 所需的几何信息和荷载信息,并自动转换成 SATWE 所需要的几何数据和荷载数据格式;

② 具有模拟施工荷载过程的功能,可指定楼层施工次序,可考虑多个楼层一起施工,并可考虑梁上的活荷载不布置作用;

③ 可较精确地分析带多塔、错层、转换层及楼板局部开洞等特殊结构;

④ SATWE 可完成建筑结构在恒、活荷载及风、地震力作用下的内力分析及荷载效应组合计算,对钢筋混凝土结构、钢结构及钢-混凝土混合结构均可进行截面配筋计算或承载力验算;

⑤ 可进行吊车荷载的空间分析和配筋计算;

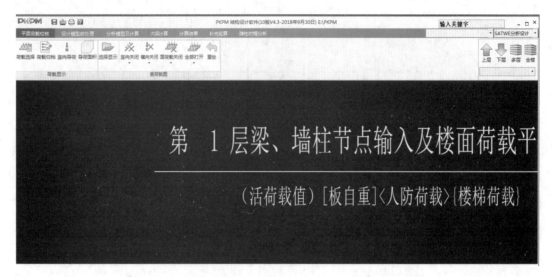

图 5-28   SATWE 主菜单界面

⑥ 可进行上部结构和地下室联合工作分析和设计,并具有地下室人防设计功能;

⑦ SATWE 完成计算后,可将计算结果下传给施工图设计模块完成梁、柱、剪力墙等的施工图设计,并可为各类基础设计模块(如 JCCAD、BOX)提供各荷载工况荷载,也可传给钢结构板块和非线性分析软件。

SATWE 的适用范围如下:

结构层数(高层版)小于或等于 200(注意:SATWE-8 结构层数小于或等于 8);每层梁数小于或等于 8000;每层柱数小于或等于 5000;每层墙数小于或等于 3000;每层支撑数小于或等于 2000;每层塔数小于或等于 9;每层刚性楼板数小于或等于 99;结构总自由度数不限。

SATWE 分为多层(即 SATWE-8)和多高层(即 SATWE)两种版本。两者的区别有:多层版限 8 层以下(包括 8 层);多层版没有弹性楼板交互定义功能;多层版没有动力时程分析、吊车荷载分析、人防设计功能,也没有与 FEQ(高精度平面有限元框支剪力墙计算及配筋软件)的数据接口。

5.4.2　结构建模生成 SATWE 数据

SATWE 的主菜单"设计模型前处理"的主要功能是在结构建模生成的模型数据的基础上,补充结构分析所需的部分参数,并对一些特殊结构(如多塔、错层结构)、特殊构件(如转换结构、弹性板等)、特殊荷载(如温度荷载等)等进行补充定义,最后综合上述所有信息,自动转换成结构有限元分析及设计所需的数据格式,供 SATWE 的主菜单"分析模型及计算""次梁计算"调用。

点击主菜单,弹出如图 5-29 所示的 SATWE"设计模型前处理"菜单。

图 5-29   SATWE"设计模型前处理"菜单

其中,"分析与设计参数补充定义"中的参数信息是 SATWE 计算分析必需的信息,新建工程必须执行此项菜单,确认参数正确后方可进行下一步的操作,此后如参数不再改动,则可略过此项菜单。"生成 SATWE 数据文件及数据检查"是 SATWE 前处理的核心功能,其作用是将平面模型数据和前处理补充定义的信息转换成适合有限元分析的数据格式,新建工程必须执行此项菜单,正确生成 SATWE 数据并且提示数据检查无错误后,方可进行下一步的计算分析。此外,只要在平面结构模型中修改了模型数据或在 SATWE 前处理中修改了参数、特殊构件等相关信息,都必须重新执行"生成 SATWE 数据文件及数据检查",才能使修改生效。除上述两项之外,其余各项菜单不是每项工程必需的,可根据工程实际情况,有针对性地选择执行。

V3 版本
SATWE 后
处理常用操作

5.4.2.1 分析与设计参数补充定义

通过前几节内容的学习,可以看出,结构建模中输入及包含的部分参数对于结构分析并不完备,而 SATWE 在结构建模的基础上提供了更加丰富的设置,从而更好地适应了结构分析和设计的需要。在点击"分析与设计参数补充定义"菜单后,程序弹出如图 5-30 所示的参数设置对话框,该对话框共分 13 项,分别是:总信息、多模型及包络、计算控制信息、高级参数、风荷载信息、地震信息、活荷信息、调整信息、设计信息、材料信息、荷载组合、地下室信息和性能设计。

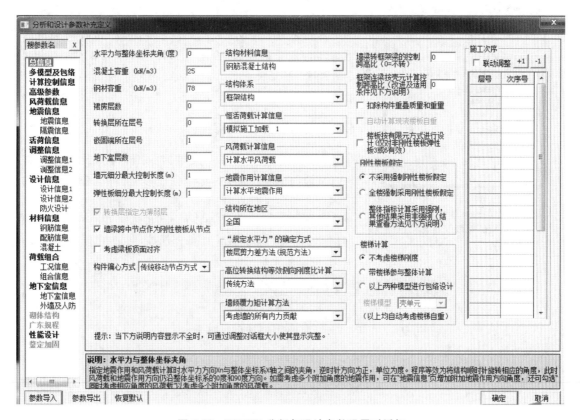

图 5-30 SATWE 分析与设计参数设置对话框

在第一次启动 SATWE 主菜单时,程序会自动将所有参数赋初值,其中,对于结构建模设计参数中已有的参数,程序读取建模信息作为初值,否则,取大多数工程中常用值作为其隐含值。对于结构建模和 SATWE 共有的参数,程序是自动联动的,以保证任一处修改,两处都会同时改变。

需要指出的是,由于篇幅所限,在此不能一一说明上图中各参数的取值,对于初学者来说,只要了解其值是根据《建筑抗震设计标准(2024 年版)》(GB/T 50011—2010)、《混凝土结构设计标准(2024 年版)》(GB/T 50010—2010)、《高层建筑混凝土结构技术规程》(JGJ 3—2010)、《荷载规范》等规范和经验得来的,且会使用即可。

V3 版本
SATWE 后
处理全新
文本查看

5.4.2.2　生成 SATWE 数据文件及数据检查

这项菜单是 SATWE 前处理的核心菜单,是 SATWE 的前处理向内力分析与配筋计算以及后处理过渡的一项菜单,其功能是综合结构建模生成的数据和 SATWE 前处理,将其转换成空间结构有限元分析所需的数据格式。需要指出的是,所有工程都必须执行本项菜单,正确生成数据并通过数据检查后,方可进行下一步的计算分析。

点击本菜单时,会弹出如图 5-31 所示对话框。点击"确定"后,程序会生成 SATWE 数据文件,并执行数据检查。

注:如果在结构建模中对结构的几何布置或楼层数等信息进行了修改,则此处前 3 项(图 5-31)不能打钩,必须重新生成长度系数、水平风荷载和边缘构件信息,否则会造成计算出错。只有在结构、构件的几何布置没有变化,不会改变构件编号、对应关系时,才可以继续使用先前的长度系数等数据。

图 5-31　生成 SATWE 数据
文件及数据检查设置对话框

5.4.3　生成数据＋全部计算

SATWE 的第 2 项主菜单为"分析模型及计算",它是 SATWE 的核心功能,主要是完成多层、高层建筑结构的整体内力分析与配筋计算。

点击 SATWE 主菜单中的"分析模型及计算",程序弹出如图 5-32 所示的子菜单。点击"生成数据＋全部计算"弹出如图 5-33 所示的"提示"对话框。

图 5-32　"生成数据＋全部计算"菜单

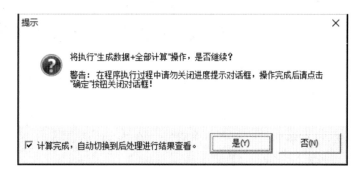

图 5-33　提示对话框

点击"是(Y)"按钮,程序将开始进行结构整体内力分析与配筋计算,一共包括 6 个步骤:数据处理,计算每层刚度中心、自由度、质量等信息,地震作用分析,风及竖向荷载分析,计算杆件内力,构件配筋及验算。

5.4.4　文本结果

"文本结果"菜单项的功能包括"文本查看""计算书"和"工程量统计"三个部分。其中"文本查看"一共有 12 个选项,包括结构模型概况、工况和组合、质量信息、荷载信息、立面规则性、抗震分析及调整等,如图 5-34 所示。"计算书"一共有 15 个计算结果文件,详细提供了计算结果数据,如图 5-35 所示。

V3 版本
SATWE 设计
结果查看技巧

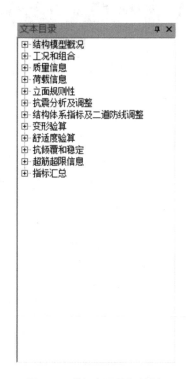

图 5-34　"文本目录"对话框　　　图 5-35　计算书输出对话框

5.5 框架结构梁柱施工图设计

墙、梁、柱施工图程序是后处理模块,其主要功能是辅助用户完成墙、梁、柱的配筋设计,并绘制施工图。执行本菜单的条件是首先要完成三维结构计算(如 SATWE 或 TAT、PMSAP 等分析模块),然后才能进入本菜单进行操作,但板施工图仅需要接力建模模块生成的模型和荷载导算结果完成计算就可实现绘图,已在本书 5.3.6 节中介绍过。单击"墙、梁、柱施工图",进入"墙、梁、柱施工图"主菜单,如图 5-36 所示。

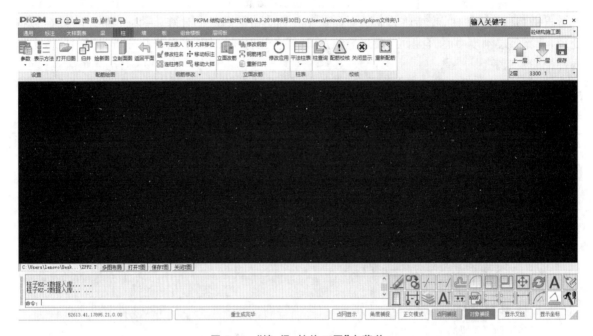

图 5-36 "墙、梁、柱施工图"主菜单

注:必须运行完成 SATWE 等分析模块后才能运行墙、梁、柱模块,否则会出现错误信息。

梁、柱、墙(钢筋混凝土剪力墙)模块的设计思路相似,基本都是按照划分钢筋标准层、构件分组归并、自动选筋、钢筋修改、施工图绘制和施工图修改的步骤进行操作,其中除了钢筋修改和施工图修改其余步骤软件会自动执行,用户可以通过修改参数控制执行过程。

注:钢筋标准层的概念是在 2008 版 PKPM 软件中开始引入的,一般可以将构件布置相同、受力特点类似的数个自然层划分为一个钢筋标准层,并且每个钢筋标准层只出一张施工图。它与结构建模时采用的结构标准层有所不同,区别主要有两点:一是同一结构标准层内的自然层的构件布置与荷载布置都完全相同,而钢筋标准层不要求荷载相同,只要求构件布置完全相同;二是结构标准层只看本层构件,而钢筋标准层的划分与上层构件也有关系,例如屋面层与中间层不能划分为同一钢筋标准层。

5.5.1 梁施工图

梁施工图模块的主要功能为读取计算模块 SATWE(或 TAT、PASAP)的计算结果,完成钢筋混凝土连续梁的配筋设计与施工图绘制。其主要功能包括设置配筋绘图、连梁修改、标注修改、校核、立面改筋和返回平面等。

5.5.1.1 梁的生成与归并

SATWE、TAT、PMSAP 等空间结构计算完成后,进行梁柱施工图绘制前要对计算配筋的结构作归并,从而简化出图(例如,对于多层、高层建筑来说,如果每一层都出一张施工图,施工图纸将非常烦琐,同时也将给施工带来很大的麻烦)。归并可以自动在全楼进行,称为全楼归并,全楼归并包括水平归并和竖向归并。

前述的钢筋标准层(简称钢筋层)就是适应竖向归并的需要而定义的概念,"定义钢筋标准层"对话框如图 5-37 所示,因为同一钢筋标准层包含若干自然层,程序会为各层同样位置的连续梁给出相同的名称,配置相同的钢筋(若如此,施工就很方便),读取配筋面积时,软件会在各层同样位置的配筋面积数据中取大值作为配筋依据。

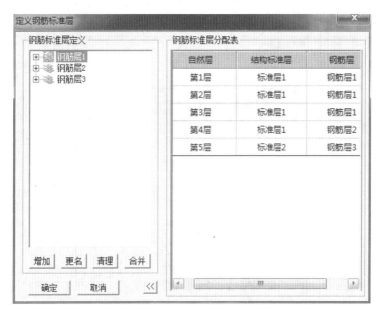

图 5-37 "定义钢筋标准层"对话框

同一钢筋标准层内还要进行进一步的归并,梁(包括主梁及次梁)的归并是把配筋相近、截面尺寸相同、跨度相同和总跨数相同的若干组连续梁的配筋归并为一组,从而简化画图并输出,方便施工,这个过程称为水平归并。

钢筋标准层的划分是软件自动划分的,软件自动划分的标准有两点:一是两个自然层所属结构标准层相同;二是两个自然层上层对应的结构标准层也相同,符合这两个条件的自然层将被软件划分为同一钢筋标准层(可以人工修改)。上述标准,前者保证了各层中同样位置上的梁有相同的几何形状;后者保证了各层中同样位置上的梁有相同的性质。

注:上述的"上层"是指楼层组装时直接落在本层上的自然层,是根据楼层底标高判断的,而不是根据组装顺序判断的。

5.5.1.2 梁平法施工图

所谓梁平法,就是以平面整体表示方法绘制混凝土梁配筋施工图,本绘制方法把梁的配筋标注在每一层的平面图上(必须先执行梁归并),程序按归并结果及配筋归并系数,选择钢筋,并将相同配筋的梁合并。

点击"砼结构施工图"中的"梁"主菜单,再点击"参数"下的"设钢筋层",程序会弹出"定义钢筋标准层"对话框(图 5-37),调整和确定好后,进入梁施工图绘制环境,程序会自动打开当前目录下第 1 标准层梁平法施工图。首先执行菜单"设计参数"修改梁平面绘图法设计参数,如图 5-38 所示。主菜单可对选筋做修改,还有结构平面布置图的各种补充绘图功能,如绘轴线、标尺寸、注字符、编辑修改等。主菜单中可进行混凝土梁的裂缝宽度验算和挠度计算,对不满足裂缝宽度要求的梁,可对梁钢筋进行"修改钢筋"或"立面修改",然后重新进行裂缝宽度验算。

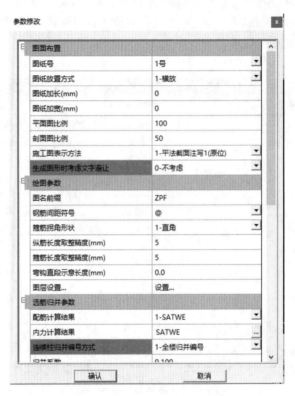

图 5-38　梁配筋参数修改对话框

在梁平法施工图上,标注的内容有梁编号(跨数)、梁支座的钢筋、梁下部钢筋、箍筋的直径、箍筋的加密区和非加密区间距等,如图 5-39 所示。PKPM 软件绘制的平法施工图符合《混凝土结构施工图平面整体表示方法制图规则和构造详图(现浇混凝土框架、剪力墙、梁、板)》(22G101-1)(简称《平法图集》)的要求。

5.5.2　柱施工图

柱施工图的绘制步骤与梁施工图相似,一般包括设置、配筋绘图、钢筋修改、立面改筋、柱表和校核等步骤。

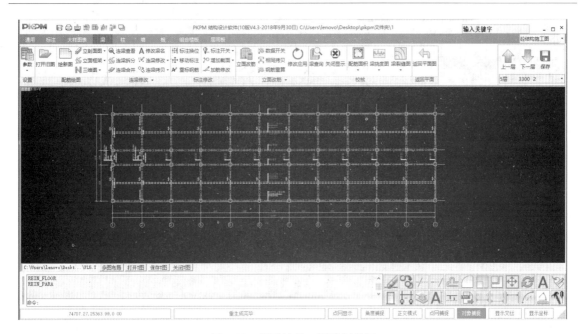

图 5-39　梁平法施工图绘制界面

5.5.2.1　柱归并

柱归并必须在全楼范围内进行,归并条件是满足几何条件(柱单元数、单元高度、截面形状与大小)及给出的归并系数(归并系数取值越大,归并后柱的数量越少),其概念与梁归并相同。柱归并考虑每根柱两个方向的纵向受力钢筋和箍筋,将满足归并条件的柱以同一编号表示,如图 5-40 所示。

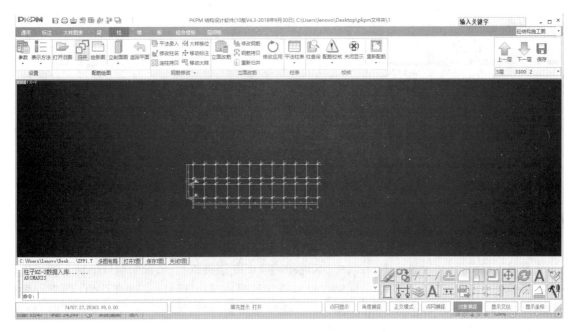

图 5-40　柱归并图

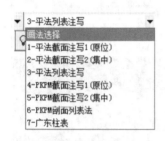

图 5-41 施工图画法选择框

5.5.2.2 柱平法施工图

在进行完参数的设置及柱归并等操作后,接下来就可以开始绘制柱平法施工图了。柱平法施工图是以平面图的形式绘出柱的位置、标出柱的配筋种类。点击屏幕右上角工具条中"画法选择"框,可以选择不同的画法(或者点击"画柱表"来选择),还可满足不同地区、不同施工图表示方法的需求,如图 5-41 所示。

平法截面注写参照《平法图集》,分别在同一编号的柱中选择其中一个截面,用比平面图放大的比例在该截面上直接注写截面尺寸、具体配筋数值的方式来配柱筋。点击右侧菜单"画柱表/截面柱表"命令,弹出"选择柱子"对话框,确定好各项参数后,生成平法截面注写的柱施工图,如图 5-42 和图 5-43 所示,其余画法出图方法与之类似,此处不再赘述。

图 5-42 "选择柱子"对话框

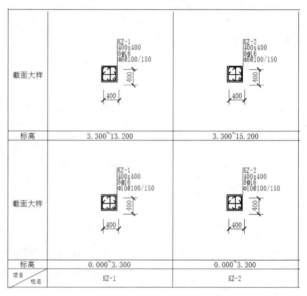

图 5-43 平法截面注写

5.5.3 施工图打印转换

PKPM 系列 CAD 各模块主菜单均设有"图形编辑、打印及转换"菜单,在各绘图程序中也有包含在下拉菜单中的绘图工具包(即 PKPM 的自主版权图形平台上的纯绘图软件 TCAD,新版 PKPM 程序安装时会自动安装),用户可采用该绘图工具包作补充绘图及编辑修改,工具包除给用户提供一个像 AutoCAD 的工作环境外,还有大量专业化的功能。

施工图就是使用 PKPM 自主知识产权的图形平台 TCAD 绘制的,绘制成的施工图后缀为.T,统一放置在工程路径的"\施工图"目录中(其他图的输出方法类似)。已经绘制好的施工图可以在各施工图模块中再次打开,重新编辑,同时也可以直接转换成 AutoCAD 支持的 DWG 图进行编辑(如果对 AutoCAD 更加熟悉的话)。以墙、梁、柱施工图转换为例,转换方法为依次点击墙、梁、柱施工图模块操作界面左上方"文件""T 图转 DWG"菜单即可。

另一常用的转换方法是,采用 TCAD 将 T 图转换为 AutoCAD 支持的 DWG 文件,TCAD 还可将 AutoCAD 的 DXF 和 DWG 文件转化成 PKPM 的 .T 图形文件。转换方法为:依次点击"图形编辑、打印及转换"、"工具"(位于最上方第一排菜单中)、"T 图转 DWG"(或"新版 DWG 转 T 图"等)菜单即可。

5.6 框架结构 PKPM 设计典型例题

为了让读者熟练掌握 PKPM 结构设计软件的使用,本节提供了一个框架结构设计的实例,并做了较为详细的讲解,以便读者学习。

5.6.1 工程资料

本工程为一栋 5 层办公楼,其结构体系采用钢筋混凝土框架结构,开间为 5.0 m,进深为 6.0 m,内走廊宽 2.4 m,首层层高为 4.0 m(自基础顶面计算起),2～5 层层高为 3.3 m。内外墙均采用 190 mm 厚混凝土空心小砌块砌筑。场地类别为 Ⅱ 类,抗震设防烈度为 7 度,设计基本地震加速度为 0.10g,场地基本风压为 0.4 kN/m²,框架抗震等级为三级,如图 5-44 所示。

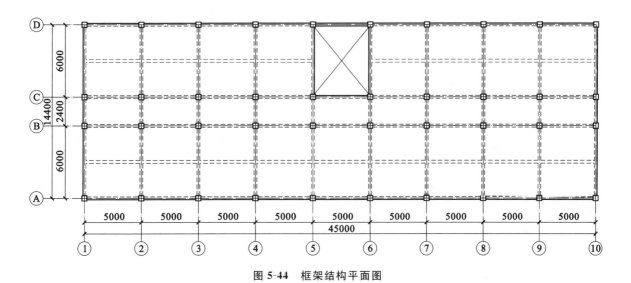

图 5-44　框架结构平面图

5.6.2 模型输入和结构设计

如本书 5.3.4 节内容所述,结构建模一般包括"轴线网点""构件布置""楼板|楼梯""荷载布置""荷载补充"和"楼层组装"6 项步骤,建立模型时,一般应该从上至下依次执行这 6 项菜单区内的各项操作,下面将按照以上各步骤介绍本框架结构的建模过程。

5.6.2.1 结构建模

(1)创建或打开文件

首先在 E 盘新建文件夹"E:\PKPM\框架设计",然后点击软件主界面(图 5-2)左下角处的"改变目录"按钮,选择刚才新建的文件夹,点击右边新建的项目,再点击右下角的应用,在弹出的交互式数据输入对话框中输入新建工程名称"design"或其他自定义名称,点击"确定",进入建模主界面,如图 5-3 所示。

注:每做一项新的工程,都应建立一个新的子目录,并在新子目录中操作,这样不同工程的数据才不致混淆。

(2)轴线输入

点击"常用菜单/正交轴网",进入直线轴网输入对话框,在"下开间"一栏中输入"5000＊11",在"左进深"处输入"6000,2400,6000",或者在"常用值"一栏中依次双击"6000""2400""6000",其他参数都取软件默认值。点击"确定"后将生成的正交轴网,拖放到屏幕绘图区中合适的位置处,然后点击鼠标左键将轴网定位,此时程序自动在轴线与轴线的交点处生成白色网点(轴线为红色)。至此,本框架的轴网生成完毕。

点击"轴线网点/轴线命名",命令栏提示"轴线名输入:请用光标选择轴线【Tab】成批输入)",按键盘上的【Tab】键,选择成批轴线命名方式。命令栏提示"移光标点取起始轴线",用鼠标点击最左边的一条竖向轴线,此时全部竖向轴线均被选中。接着命令栏提示"移光标去掉不标的轴线(【Esc】没有)",本例没有不需要命名的轴线,按键盘上的【Esc】。接着命令栏提示"输入起始轴线名:()",输入"1",表示起始轴线从"1"开始命名,程序将该方向所有轴线全部命名。

注:凡是在同一直线上的线段,不论其是否贯通都视为同一轴线。

(3)网格生成

点击"网格网点/形成网点",此时轴网自动生成网点。还可以将生成的网格和节点进行进一步的修改、编辑等操作。在本框架设计中不需要对其进行编辑等操作。

(4)楼层定义

按照本书 5.3.4.3 节内容所介绍的柱、梁截面尺寸的估算方法进行计算(梁、柱、板均采用 C30 混凝土),得到:柱截面可初选为 450×450(实际估算结果为 402×402),主梁截面尺寸可初选为 250×500,房间内设一道次梁,截面尺寸可初选为 200×400。

点击"构件布置/柱布置",弹出柱截面列表对话框,点击"增加"按钮,弹出柱参数输入对话框,点击"截面类型"右侧的"▼",在弹出的柱截面类型对话框中选择第一种——矩形截面(本框架结构采用矩形截面柱),所以在"截面类型"右侧显示类型为"1"。在"矩形截面宽度(mm)"和"矩形截面高度(mm)"两栏中均输入"450"。在"材料类别(1—99)"处选择"6:混凝土"。点击"确定",柱截面定义完毕。在柱布置对话框中的"偏心、柱底标高、转角"均设置为0,在柱截面列表对话框中选择刚才定义的柱类型,点击捕捉中的"光标",然后点击"布置"按钮,再用鼠标框选整个网格界面,柱布置完成。

点击"构件布置/梁布置",新建好截面尺寸为 250×500 和 200×400 的主、次梁各参数。如柱布置一样,将截面尺寸为 250×500 的主梁进行布置(梁布置对话框中各参数也均设置为0)。

点击"楼板/楼梯/生成楼板",软件会自动生成楼板,板厚取默认值(一般为 100 mm),按照本书 5.3.4.3 节(4)的内容,该厚度符合相关规范的要求。楼板生成后,接着将楼梯间板厚设置为0,点击"楼板/楼梯/修改板厚",在弹出的对话框"板厚度(mm)"处输入"0",选用"光标选择",在平面图上部正中楼梯间处点击鼠标左键进行布置(此时该房间四周出现一个黄色矩形框),则该楼梯间板厚设为0。

点击"构件布置/次梁",布置次梁不需要网格线,选择 200×400 的梁类型,点击"布置"按钮。最下方命令栏中提示"输入第一点'TAB 节点捕捉,ESC 取消'",鼠标选取Ⓐ Ⓑ轴线间①轴线的中点(以三角形符号显示,注意开启捕捉功能);命令栏提示"输入下一点(【Esc】结束)",用鼠标选取Ⓐ Ⓑ轴线间⑩轴线的中点。次梁也可以一小段一小段地布置,采用同样的方法,在Ⓒ Ⓓ轴线间也布置次梁。需要注意的是,楼梯间不要布置次梁。

点击"本层信息",设置板厚(mm):100,板柱梁混凝土强度等级:30,板钢筋保护层厚度(mm):25,梁柱墙钢筋级别:HRB400,本标准层层高(mm):3300。

注:"本层信息"中输入的板厚、钢筋类别等参数可通过"修改板厚"和"材料强度"菜单进行详细的修改。

点击屏幕右上方工具栏中的"第 1 标准层"的下拉选择窗口,选择"添加新标准层",在弹出的对话框中选择"全部复制",点击"确定",从而复制得到了"第 2 标准层",在"第 2 标准层"绘图环境下,做如下修改,使之成为屋顶层:修改楼梯间处的楼板板厚(改为 100 mm),并加上次梁。

(5)荷载输入

按照本书 5.3.4.4 节所述内容,进入第 1 标准层,点击"荷载布置/恒活设置"用于定义楼面恒荷载和活荷载标准值,在弹出的对话框中分别输入恒荷载值 4.5 kN/m²(包括了楼板自重),活荷载值 2.0 kN/m²,不勾选"自动计算现浇板自重",点击"确定",用鼠标框选整个界面。进入第 2 标准层,重复上述操作,输入恒荷载值为 6.5 kN/m²,活荷载值为 0.5 kN/m²。

进入第 1 标准层,考虑到楼梯间的恒、活荷载值较其他房间大,应对其进行修改,点击"荷载布置/恒载/板",将楼梯间所在房间的恒荷载值修改为"6.0",具体步骤如下:在"修改恒载"对话框中输入"6.0",点击"光标选择"方式,然后将光标移至楼梯间,按下鼠标左键确认即可。同理,点击"荷载布置/活载/板",将楼梯间和走廊所在房间的活荷载值修改为"2.5"。

按照本书 5.3.4.4 节(3)中所述方法,内墙墙体线荷载为 8.52 kN/m²(即梁间荷载),考虑到外墙有窗,应扣除窗洞墙体荷载再加上窗本身荷载,扣除后得到外墙墙体线荷载(即梁间荷载)为 6.63 kN/m²。第 2 标准层为屋面,周边只设置一圈女儿墙,对应的梁间荷载取 4.0 kN/m²。

进入第 1 标准层,点击"荷载布置/恒载/梁",在弹出对话框中点击"增加"按钮,在弹出的荷载类型对话框中选择第一种(均布线荷载),再输入 8.52,点击"确认"后返回。选择刚才定义的梁荷载,点击"布置"按钮,已布置荷载的梁会显示为白色线条(次梁不用布置)。同样的方法,将大小为 6.63 kN/m²的梁间荷载布置在梁上(同理,打开第 2 标准层,将大小为 4.00 kN/m²的梁间荷载布置在最外围一圈所在的梁上)。

(6)设计参数

点击"常用菜单/设计参数",有些参数需要修改一下,对于本框架结构"梁、柱钢筋的混凝土保护层厚度(mm)"取"30";"混凝土容重(kN/m³)"处输入"27","主要墙体材料"选取"混凝土砌块","砌体容重(kN/m³)"处输入"11.8";"设计地震分组"选取"第 3 组"(查抗震设计规范),混凝土框架抗震等级"选取"3 级"[查《建筑抗震设计标准(2024 年版)》(GB/T 50011—2010)],"修改后的基本风压(kN/m²)"处输入"0.4","地面粗糙程度"选取"C","第一段:最高层号"处输入"5",点击"确定"。

（7）楼层组装

点击"楼层组装/楼层组装"，在"复制层数"一栏中选择"1"，在"标准层"一栏中选择"第1标准层"，"层高"一栏中选择"4000"，点击"增加"。

注：首层层高通常从基础顶面算起，本例首层为4.0 m。

同样的在"复制层数"一栏中选择"3"，"标准层"一栏中选择"第1标准层"，"层高"一栏中选择"3300"，点击"增加"，在右侧的"组装结果"一栏中即显示出第2层至第4层的组装信息。同样的方法，采用第2标准层组装第5层（在"标准层"一栏中选择"第2标准层"）。组装完成后，可点击"楼层组装/整栋模型"查看整个框架结构的模型图。

（8）保存与退出

点击"保存"，工程文件存盘（建议该项工作要经常执行，以防出现由于停电等原因造成数据丢失）。点击"退出"，建模工作结束，如果屏幕上方有红色提示栏显示未做的项目，此时应该返回相应的菜单去执行完毕后再退出。且要点击"存盘退出"，在"选择后续操作"对话框中建议全部勾选。

5.6.2.2　平面荷载显示校核

在执行完结构建模的任务，且认真检查校对各构件的承载情况后，还应执行SATWE分析设计"平面荷载显示校核"以检查交互输入和自动导算的荷载是否准确。具体参看5.3.5节内容。

5.6.2.3　画结构平面图

具体步骤及方法请参考5.3.4节所述内容，二层楼板及屋面板配筋图如图5-51和图5-52所示。

5.6.3　结构空间有限元分析

由于篇幅所限，在此不能一一说明SATWE各参数的取值，对于初学者来说，只要了解其值是根据各相关规范和经验得来的，且会使用即可。

5.6.4　结构施工图

由于篇幅所限，仅给出了本工程的梁、柱、板施工图，如图5-45～图5-50所示。

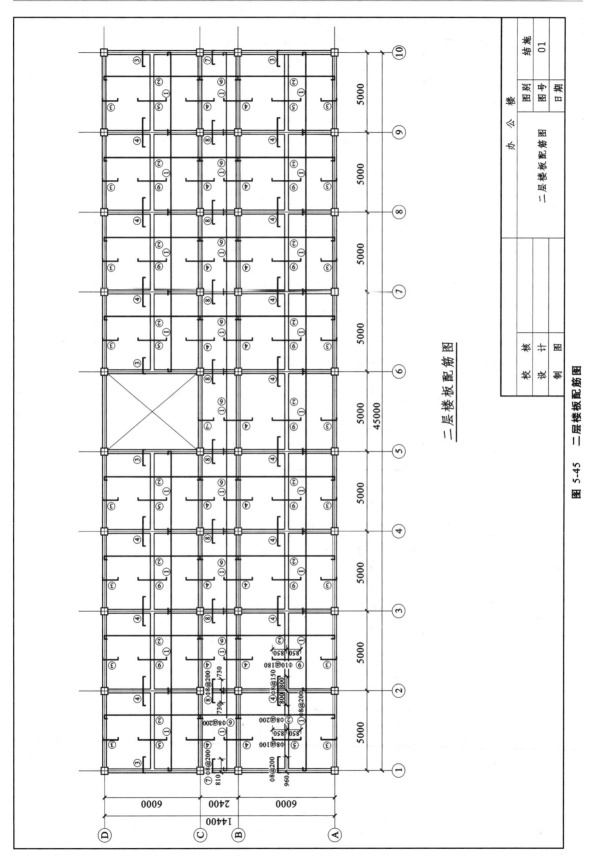

二层楼板配筋图

图 5-45 二层楼板配筋图

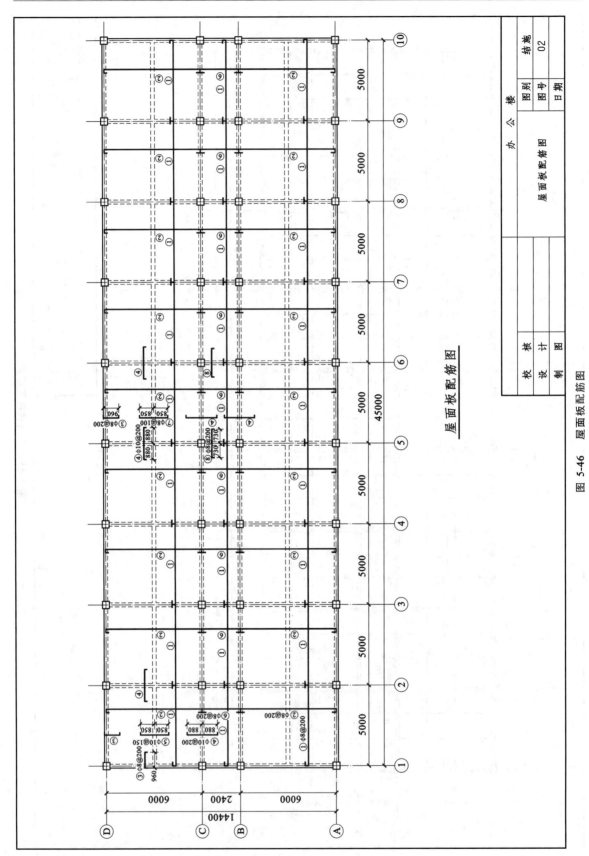

屋 面 板 配 筋 图

图 5-46　屋面板配筋图

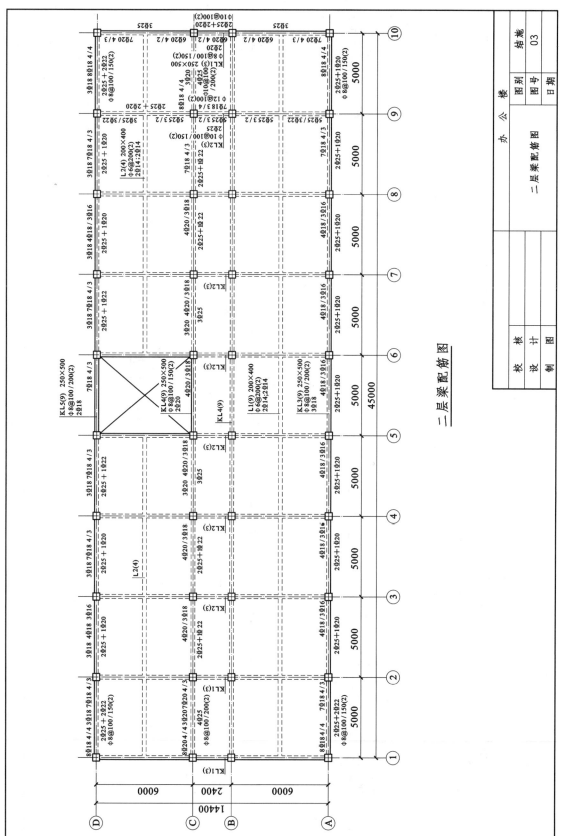

二层梁配筋图

图 5-47　二层梁配筋图

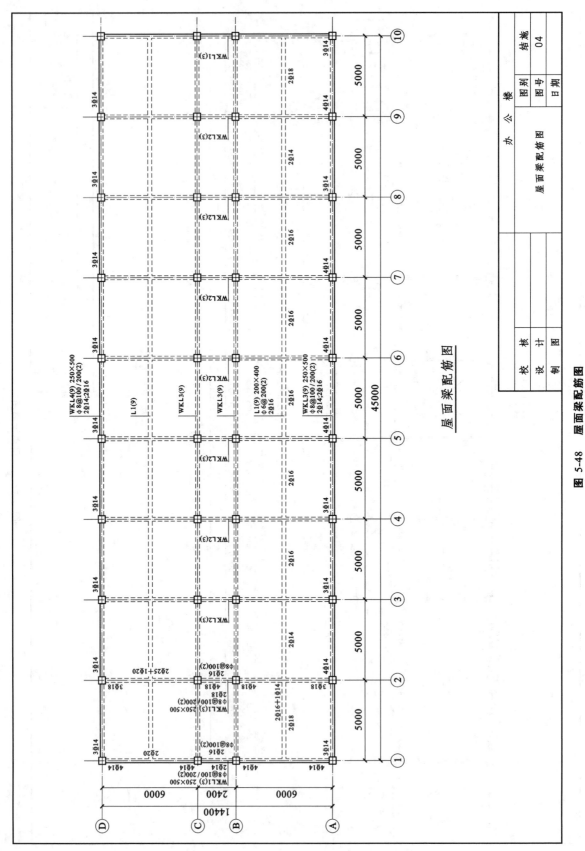

屋面梁配筋图

图 5-48　屋面梁配筋图

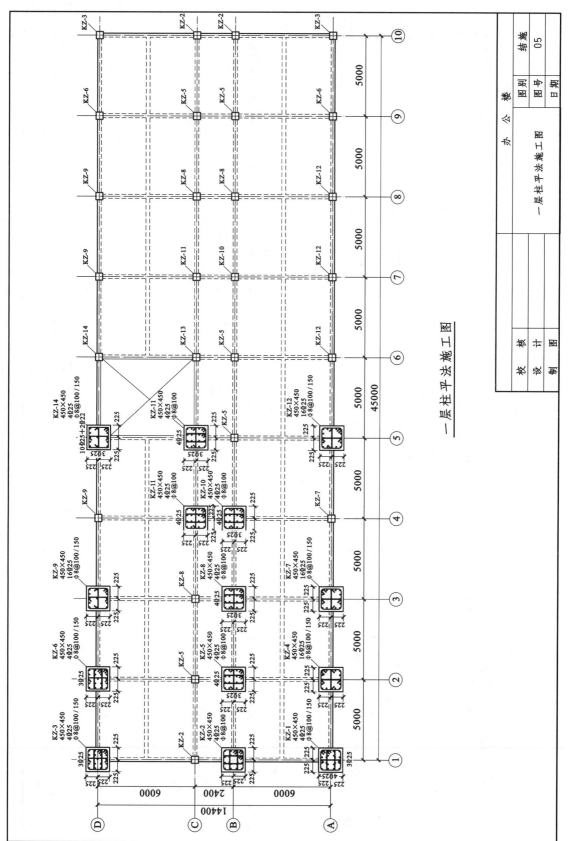

一层柱平法施工图

图 5-49 一层柱平法施工图

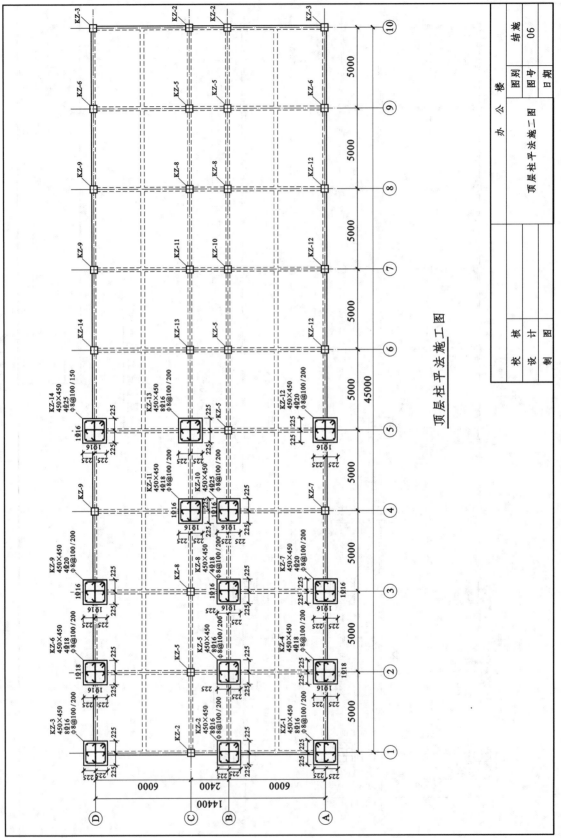

顶层柱平法施工图

图 5-50　顶层柱平法施工图

本章小结

（1）PKPM 系列软件的相关知识。

（2）PKPM 进行多层框架结构计算设计的过程和步骤；结构建模模块的操作步骤，如结构模型的建立、荷载输入以及结构平面图的绘制等。

（3）SATWE——多、高层建筑结构有限元分析模块的相关应用。

（4）框架结构梁、柱施工图设计模块各主菜单的相关应用。

习题与思考题

5-1 楼梯间的荷载在建模过程中是如何输入的？

5-2 坡屋面如何建模？

5-3 如何初选柱截面、梁截面和楼板厚度？

5-4 砌体结构在建模后可否自动生成楼板？

5-5 楼梯布置时应该注意哪些主要问题？

5-6 在 TCAD(PKPM 自主版权图形平台上的纯绘图软件)中如何插入自定义的图框？

PKPM 常见
问题及解答

6 钢筋混凝土结构课程设计指导

【内容提要】

  本章着重介绍钢筋混凝土楼盖设计、单层工业厂房结构设计、框架结构设计的设计过程和方法,培养学生从事混凝土结构设计所需的综合能力,加深对所学理论课程的理解和巩固。

【能力要求】

  通过本章学习,学生应熟悉钢筋混凝土结构方案确定、构件截面选择、荷载计算、内力计算、构件设计、绘制施工图等主要过程,并能正确、熟练地运用结构设计规范、手册、各种标准图集及参考书。

6.1 混凝土结构课程设计的性质及基本要求

6.1.1 课程设计性质

  混凝土结构课程设计是土木工程专业的重要实践教学环节之一,对培养和提高学生的基本技能,强化学生对实际结构工作情况的认识和巩固所学的理论知识具有重要作用。为了加强学生对混凝土结构基本理论的理解和设计规范条文的应用,培养学生独立分析问题和解决问题的能力,须在讲完有关课程内容后,安排课程设计,以提高学生的综合运用能力。课程设计是知识深化、拓宽的重要过程,也是对学生综合素质与工程实践能力的全面锻炼,是实现本科培养目标的重要阶段。先修课程为"土木工程材料""材料力学""结构力学""混凝土结构基本原理""混凝土结构设计"等。

6.1.2 课程设计目的

  结构设计是在满足安全、适用、耐久、经济和施工可行的要求下,按有关设计标准的规定对建筑结构进行总体布置、技术与经济分析、计算、绘图、寻求优化的全过程,设计要点见图 6-1。混凝土结构课程设计是混凝土结构课程教学的综合技能训练,使学生将所学的理论知识运用到具体设计实践中,通过对现浇钢筋混凝土肋梁楼盖、单层排架结构、多层框架结构进行设计,引导学生掌握结构设计的方法和步骤,使学生树立正确的结构设计观念,为后续进行毕业设计打下扎实的基础,在土木工程专业人才培养中起着十分重要的作用。

  通过课程设计,学生应学会依据设计任务进行资料收集和整理,能正确熟练运用结构设计规范规程、手册、图集及其他参考工具书,掌握混凝土结构设计的程序、方法和技术规范,提高工程设计计算、理论分析、技术文件编写、施工图绘制的能力。通过设计,学生应初步建立设计、施工、经济全面统一的思想,养成利用所学知识进行全面思考的习惯,锻炼学生解决实际工程结构问题的能力,培养学生的创造性思维能力及独立工作能力,以及严谨、扎实的工作作风,建立工程的责任意识。为学生将来走上工作岗位,顺利完成设计任务奠定基础。

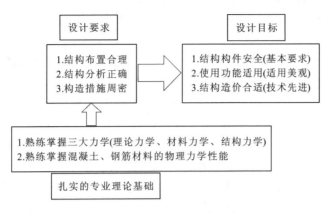

图 6-1　建筑结构设计要点示意图

6.1.3　设计依据

6.1.3.1　设计标准

为保证混凝土结构设计中贯彻执行国家的技术经济政策,使结构安全、适用、经济,保证质量,设计时必须熟悉并严格执行现行国家、行业和地方的法律、法规和规范规程、标准图集。标准图集符合国家相关规范、规程、标准,结合近年来新材料、新技术、新工艺的发展,为住宅建筑设计、施工、监理提供了设计标准和工程构造做法等技术资料,顺应住宅建筑工业化发展的需要。目前,混凝土结构设计时常用的规范规程、图集如下(若修订,请注意使用最新版本):

①《混凝土结构设计标准(2024 年版)》(GB/T 50010—2010);

②《建筑结构荷载规范》(GB 50009—2012);

③《建筑抗震设计标准(2024 年版)》(GB/T 50011—2010);

④《高层建筑混凝土结构技术规程》(JGJ 3—2010);

⑤《建筑地基基础设计规范》(GB 50007—2011);

⑥《装配式混凝土建筑技术标准》(GB/T 51231—2016);

⑦《混凝土结构施工图平面整体表示方法制图规则和构造详图》(22G101-1~3);

⑧《1.5 m×6.0 m 预应力混凝土屋面板》(G410-1~2)。

6.1.3.2　设计任务书

(1) 工程地质条件

工程地质条件通常是指建设场地的地形、地貌、地质构造、地层岩性、不良地质现象及水文地质条件等。工程建设必须遵守先勘查、后设计。工程地质勘查是研究、评价建设场地的工程地质条件所进行的地质测绘、勘探、室内实验、原位测试等多项工作,为工程建设的规划、设计、施工提供必要的依据及参数。当已有的工程地质勘查报告不够详尽或由于建筑的重要性、复杂性,设计对场地工程地质勘查有特殊要求时,应明确提出补充勘查的要求。

工程地质勘查成果是工程地质勘查报告,一般包括文字说明和图纸两个部分。通过勘查报告能了解建设场地的地形地貌、地质构造、地层特征、不良地质现象、地下水位、冻结深度及所在地区的地震烈度等,各地层岩土的物理力学性质、室内外试验结果;并对地基土承载力及场地的稳定性、地基处理方法、地下土水对基础材料的腐蚀性、施工降水方案等做出评价。阅读工程地质勘查报告,设计人员可熟悉场地情况,能选择合理的地基处理方案和基础形式。

（2）场地的自然气候条件

场地的自然气候条件包括基本雪压、基本风压及其主导风向、最大冰冻深度、年最高温度、年最低温度、季节温差和昼夜温差,工程所在地区的地震基本烈度。温差作用是结构物的主要间接作用,设计中需进行计算或采取相应的构造措施;基本雪压和基本风压是作用在结构上的主要荷载;最大冰冻深度用于确定地基处理方案、基础结构方案、基础埋置深度等。

（3）熟读建筑图,了解各专业条件

工程设计是各相关专业集体智慧的结晶。一个好的设计,不仅要使本专业的设计合理,更重要的是还要能保证建筑物整体的协调与统一。结构作为建筑的骨架,受其他专业(建筑、工艺、设备等专业)的影响,因此必须详细了解各专业对结构的要求,并采用与建筑空间功能要求相适应的结构形式,将合理的结构形式与使用要求和美观需要尽可能统一起来。建筑的功能不同,对房屋的跨度、柱距、层高的要求也不同,因而需要对梁、柱、墙的截面及布置加以控制。

通过总平面图可了解项目的位置,从勘查报告中确定该项目的地质条件,正确进行基础设计和计算。了解建筑平面尺寸,确定结构建模所需网格尺寸和轴线编号,结合建筑剖面确定结构标准层数。了解建筑立面图,了解建筑物复杂性和悬挑构件的尺寸与层高。了解建筑总说明,了解建筑材料,确定结构建模时所需的楼面荷载和梁上荷载。了解建筑节点详图,了解建筑做法,确定结构类型和计算条件。了解暖通空调、排水、电气的专业设计条件,确定楼面、墙面、基础所需预留、预埋条件及相应的补强措施,楼板、墙板厚度是否满足预留、预埋后的构造要求。

6.1.4　课程设计注意事项

6.1.4.1　结构设计应注意的几个概念

结构设计初学者特别容易将以下几个概念弄错,在设计时一定要搞清楚、弄懂。

（1）结构标高和建筑标高

建筑物的高度主要包括建筑高度、结构高度、结构计算高度,通常三者并不相等。① 建筑高度是指建筑物室外地面到其檐口或屋面面层的高度,屋顶上的局部突出的水箱间、电梯机房、排烟机房和楼梯间等不计入。该高度主要用来区分建筑的属性和类别,并确定消防要求及相应的对策。② 结构高度是指建筑物室外地面到其主要屋面板板顶或檐口的高度,突出屋面的水箱间、电梯机房、排烟机房和楼梯间等不计入。该高度主要用来区分建筑结构的类别(多层建筑结构、高层建筑结构),并用来确定其适合的设计依据、规范规程和应采取的抗震措施。③ 结构计算高度指结构底部嵌固端至屋面板顶面的高度,包括突出屋面的水箱间、电梯机房、排烟机房等。该高度主要用来准确计算风荷载及地震作用,确定结构首层层高及估算首层竖向构件的截面尺寸等。

相应建筑标高也不同于结构标高,建筑标高是指楼层、屋面及檐口完成面相对于建筑首层地面的高度。正确区分建筑标高和结构标高决定了建筑面层荷重和支承梁截面高度。① 对屋面而言,考虑到屋面排水坡度、屋面构造做法厚度的不确定性,通常屋面建筑标高等于结构标高。② 对于楼面,由于建筑装修层的构造做法具有一定的厚度,故其结构标高低于建筑标高。而不同功能区的装修层构造做法不同,即使建筑标高相同而结构标高也不一定相同,如北方地区多采用地暖的采暖方式,地暖常规建筑做法的装修层构造厚 130 mm,而楼梯间不便使用地暖供暖,通常其装修层构造厚约 50 mm。当装修层构造的厚度相差较大时,将引起楼板配筋与其周边相邻板配筋不连续。

（2）建筑层与结构层

不少初学者对于建筑和结构概念上的楼层容易混淆。建筑平面图是将建筑物在该层窗台标高稍上处做水平剖切得到的俯视图；结构层是空间概念，一个结构层是指从该层底部至本层楼盖顶面处的所有构件，包括水平布置的梁、板，以及空间布置的柱、剪力墙、斜柱、支撑构件等。简而言之，结构平面图是在建筑物本层楼盖顶面处的所有构件下做水平剖切得到的俯视图。

在图纸上，结构首层的梁、板布置是依据建筑二层的平面布置得到的，其中包括自结构的底部嵌固部位算起的柱、剪力墙等竖向构件，以上各层以此类推。地下室顶板的梁、板布置是依据建筑首层的平面布置得到的，结构上通常称之为零层板。

（3）结构底部嵌固端

结构分析计算之前必须首先确定结构嵌固端的所在位置，以便确定首层的计算高度及整体结构的计算高度。结构的底部嵌固部位，理论上应能限制构件在两个水平方向的平动位移和绕竖轴的转角位移，并将上部结构的剪力全部传递给地下室结构或基础。而嵌固部位的选取却要考虑诸多因素，如有无地下室、基础埋深、基础形式等。正确选取其结构嵌固端不仅关系到结构中某些计算模型与结构实际受力状态的准确性，而且还影响结构产生侧移的真实性，以及结构局部的经济性。

对于无地下室的结构，当采用天然地基基础或桩基，都是以基础（承台）顶面作为结构嵌固端；若埋置深度较深或基础（承台）顶面标高与首层标高有一定距离而不设基础梁连结或其刚度过小，当剪力墙和砌体结构设有刚性地坪时，可取室外地面以下 500 mm 处作为上部结构的嵌固部位。当上部为刚度较柔的框架结构时，可按照《建筑地基基础设计规范》（GB 50007—2011）做成高杯口的基础，满足表 8.2.5 对杯壁厚度的要求，此时可将高杯口的顶面作为上部结构的嵌固部位。

带地下室的多高层混凝土结构，当地下室结构的楼层侧向刚度不小于相邻上部结构楼层侧向刚度的 2 倍时，地下室顶板可作为上部结构的嵌固部位。但设计时应满足相应的构造措施［详见《建筑抗震设计标准（2024 年版）》（GB/T 50011—2010）及《高层建筑混凝土结构技术规程》（JGJ 3—2010）］，若不满足，地下一层应计入上部结构内。

6.1.4.2   结构体系的合理布置

根据建筑设计来确定结构体系，结构选型主要包括结构形式、结构体系和施工方案。结构体系的选择应考虑建筑功能要求、建筑的重要性、建筑所在场地的抗震设防烈度、地基主要持力层及其承载力、建筑场地的类别，以及建筑的高度和层数等。结构布置应遵循以下原则。

（1）结构匀称整体性好，受力可靠

在满足使用要求的前提下，结构便于施工、经济合理。平面布置和竖向布置应尽可能简单、规则、均匀、对称，以避免发生突变，结构整体刚度和楼盖结构刚度大小合理。若刚度太小，则不符合规范要求。反之，则不经济。

① 结构的刚心与质心尽量接近，两个主轴的动力特性相近，以免结构在风载或水平地震作用下产生较大的扭转效应。

② 抗侧力结构刚度和承载力沿竖向均匀变化，避免突变；沿平面布置均匀合理，利于结构整体性能和抗震延性的实现。

（2）荷载传递路线要明确、快捷，结构计算简图要简单并易于确定

① 重力荷载传递直接。

楼盖的结构布置,尽量使重力荷载传递到竖向构件的路径最短。竖向构件的布置,尽量使其重力荷载作用下的压应力水平接近。

② 水平荷载(作用)传递直接。

整体抗侧力结构体系明确,传力直接。楼盖要具有一定的刚度和强度,有效地把作用在建筑物上的水平力传递给各竖向结构构件。填充墙用轻质材料,且与主体结构柔性连结。

6.1.4.3 施工图的绘制原则

图纸是工程师的语言,施工图的质量直接关系到课程设计的质量。衡量施工图绘制质量的好坏,不仅指具体各张图纸的表达,还包括整个工程图纸的目录编排、图幅控制、比例选择、文字说明、尺寸标注和构件编号顺序等。

（1）目录编排

目录应按图纸内容的主次关系,系统、规律地排列。排在前面的应是结构设计总说明及构件构造通用说明,继而是基础、竖向构件、楼层结构,再是楼梯及其他详图。

（2）图幅控制

结构施工图常用的图幅为 1# 和 2#,也可根据具体情况确定,应尽量避免使用 0# 图及加长图。单次设计中图幅宜控制在两种之内。选择图幅应与图纸内容、比例、所估尺寸相呼应,应疏密有序,布图不能过于饱满,也不能太空旷。如:同一楼层的模板图及梁板配筋图如能在同一张图中的上下或左右排列布图绘制,则是一种较理想的布置方案,不仅方便阅读、校审,而且也方便现场施工的操作。

（3）比例选择

结构施工图常用比例有:1∶150、1∶100、1∶50、1∶30。前两种比例多用于结构平面图,后两种比例多用于大样图、结构构造详图等。楼层结构平面的比例大小取决于楼层结构布置的复杂程度和密集程度,当结构布置较复杂、较密集时用 1∶100 的比例,否则可考虑使用 1∶150,甚至 1∶200 的比例。构造详图视具体情况而定,比如楼梯平面布置图、竖向剖面图常用 1∶50 的比例,而梯梁、梯柱、梯柱基础多用 1∶25 或 1∶30 的比例等。

（4）文字说明

文字说明包括整项工程的结构总说明、构件构造通用说明,以及每张图纸的特殊说明。前两种说明要注意全面完整、不遗漏;后者则应尽量简短,文字要简洁、准确、清楚,文字叙述的内容应是该图中极少数的特殊情况,或者是具有代表性的大量情况。

（5）尺寸标注

平面图中应清楚明确地表示梁、柱、墙等构件与邻近轴线的关系尺寸。一般结构的尺寸线为三道尺寸(总尺寸、轴线尺寸、构件定位尺寸),较为复杂的则可增加一道构件偏位尺寸。所标注的尺寸应尽量靠近要表示的构件,位于平面中部及远端的构件定位尺寸应就近另加标注。悬臂构件的定位尺寸应标注其支承端轴线(或梁中、梁边)至构件端部的距离,孔洞除标注其与轴线或柱、梁、墙的尺寸关系外,还需注其孔洞净尺寸。

（6）构件编号顺序

结构平面图中所有受力构件(包括梁板、柱墙)均应编号并注上截面尺寸。各类构件的编号顺序都应从平面的①×(A)轴(即左下角)开始,至右上角结束。中间需加插某一构件时,其编号均以其邻近同类构件的编号加下标表示;连续编号中有删除造成缺号的要在该图文字说明中加以注明,以避免校审及施工为寻找该缺号构件而浪费时间。

构件钢筋应编号,尺寸、直径、形状不同的应编写不同的序号,编号可按纵向受力筋—架立筋—箍筋—构造钢筋的顺序进行。编号圆圈直径6 mm。为了图面整齐,如板的配筋图中,也可仅负筋编号。

(7)轴线、剖面编号

轴线编号及其定位尺寸应提早与建筑工种统一做到规范化和科学性。轴线编号应正确区分主轴线、附加轴线。主轴线一般为竖向构件的定位轴线,除带转换层结构外,上部楼层的主轴线号应出现在基础平面或首层结构平面中。骨架结构中的填充墙,如定位轴线应为附加轴线。一般柱宜以底层柱中心定位;剪力墙宜以墙中或一侧定位;变形缝应以缝两侧的双柱或墙柱的净距定位,且必须采用主轴线。

定位轴线应编号,由左下角编起,由左向右沿水平方向用阿拉伯数字依次编号,由下向上沿垂直方向用大写汉语拼音字母来注写。轴线编号圆圈直径为8 mm。

剖面的剖切线,剖面的编号用阿拉伯数字顺序编排,编号应按剖视方向写在剖切线一侧,向左剖视应将编号写在左侧,向下剖视写在下方。如图6-2所示。

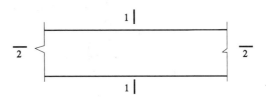

图6-2 剖切线和剖面的编号

(8)字符大小和线宽设定

同类的文字、数字的字符高度必须一致,不仅同一张图是如此,整项工程所有图纸都必须如此。适宜的字符高度为2.5 mm、3.5 mm、5 mm、7 mm。字体采用仿宋体,字迹应清楚、端正。从左至右横向书写,要准确使用标点符号。

为了满足结构施工图制图标准的要求,严格区分轴线、尺寸线、梁(柱、墙)线、钢筋线及字符等的粗细大小,绘图时通常用图层、颜色和线型加以控制。为了统一,可按下式的设定线型绘图:粗线(钢筋线、剖面符号),宽b;中粗线(轮廓线),宽$b/2$;细线(尺寸线、引出线),宽$b/4$。其中,$b=0.8\sim1.2$ mm。

6.1.5 设计成绩评定

混凝土结构课程设计是学生走向工作岗位前必须进行的一项基本训练,时间一般为1~2周,设计主要内容包括钢筋混凝土肋形楼盖设计、单层工业厂房排架结构设计及多层钢筋混凝土框架设计。要求学生按时独立完成设计内容,一人一题。设计成果包括结构计算书一份,施工图若干。要求做到:① 计算书字迹端正、整洁,计算过程思路清晰,结构方案选取合理,并画出相应的计算简图及各构件的配筋草图等。培养学生严谨、科学的工作态度,懂得要对计算内容和数据负责,做到运算思路清晰,计算快捷正确,计算书规整,便于检查。② 施工图图面整洁,线条清晰,字体端正,尺寸标注正确,表达合理规范。掌握钢筋混凝土结构施工图的表达方式和制图规定,达到一定的深度和正确的表示方法,满足施工要求。

设计成绩的评定一般采用定量评定,可以参照:结构计算书(占总成绩的30%)+施工图(占总成绩的30%)+综合考核(即答辩占总成绩的40%)(表6-1)。成绩评定等级分为:优秀(90~100分)、良好(80~89分)、中等(70~79分)、及格(60~69分)、不及格(60分以下)五个等级。

表6-1 混凝土结构课程设计成绩评定参考标准

考核项目	考核内容	考核方法	考核标准
结构计算书(30%)	计算书内容	检查批改	优秀:计算书完整,参数选取合理,思路清晰,计算正确,书写整洁 良好:计算书较完整,参数选取较合理,思路较清晰,计算正确,书写较整洁 中等:计算书基本完整,思路较清晰,计算错误较少,书写不够整洁 及格:计算书基本完整,思路基本清晰,计算基本正确,书写不够整洁 不及格:计算书不完整,计算错误
施工图(30%)	图纸质量	检查批改	优秀:结构方案合理,图纸完整无误,图面整洁,符合制图标准 良好:结构方案合理,图纸较完整,错误较少,图面较整洁,符合制图标准 中等:结构方案基本合理,图纸表述基本清楚,基本符合制图标准 及格:结构方案基本合理,图纸基本完整,但错误较多 不及格:结构方案不合理,图纸表述不清楚,不符合制图标准
综合考核(40%)	相关理论的理解掌握程度	答辩	优秀:概念清楚,思路清晰,回答流利,熟悉设计内容 良好:概念清楚,思路清晰,较好地掌握设计内容 中等:概念较清楚,思路较清晰,基本掌握设计内容 及格:在老师的引导下基本达到要求 不及格:概念模糊,没有掌握相关设计内容

6.2 混凝土楼盖结构设计

现浇钢筋混凝土肋梁楼盖课程设计,被誉为混凝土结构的第一课程设计,是建筑结构课程中最重要、最基本的一项课程设计,历来受到各层次土建专业教学的重视。

6.2.1 设计要求

6.2.1.1 教学目的

(1)了解楼(屋)盖、楼梯结构的布置方式及相应荷载传递路径,掌握民用建筑荷载计算和取值方法。

(2)学会从整体结构中,通过分析、简化,抽象某一单元构件的计算简图,以及计算单元的划分、支座的简化,计算跨度的合理确定。

（3）通过板与次梁的计算,熟练掌握考虑塑性内力重分布和弹性理论的计算方法,以及塑性铰与塑性内力重分布的概念。通过主梁的计算,熟练掌握弹性理论计算方法,并熟悉内力包络图和抵抗弯矩图的绘制方法。

（4）了解并熟悉现浇钢筋混凝土楼盖结构的有关构造规定,掌握结构施工图的绘制方法及制图要求。

6.2.1.2 设计内容

（1）计算书

包括以下内容:

结构布置:确定柱网尺寸,主、次梁和板的布置,估算构件截面尺寸,绘制结构平面布置图及计算简图。

板的设计:荷载计算、内力计算,计算多跨连续板正截面承载力,绘制板的配筋图等。

次梁的设计:内力计算,计算多跨连续次梁的正截面和斜截面承载力,绘制次梁的配筋图及钢筋大样。

主梁设计:主梁内力按弹性理论方法计算,绘制主梁的弯矩、剪力包络图,根据包络图计算主梁正截面、斜截面承载力,绘制主梁的抵抗弯矩图及配筋图等。

（2）施工图

包括以下内容:

设计说明:工程概况、设计依据、材料信息、混凝土保护层厚度及施工中应注意的问题等。

楼盖结构平面图:标准墙、柱定位轴线及编号,构件定位尺寸、编号,楼板结构标高。

楼板配筋:标注板厚,板中钢筋直径、间距、编号及定位尺寸,以及分布筋信息。

次梁配筋图:标注次梁截面尺寸,梁标高,钢筋直径、根数、编号及其定位尺寸。

主梁的弯矩包络图、抵抗弯矩图、模板配筋图:主梁截面尺寸及几何尺寸,梁标高,钢筋的直径、根数、编号及其定位尺寸。

6.2.2 设计指导

楼盖结构是建筑结构的主要组成部分,有多种结构方案可供选择,如现浇和装配不同施工方案:肋梁楼盖、井字梁楼盖、无梁楼盖、密肋楼盖等不同体系,以及钢筋混凝土楼盖、钢楼盖、钢-混凝土组合楼盖等不同结构形式。选择楼盖方案应考虑满足建筑物的使用功能、生产工艺,同时要注意经济合理、安全可靠、技术先进等要求,综合进行技术经济分析比较,确定最佳方案。

现浇钢筋混凝土楼盖,又称整体式楼盖,由现浇的主梁、次梁和楼板组成。一般板多支承在梁上,短边尺寸可用 l_1 表示,长边尺寸用 l_2 表示;若 $l_2/l_1 \geqslant 3.0$ 时,板面荷载主要通过短边方向传给支座,长边方向传力较少,可忽略不计,这种板称为单向板,由单向板组成的楼盖称为单向板肋梁楼盖。若 $l_2/l_1 \leqslant 2.0$ 时,板面荷载通过两边方向传给支座,且任何一边都不容忽略,这种板称为双向板,由双向板和主、次梁组成的楼盖称为双向板肋梁楼盖。若 $2.0 < l_2/l_1 < 3.0$ 时,宜按双向板设计,也可按单向板设计,此时应沿长边方向布置足够的构造钢筋,以承担该方向的弯矩。

房屋的平面尺寸和墙体的布置确定之后,其关键的问题是柱网和梁格的布置,应力求简单、规整、统一,以便减少构件类型,便于设计和施工。柱网以正方形或长方形为宜,梁板等跨最好,梁、板截面尺寸在各跨内应尽量统一。

6.2.2.1　单向板肋梁楼盖

(1) 结构布置与初选构件截面尺寸

主梁的跨度一般为 5~8 m 时,较为经济,且尽可能为板跨的 2~3 倍;次梁的跨度一般为 4~6 m 时,较为经济,同时主次梁均应等跨布置,若实际情况中做不到,也可将边跨做小一些,但跨差不能大于 10%,主要为了使边跨主梁的内力及计算简单。

次梁间距为板跨,单向板一般以 1.7~2.7 m 为宜,不宜超过 3 m,可减小板厚,以节省混凝土用量;板跨也尽可能等跨布置,若实际做不到,可参照梁的做法。

主梁横向布置,可增强房屋横向刚度,便于纵墙开大窗;主梁纵向布置,便于纵向管道通行,但横向刚度较差。主梁跨内宜布置两根次梁,以使弯矩平缓,配筋合理。板面遇有隔断墙、大型设备等较大集中荷载时,应布置小梁,楼板遇有较大洞口时,应在其周边布置小梁。应避免将主梁和次梁搁置在门窗洞口上,否则应另行设计过梁。

初选构件截面尺寸按本书 2.1.3 小节的要求综合确定。

(2) 设计要点和步骤

① 板的计算。

板的内力计算可以考虑弹性理论、塑性内力重分布两种方法,取单位宽板带为代表性计算单元。

计算前,先画结构计算简图,多于五跨时,取五跨;少于五跨时,取实际跨数。计算跨度:按弹性理论计算,参考表 2-2;按塑性理论计算,参考表 2-5。

板的荷载计算(取 1 m 宽计算板带的线荷载,kN/m):恒荷载标准值(g_k)=板厚×重度+构造层厚×重度;活荷载标准值 q_k 可根据房屋的使用情况,查现行的荷载规范取值。荷载组合设计值采用基本组合,分可变荷载控制的组合和永久荷载控制的组合,取两者的较大值作为荷载设计值($g+q$)参与内力计算。需要注意的是,活荷载分项系数 γ_Q,一般取 1.4,当工业楼面均布活荷载大于 4.0 kN/m² 时,取 1.3。

内力计算时考虑四边与梁整浇的中间区格单向板内拱的有利影响,中间区格板的支座及跨中弯矩乘以折减系数 0.8。按弹性理论,根据恒荷载和活荷载的不利布置时的内力,查附表 8 的内力系数,计算出所有不利内力组合值。若采用塑性理论,按式(2-11)计算出各跨跨中和支座弯矩值。根据各跨跨中及支座弯矩可列表计算各截面钢筋用量,绘制配筋图。

板的受力钢筋级别,可采用 HRB400、HRB500、HRBF400、HRBF500,以及直径小于 16 mm 的 HPB300。混凝土强度等级取 C20、C25、C30 级,当钢筋强度在 400 MPa 以上时,混凝土等级不应低于 C25。板的其他构造详见本书 2.2.4 小节。

② 次梁的计算。

次梁的内力可以考虑弹性理论、塑性内力重分布两种方法。

次梁为多跨连续梁,当多于五跨时,取五跨;少于五跨时,取实际跨数。计算前,先画结构计算简图,计算跨度:按弹性理论计算,参考表 2-2;按塑性理论计算,参考表 2-5。

次梁的荷载计算:恒荷载标准值(g_k)=板面恒荷载×次梁间距(由板传来)+次梁宽×(次梁高-板厚)×混凝土重度(次梁自重)+2×(次梁高-板厚)×抹灰厚度×抹灰重度(次梁两侧抹灰自重);活荷载标准值(q_k)=板面活荷载标准×次梁间距(由板传来)。荷载组合设计值 $p=g+q$。

内力计算时,采用弹性理论计算同板,若采用塑性理论,相邻跨差不大于 10% 时,分别由式(2-11)和式(2-13)计算次梁控制截面的弯矩和剪力。

计算正截面受弯承载力时,跨中截面按 T 形截面设计,翼缘宽度按《混凝土结构设计标准(2024 年版)》(GB/T 50010—2010)的表 5.2.4 取值,支座截面按矩形,配筋计算可列表,注意验算防止出现少筋和超筋破坏的情况。斜截面受剪承载力计算时,先验算截面是否满足,若满足,只需按构造配箍,否则应计算配箍,可按列表计算,并验算配筋率。绘制次梁模板配筋图。

③ 主梁的计算。

主梁承受较大荷载,属重要结构构件,应有较大安全储备,故采用弹性理论计算方法。

若梁柱线刚度较小时,主梁支座简化为铰支座,计算简图为多跨连续梁;否则支座简化为刚结点,计算简图为框架结构。计算跨度的选取参考表 2-2。

为简化计算,主梁的荷载化为集中荷载。恒荷载标准值(G_k)＝次梁恒荷载×主梁间距(由次梁传来)＋主梁宽×(主梁高－板厚)×次梁间距×混凝土重度(主梁自重)＋2×(主梁高－板厚)×抹灰厚度×次梁间距×抹灰重度(主梁两侧抹灰自重);活荷载标准值 Q_k＝次梁传来活荷载标准×主梁间距。恒荷载设计值 $G=1.2G_k$,活荷载设计值 $Q=\gamma_L\gamma_Q Q_k$;或恒荷载设计值 $G=1.35G_k$,活荷载设计值 $Q=\gamma_L\gamma_Q\Psi_c Q_k$。

主梁内力的计算,同采用弹性理论计算时板和次梁的计算。正截面受弯承载力的计算同次梁,跨中截面按 T 形截面设计,支座截面按矩形,弯矩设计值取支座边缘处的数值,h_0 取值参考本书 2.2.4.3 小节,计算可列表进行。斜截面受剪承载力计算时,先验算截面,检查是否需配腹筋,弯起钢筋应在等剪力区均匀布置,可按列表计算,并验算配筋率。验算在次梁两侧规定范围内是否需设置附加吊筋或箍筋,具体计算方法参考本书 2.2.4.3 小节。绘制模板配筋图、配筋图、内力包络图、主梁抵抗弯矩图,确定纵筋弯起、切断位置。按构造要求切断支座负钢筋和弯起跨中正弯矩钢筋,跨中钢筋与支座负钢筋的直径和根数应当统筹考虑,跨中钢筋弯起后可作为支座负钢筋。

6.2.2.2　双向板肋梁楼盖

(1) 结构布置与初选构件截面尺寸

双向板的跨度(短向跨度)为 5 m 左右。双向板厚度一般不宜小于 80 mm,也不宜大于 200 mm。初选构件截面尺寸按本书 2.1.3 小节进行,且必须综合确定。

(2) 设计要点和步骤

① 板的计算。

板的内力计算可以考虑弹性理论、塑性内力重分布两种方法,取单位宽板带为代表性计算单元。

按弹性方法计算双向板内力时,对于单块板可根据四边支承情况及短向(x 向)与长向(y 向)板的跨度之比,利用附表 9 的数据进行计算,具体计算见本书 2.3.2 小节。对于多跨连续板需要进行最不利活荷载布置。当求某区格板跨中最大弯矩时,最不利的活荷载按棋盘式布置,简化为单块板来计算。利用附表 9 的数据计算单块板的内力,再叠加起来即可。若求连续双向板的支座最大弯矩,可以按全部荷载($g+q$)满布来计算,此时可认为各跨的板固定在各中间支座上,即把板的内支座看作固定支座、边支座由实际情况确定的单块板来计算每个区格板的支座中点最大弯矩。对于相邻区格板的共同支座的最大弯矩,可以取相邻两个区格板计算的支座中点最大弯矩的平均值。

按塑性方法计算双向板内力时,常用塑性铰线法。对于单块板可根据四边支承情况,假定板的破坏机构,利用虚功原理建立起双向板塑性铰线上正截面受弯承载力和极限荷载之间的关系,推出单位长度塑性铰线的受弯承载力(见本书 2.3.3 小节)。对于多跨连续板,通常先求出中间区格板块支座和跨中弯矩,按四边固定作用均布荷载单块板的计算方法进行;再求相邻板块,相当于支座弯矩已知,用同样的方法求出其他弯矩;再依次推出所有板的弯矩。需注意的是,若楼盖周边支承在砌体墙上,视为简支边,支座弯矩为零。根据板区格跨中及支座弯矩可列表计算各截面钢筋用量,绘制配筋图。

② 支承梁的设计。

荷载采用就近原则传递,故双向板相邻直角的支承梁按 45°线来划分负荷范围,即短跨方向承受板面传来三角形荷载,长跨方向则为梯形荷载。按弹性理论计算时,按本书 2.3.5 小节等效为均布荷载。按塑性内力重分布计算时,可在弹性理论求出支座弯矩的基础上进行调幅,确定支座弯矩后按静力平衡条件求出跨中弯矩。

6.2.3 课程设计参考题目

本节提供现浇钢筋混凝土单向板和双向板肋梁楼盖的各一个题目供参考,请按本书 6.2.1 小节设计内容和要求,查阅相关规范和图集完成混凝土楼盖结构设计。题目未给出的条件,如屋面做法等,查阅相关规范资料自行选取。

6.2.3.1 钢筋混凝土单向板肋梁楼盖设计任务书

某多层仓库采用框架结构方案,建筑图如图 6-3~图 6-5 所示。楼盖为现浇钢筋混凝土单向板肋梁楼盖,竖向承重体系为现浇钢筋混凝土柱。设计使用年限为 50 年,结构安全等级为二级。

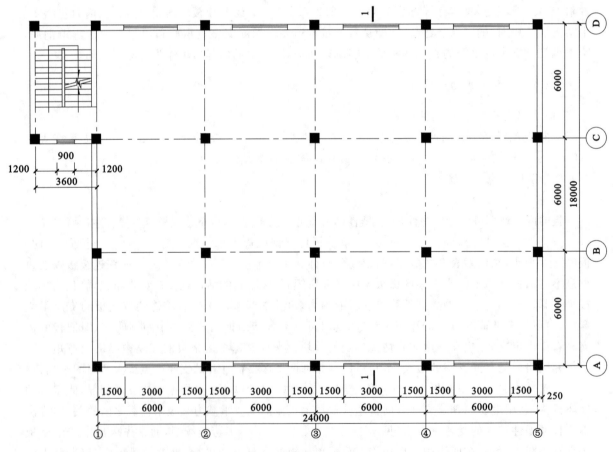

图 6-3 建筑平面图

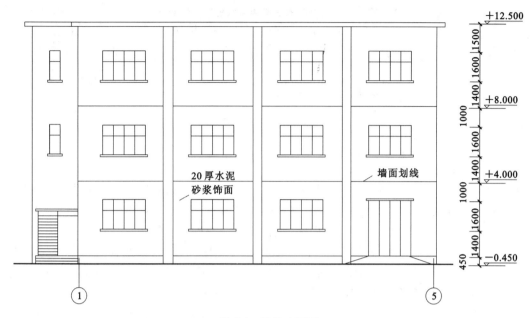

图 6-4 建筑立面图

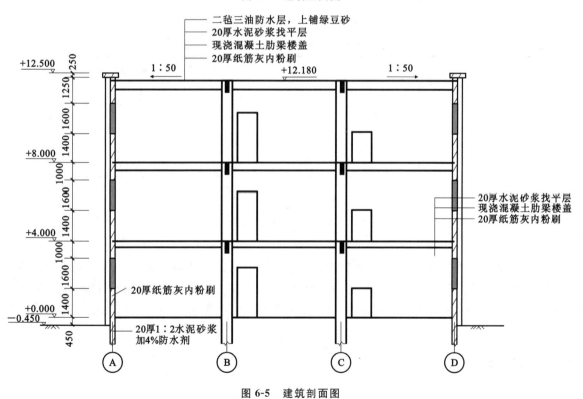

图 6-5 建筑剖面图

屋面为不上人屋面,楼面活荷载见表6-2,其他请查阅《荷载规范》。

表 6-2 提供了 10 道题供学生选择,按学号顺序选其中的一种进行设计。其中,学号为单号的采用按塑性理论设计板和次梁,主梁按弹性方法计算;学号为双号的采用弹性理论的方法设计。

表 6-2　　　　　　　　　　　**钢筋混凝土单向板肋梁楼盖课程设计任务表**

楼面活荷载/(kN/m²)	3	4	5	6	7	8	9	10	11	12
主梁沿横向布置	1	2	3	4	5	6	7	8	9	10
主梁沿纵向布置	11	12	13	14	15	16	17	18	19	20
层数	屋盖	屋盖	屋盖	2	2	2	1	1	1	1

6.2.3.2　钢筋混凝土双向板肋梁楼盖设计任务书

某多层轻型工业厂房结构设计使用年限为 50 年,结构安全等级为二级。采用框架结构,中间层楼盖为现浇钢筋混凝土双向板肋梁楼盖,楼梯间在平面外。竖向承重体系为现浇钢筋混凝土柱,柱截面尺寸为 500 mm×500 mm,厂房墙体采用混凝土空心砌块砌筑。

厂房平面尺寸、楼面活荷载见表 6-3,请学生按学号顺序选择题目,结合给定条件先完成结构平面布置图,布置好柱网、支承梁和板,再进行楼盖设计。其中,学号为单号的采用按塑性理论设计板,双号的采用弹性理论的方法设计板,支承梁均按弹性方法计算。

楼面构造做法:10 mm 厚 1:2 水泥砂浆面层,20 mm 厚 1:3 水泥砂浆找平层,现浇钢筋混凝土楼板,20 mm 厚混合砂浆粉刷。

表 6-3　　　　　　　　　　**钢筋混凝土双向板肋梁楼盖课程设计任务表**

厂房平面尺寸/(mm×mm)	楼面活荷载/(kN/m²)					
	4	5	6	6.5	7	7.5
12×12	1	2	3	4	5	6
15×12	7	8	9	10	11	12
15×18	13	14	15	16	17	18

6.3　单层工业厂房设计

单层工业厂房是工业建筑中较为普遍的建筑形式,它适用于各种工业生产,尤其是当产品质量大或尺寸较大的,显得更为优越。单层厂房结构体系有排架和刚架两种。排架结构是指由屋架与柱铰接、柱与基础刚接组成的承重结构体系;刚架则是指由屋架与柱刚接、柱与基础铰接组成的结构体系。

6.3.1　设计要求

6.3.1.1　教学目的

本课程设计是钢筋混凝土结构课程的重要实践环节之一。通过本课程设计,学生应较全面、清楚地了解和掌握单层工业厂房排架结构的主要设计过程和方法,为从事工程设计打下基础。

①了解单层工业厂房的结构形式,掌握结构布置原则,包括支撑布置,确定排架结构计算简图,熟悉各类受力构件所处的位置和作用。

②学习标准图和标准设计的使用方法,了解各标准构件的设计原理与方法。

③巩固所学专业知识,掌握各类荷载计算的方法及在荷载作用下的内力分析、内力组合。

④掌握排架柱、抗风柱和柱下独立基础的配筋设计及构造要求。

⑤掌握结构施工图的绘制方法及制图要求。

6.3.1.2　设计内容

(1)计算书

包括以下内容:

结构布置与结构构件选型尺寸确定:确定柱网平面布置,结构构件选型尺寸,结构计算简图。

荷载计算:完成1榀横向平面排架结构的屋面恒荷载、活荷载,柱、吊车梁自重,吊车荷载、风载等计算。

荷载作用下的内力分析:各类荷载内力计算、内力组合。

排架柱配筋计算:正截面承载力计算、牛腿设计、抗风柱设计等。

基础设计:基础埋深、型式、地基承载力设计值的确定,荷载计算,底面积,基础高度,配筋计算及必要的详图。

(2)施工图

包括以下内容:

设计说明:反映工程概况、设计依据、材料信息、混凝土保护层厚度及施工中应注意的问题。

结构布置图:包括屋架、天窗架、屋面板、屋盖支撑布置、吊车梁、柱及柱间支撑、墙体布置等。利用对称性可将柱平面及支撑图、屋盖平面及支撑图绘于同一张图中(常用比例1∶100)。

柱施工图:排架柱及抗风柱配筋图及模板图。

基础配筋图:基础布置平面(常用比例1∶100)、基础详图(常用比例1∶30)。

6.3.2　设计指导

6.3.2.1　方案设计

(1)厂房的平面设计

厂房的平面设计包括确定柱网尺寸、排架柱与定位轴线的关系和设置变形缝。

(2)构件选型及布置

构件选型包括屋面板、天沟板、屋架(含屋盖支撑)、吊车梁、连系梁、基础梁、柱间支撑、抗风柱等,详见本书3.1节,参考现行标准图集:《1.5 m×6.0 m预应力混凝土屋面板》(G410-1～2)、《预应力混凝土折线形屋架(预应力钢筋为钢绞线　跨度18 m～30 m)》(04G415-1)、《梯形钢屋架》(05G511)、《冂形钢筋混凝土天窗架》(94G316);《单层工业厂房钢筋混凝土柱》(05G335)、《柱间支撑》(05G336);《钢筋混凝土吊车梁(工作级别A6)》(04G323-1)、《钢筋混凝土吊车梁(工作级别A4、A5)》(04G323-2)、《先张法预应力混凝土吊车梁》(95G425)、《钢筋混凝土吊车梁(A6级)》(15G323-1)、《钢筋混凝土吊车梁(A4、A5级)》(15G323-2)、《钢吊车梁(6 m～9 m)》(G520-1～2);《吊车轨道联结及车挡》[00G514(六)];《钢筋混凝土过梁》(13G322-1～4)、《钢筋混凝土基础梁》(16G320)、《钢筋混凝土连系梁》(04G321);《钢筋混凝土结构预埋件》(16G362)等。

屋面板的型号根据外加屋面荷载(不含屋面板自重)的设计值,查表可得。当屋面采用有组织排水时,需要布置天沟。对于单跨,既可以采用外天沟,也可以采用内天沟;对于多跨,内侧只能采用内天沟。计算天沟的积水荷载时，按天沟的最大深度确定。天沟的型号可查图集，同一型号的天沟板有三种情况：不开洞、开洞和加端壁。在落水管位置的天沟板需开洞，分左端开洞和右端开洞，分别用 a、b 表示。厂房端部有端壁的天沟板用 sa、sb 表示。18 m、24 m 跨度的内天沟宽度采用 620 mm，外天沟宽度采用 770 mm；30 m 跨度的内天沟宽度采用 680 mm，外天沟宽度采用 860 mm。

屋架根据屋面荷载设计值、天窗类别、悬挂吊车情况，查表可选型号。对于非抗震及抗震设防烈度为 6、7 度，屋盖支撑可查图集布置。当厂房单元长度不大于 66 m 时，在屋架端部的垂直支撑用 CC-1 表示，屋架中部的垂直支撑用 CC-2 表示，另在柱间支撑处的屋架端部设置垂直支撑 CC-3B。屋架端部的水平系杆用 GX-1 表示，中部的水平系杆用 GX-2 表示。屋架上弦横向水平支撑用 SC 表示；当吊车起重量较大、有其他振动设备或水平荷载对屋架下弦产生水平力时，需设置下弦横向水平支撑，用 XC 表示。当厂房设置托架时，还需布置下弦纵向水平支撑。

吊车梁型号根据吊车的额定起重量、吊车的跨距以及吊车的载荷状态，可查相关图集确定。

墙体下需设置基础梁。基础梁型号根据跨度、墙体高度、有无门窗洞等查相关图集得到。

柱间支撑设置先根据吊车起重量、柱顶标高、牛腿顶标高、吊车梁顶标高、上柱高、屋架跨度等查相关图集得到排架号，然后根据排架号和基本风压确定支撑型号。

抗风柱下柱采用工字型截面，上柱采用矩形截面。抗风柱的布置需考虑基础梁的最大跨度，间距可采用 4.5 m 和 6 m。

圈梁的作用是将围护墙同排架柱、抗风柱等箍在一起，以增强厂房的整体刚度。对于有吊车的厂房，除在檐口或窗顶设置圈梁外，尚宜在吊车梁标高处增设一道圈梁，外墙高度大于 15 m 时，还应适当增设圈梁。在柱顶、下部窗窗顶和吊车梁标高处设置圈梁，柱顶圈梁可代替连系梁。圈梁代替门窗过梁时，过梁部分的配筋按计算确定。

（3）厂房剖面设计

根据工艺条件提供的轨顶标志标高，确定厂房的控制标高，包括牛腿顶标高和柱顶标高。

牛腿顶标高等于轨顶标高减去吊车梁在支承处的高度，以及轨道和垫层高度，必须满足 300 mm 的倍数。吊车轨道及垫层高度可以取 0.2 m。为了使牛腿顶标高满足模数要求，轨顶的实际标高将不同于标志标高。规范允许轨顶实际标高与标志标高之间有 ±200 mm 的差值。

柱顶标高＝吊车轨顶的实际标高＋吊车轨顶至桥架顶面的高度＋空隙，其中，空隙不应小于 220 mm；吊车轨顶至桥架顶面的高度可查相关图集。柱顶标高同样需满足 300 mm 的倍数。

完成方案设计后，可以绘制出厂房的屋盖布置图、构件布置图。

6.3.2.2　排架柱设计

（1）计算简图

没有抽柱的单层厂房，计算单元可以取一个柱距。排架跨度取厂房的跨度，上柱高度等于柱顶标高减去牛腿顶标高。下柱高度从牛腿顶算至基础顶面，持力层（基底标高）确定后，还需预估基础高度。基础顶面不能超出室外地面，一般低于地面不少于 50 mm。对于边柱，由于基础顶面还需放置预制基础梁，所以排架柱基础顶面一般应低于室外地面 500 mm。

（2）荷载计算

排架荷载包括恒荷载和活荷载。其中恒荷载包括屋盖自重，上柱自重，吊车梁、轨道及垫层自重，下柱自重；活荷载包括屋面活荷载、吊车荷载和风荷载。

恒荷载包括屋盖自重通过屋架作用在柱顶面，其作用点离开纵向定位轴线的距离为 150 mm，因而对上柱截面形心有偏心力矩。吊车梁自重可从相关图集得到。吊车梁、轨道及垫层自重的作用点在牛腿顶面。上柱自重、吊车梁、轨道及垫层自重对下柱截面形心有偏心。

屋面活荷载取屋面均布活荷载与雪荷载两者中的较大值。屋面活荷载的作用点同屋盖自重。

横向排架的吊车荷载包括吊车竖向荷载和吊车横向水平荷载。吊车竖向荷载 D_{max}、D_{min} 根据最大轮压和最小轮压,利用影响线求得。最大轮压、桥架自重、小车自重,可查相关图集。当吊车轮压尽可能向所计算的排架柱靠近时,排架柱受到的吊车竖向荷载最大。吊车最大横向水平荷载 T_{max} 作用位置同 D_{max}、D_{min},利用影响线计算,有左、右两种制动方向。计算吊车荷载时,应考虑多台吊车的荷载折减系数。

对于单层工业厂房,计算风荷载时,可不考虑风振系数。柱顶以下的风荷载可近似为均布荷载,柱顶以上的风荷载简化为作用在柱顶的集中风荷载。查风荷载体型系数时应注意,正值代表风压,即指向受风面;负值代表风吸,即离开受风面。

（3）内力分析

排架内力计算可采用结构力学的方法。对于等高排架,可借助附图1~8用剪力分配法计算。首先在柱顶加上一个不动铰支座,查表得到单阶柱柱顶反力,计算弯距和剪力;然后将支座反力反向作用于排架柱顶,用剪力分配法求出各排架柱的剪力和弯距;再将上述两种情况下的内力迭加。排架柱的轴力可根据受到的竖向荷载直接确定。

为了进行最不利内力组合,每一项荷载下的内力需单独计算。最后画出每一项荷载标准值下的弯距图、轴力图和剪力图。

（4）内力组合

控制截面指柱高度范围内配筋相同、抗力相同、荷载效应最大的截面。上柱取上柱底作为控制截面;下柱高度范围内配筋相同,选取牛腿顶面和柱底两个控制截面。

有吊车厂房的荷载组合一般由活荷载效应控制。对于排架结构可采用简化组合,取下列两者情况中的较大值:1.2×恒荷载标准值＋1.4×任意一项活荷载标准值,1.2×恒荷载标准值＋1.4×（0.9×任意两项或两项以上活荷载标准值之和）。但应注意,风荷载的两种情况（左风和右风）不能同时考虑,只能考虑其一;吊车横向水平荷载的几种工况（单跨有两种,双跨有四种）也只能取其一;且考虑吊车横向水平荷载时,必须同时考虑吊车竖向荷载。

（5）截面设计

当排架柱截面尺寸满足本书3.3.1小节的规定时,可不进行正常使用条件下的位移验算,仅进行承载能力极限状态的计算。排架柱的计算长度可查表3-3,应注意是否考虑吊车荷载,决定了下柱的计算长度。

柱截面设计时先判别属于小偏心受压还是大偏心受压,利用下列原理挑选出最不利的内力:轴力相同的情况下,弯距越大越不利;弯距相同的情况下,对小偏压轴力越大越不利,对大偏压轴力越小越不利。

（6）牛腿设计

牛腿的宽度取柱宽,长度根据构造要求确定。牛腿的纵向钢筋按承载力确定,箍筋和弯起钢筋按构造配置,详见本书3.3.3小节。

（7）吊装验算

吊装验算时,安全等级降一级,荷载效应乘以0.9;考虑起吊时的动力效应,荷载效应乘以1.5。为了缩短施工工期,一般在柱混凝土强度达到设计强度的75%即开始吊装,如果需要混凝土强度达到设计强度的100%方可吊装,务必在施工说明中注明。

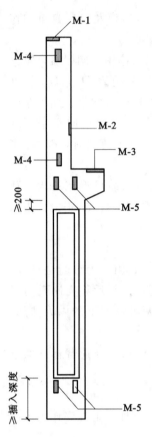

图 6-6 排架柱预埋件

吊装验算包括承载力和裂缝宽度,材料强度应取吊装时的值。当验算不满足要求时,应采取措施,如增加吊点或增加配筋,直至满足要求。

(8)预埋件设计

如图 6-6 所示,预埋件 M-1 的作用是柱与屋架的连接;M-2 的作用是吊车梁顶面与排架柱的连接;M-3 的作用是吊车梁与牛腿的连接。设置柱间支撑的两侧排架柱还有连接上柱支撑的 M-4 和连接下柱支撑的 M-5。

M-2 承受吊车横向水平荷载,属于受拉预埋件,锚筋的总截面面积 A_S 按下式计算:

$$T_{max} \leqslant 0.8a_b f_y A_S, \quad a_b = 0.6 + 0.25\frac{t}{d} \quad (6-1)$$

式中 t——锚板厚度;

　　　　d——锚筋直径;

　　　　f_y——锚筋的抗拉强度设计值。

M-1、M-3 属于受压预埋件,锚板的尺寸由混凝土的局部受压承载力计算确定,即 $P/A \leqslant 0.75 f_c$,此处 P 为锚板受到的竖向压力设计值,对于 M-1 取屋架传至柱顶的恒荷载和活荷载之和,对于 M-3 取吊车竖向荷载 D_{max} 和吊车梁、轨道等自重之和;A 为锚板面积。

6.3.2.3 抗风柱设计

抗风柱下端与基础固结,上端与屋架通过弹性板连接,按一端固定、一端铰接的设计,参考《机械工业厂房结构设计规范》(GB 50906—2013),计算受弯构件。

6.3.2.4 柱下独立基础设计

当地质条件比较好时,单层排架结构常用基础形式的柱下独立基础,一般有阶梯形和锥形两类,预制柱下基础因与预制柱连接的部分做成杯口,故称杯形基础。

(1)基础底面尺寸

先利用内力组合结果找出排架柱传至基础顶面的内力,再计算出墙体通过基础梁传至基础顶面的自重,确定基础底面尺寸,首先应满足地基承载力要求,包括持力层土的承载力计算和软弱下卧层的验算;其次,对部分建筑物,仍需考虑地基变形的影响,验算建筑物的变形特征值,并对基础底面尺寸做必要的调整。基础的底板面积按轴心受压基础估算,然后视弯矩的大小增大 20%~40%。对于边柱基础,尚应考虑基础梁传来的荷载。

(2)基础高度

基础高度应满足冲切承载力要求和构造要求。设计时先按构造要求初选基础高度,最小高度同时应注意满足柱插入杯口的深度和杯底厚度,而柱插入杯口的深度应满足柱吊装时的稳定性、纵向受力钢筋锚固要求和不小于 5% 的柱长,且杯底留 50 mm 厚的找平层。再进一步验算柱与基础交接处和阶梯形基础变阶处的抗冲切承载力是否满足。

(3)基础底板配筋

进行基础配筋计算时基底反力取不考虑基础及覆土自重的净反力,上部结构传来的荷载效应取基本组合。由于基础底板在地基净反力作用下,两个方向均发生弯曲,所以两个方向都要配受力钢筋,钢筋面积按两个方向的最大弯矩分别计算。

6.3.3 课程设计参考题目

本节提供两个设计题目供参考,请按本书 6.3.1 小节的设计内容和要求,查阅相关规范和图集完成厂房结构布置、标准件选择、排架柱和柱下独立基础设计。题目未给的条件,查阅相关规范资料自行选取。

6.3.3.1 单层单跨厂房设计任务书

某锻工车间为一单层单跨钢筋混凝土装配式结构,跨度 18 m,长 66 m,选用两台 A4 桥式吊车,轨顶 9.8 m,考虑散热要求,需设置天窗和挡风板。

(1)设计资料

厂房的建筑平面图、立面图、剖面图如图 6-7～图 6-9 所示。

工程地质资料:根据钻探报告,天然地面下 1.2 m 处为老土层,地基承载力特征值为 120 kN/m²,地下水位在地面下 1.5 m(绝对标高 1.45 m),场地无特殊土和不良地质现象。

荷载:屋面积灰荷载 0.5 kN/m²,屋面活荷载 0.5 kN/m²,风荷载、屋面雪荷载及吊车荷载见表 6-4,吊车规格见表 6-5,按学生学号顺序选择题目。风荷载体型系数见附表 12 项次 20。

(2)构件选型参考型号

屋面板:板自重 1.3 kN/m²(沿屋架斜面),嵌缝材料自重 0.1 kN/m²(沿屋架斜面)。

天沟板:天沟板如图 6-10 所示,重 17.4 kN/块,包括积水重。

天窗架:门型钢筋混凝土天窗架如图 6-11 所示。

屋架:预应力钢筋混凝土折线型屋架的型号为 YMJA-18-xBb,如图 6-12、图 6-13 所示。上弦杆 $b \times h = 240 \text{ mm} \times 220 \text{ mm}$,下弦杆 $b \times h = 240 \text{ mm} \times 220 \text{ mm}$,腹杆 $b \times h = 120 \text{ mm} \times 240 \text{ mm}$(F1),$b \times h = 220 \text{ mm} \times 240 \text{ mm}$(F2),$b \times h = 120 \text{ mm} \times 120 \text{ mm}$(F3～F6),屋架自重:60.5 kN/榀。

屋盖支撑:0.05 kN/m²。

吊车梁重 44.2 kN/根(高 1200 mm)。

基础梁重 15.7 kN/根(高 450 mm)。

排架柱建议尺寸:上柱为矩形 400 mm×400 mm,下柱为 I 形 400 mm×800 mm(图 6-14)。

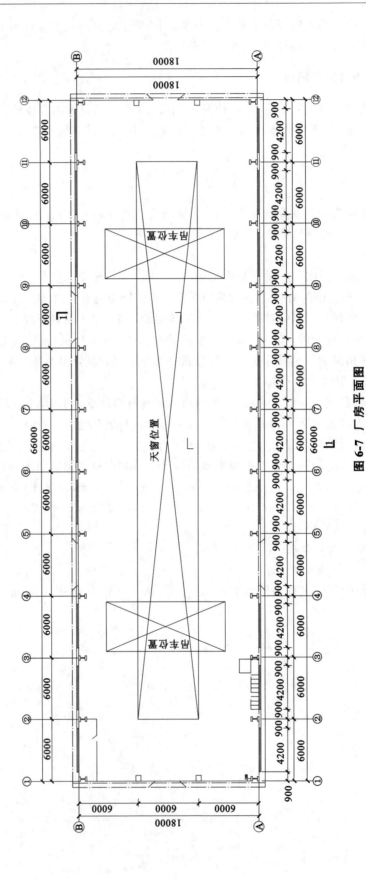

图 6-7 厂房平面图

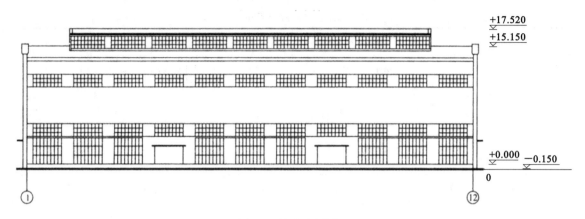

图 6-8　厂房立面图

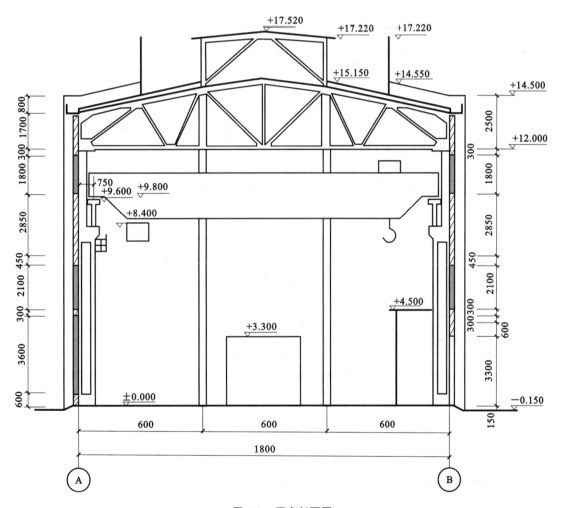

图 6-9　厂房剖面图

表 6-4 风荷载、雪荷载及吊车荷载

地区	A	B	C	D	E	F	G	H	I	J	K	L
基本风压/(kN/m²)	0.75	0.45	0.60	0.55	0.50	0.50	0.45	0.45	0.45	0.40	0.40	0.40
基本雪压/(kN/m²)	0.00	0.70	0.60	0.20	0.40	0.35	0.40	0.25	0.45	0.30	0.20	0.45
吊车荷载/t	5, 15/3			5, 20/3			10, 20/3			15, 20/3		

表 6-5 吊车规格

额定起重量 Q/t	吊车宽度 B/m	轮距 K/m	吊车总重 G/kN	小车重 g/kN	最大轮压 P_{max}/kN
5	4.3	3.4	134	22.8	74
10	5.0		147	29.9	101
15/3	5.16	4.1	215	66.1	148
20/3	5.16		225	70.1	183

注:5～10 t 为电动单钩桥式起重机,15/3～20/3 t 为电动双钩桥式起重机。

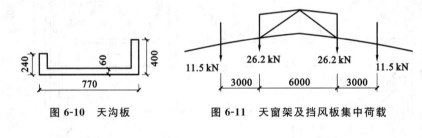

图 6-10 天沟板　　　　图 6-11 天窗架及挡风板集中荷载

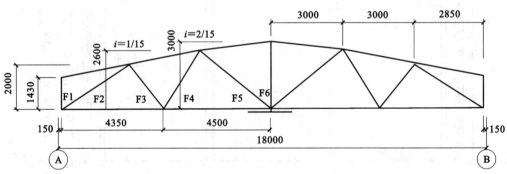

图 6-12 屋架轴线图几何尺寸

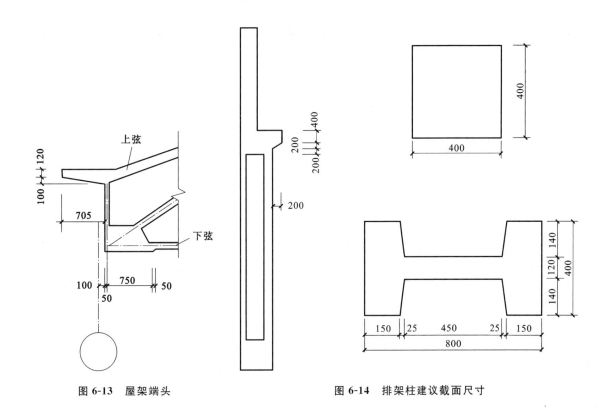

图 6-13　屋架端头　　　　　　　　　　　图 6-14　排架柱建议截面尺寸

6.3.3.2　单层双跨厂房设计任务书

某混凝土装配式车间根据工艺要求采用单层双跨无天窗布置(附属用房另建,本设计不考虑)。车间总长 60 m,柱距 6 m,跨度 24 m,每跨选用两台 A4 桥式吊车。外围墙体为 240 mm 砌体墙,采用 MU10 烧结多孔砖、M5 混合砂浆砌筑。纵向墙上每柱间设置上、下层窗户:上层窗口尺寸(宽×高)=4000 mm×1800 mm,窗洞顶标高处为柱顶以下 250 mm 处;下层窗尺寸(宽×高)=4000 mm×4800 mm,窗台标高为 1.000 m 处。两山墙处设置 6 m 柱距的钢筋混凝土抗风柱,每山墙处有两处钢木大门,洞口尺寸(宽×高)=3600 mm×4200 mm(对称布置在中间抗风柱两侧)。

该车间所在场地由地质勘查报告提供资料:厂区地势平坦,地层自上而下为地面填土层,厚 0.8 m;耕植土,厚 0.4 m;粉质黏土层,厚度大于 6 m,地基承载力特征值 $f_{ak}=200$ kN/m²。地下水位约为 -7.0 m,无侵蚀性,该地区为非抗震设防区。

有关参数(如基本风压、地面粗糙度为 B 类)按表 6-6 中设计数据取用;基本雪压 0.15 kN/m²,厂区无积灰荷载,屋面检修活荷载标准值为 0.5 kN/m²。室内外高差 0.3 m。吊车参数按表 6-7 取用。

表 6-6　　　　　　　　　　　　　　**单层双跨厂房的设计参数**

跨度/m	18 + 18			24 + 24			18 + 24			21 + 21		
吊车起重量/t	10	15	20	15	20	30	10	15	20	10	15	20
基本风压/(kN/m²)	0.55	0.7	0.6	0.5	0.4	0.7	0.6	0.5	0.4	0.7	0.6	0.5

注:牛腿面标高分别取 8.4 m、9.2 m、11.4 m、7.8 m、10.2 m。

表 6-7

桥式吊车主要参数

序号	起重量/t	轮压值/kN		小车重/kN	吊车总重/kN	吊车最大宽 B/m	大车轮距 K/m	上柱柱高/吊车梁高/m
		P_{kmax}	P_{kmin}					
①	5	90	42	20	214	5150	4000	3.6/1.0
②	10	125	47	39.0	224	5550	4400	3.6/1.0

6.4　混凝土框架结构设计

钢筋混凝土框架结构是由梁、柱通过节点连接组成的承受竖向荷载和水平荷载(作用)的结构体系。框架结构具有平面布置灵活,易满足生产工艺和使用要求,结构有较好的延性,整体抗震性能较好等特点,故广泛用于多层厂房、公共建筑,如商场、医院、教学楼及宾馆等建筑。但因框架结构抗侧移刚度较小,特别是当结构超过一定高度后,水平作用下抵抗变形的能力较差,地震作用下非结构构件破坏严重。

框架体系按其施工方法的不同分为现浇整体式、预制装配式、装配整体式。根据它们的优点,结合场地施工条件选择,抗震设计的框架不宜选用预制装配式。现浇整体式框架的整体性好,抗震性能好,较多采用,本节主要介绍多层现浇钢筋混凝土框架结构设计。

6.4.1　设计要求

6.4.1.1　教学目的

通过本课程设计,学生应根据所给建筑图,调查及搜集有关技术资料,正确选择结构方案,进行结构布置,独立完成多层框架结构的设计计算及绘图任务,初步掌握框架结构的设计方法,具体要求如下:

(1)了解多层框架结构布置原则、布置方式及选用的依据。

(2)学会多层框架结构计算简图的选取方法。

(3)熟悉并能正确使用荷载规范,正确计算作用在框架上的荷载值。

(4)掌握框架结构内力分析方法,进行内力组合。

(5)根据控制截面的最不利内力值和截面尺寸进行配筋计算和节点构造设计。

(6)基本掌握结构施工图的绘制方法。

6.4.1.2　设计内容

(1)计算书

包括以下内容:

结构布置:按建筑功能要求确定结构方案,确定柱网尺寸,梁、板、柱及楼梯的布置,估算构件截面尺寸,绘制结构平面布置图及框架计算简图。

荷载计算:计算作用在框架上的竖向荷载和水平荷载,并进行内力计算和内力组合。

结构构件的配筋计算:进行框架结构梁柱配筋计算、节点设计并满足构造要求。

基础设计:基础埋深、型式、地基承载力设计值的确定;进行荷载计算,基础高度确定,配筋计算及绘制必要的详图。

（2）施工图

包括以下内容：

设计说明：工程概况、设计依据、材料信息、混凝土保护层厚度及施工中应注意的问题等。

标准层楼面结构布置图：必须注明结构标高、构件编号、轴线、各构件之间的相互关系。常用构件代号：框架梁（KL）、梁（L）、楼梯梁（TL）、屋面梁（WL）、基础梁（JL）、楼梯板（TB）、框架柱（KZ）、构造柱（GZ）、雨篷（YP）、阳台（YT）、框架（KJ）、基础（J）、桩（ZH）。

框架施工图：注明轴线尺寸、竖向柱结构的标高、尺寸，层数多时可用一层代表几层，也可把柱长度截断；柱的配筋和构造，如柱纵筋连接，柱端箍筋加密区，箍筋形式；梁柱节点处配筋可另加说明；梁的配筋和构造，如支座负筋的切断点，弯起钢筋的弯折点，梁端箍筋加密区，次梁处增设吊筋或附加箍筋（常用比例为 1∶40 立面图，1∶20 横剖面图）。

基础配筋图：基础平面布置图应注明编号、尺寸、基础埋深等，基础详图。

6.4.2 设计指导

6.4.2.1 确定结构方案及计算简图

框架结构布置主要是确定柱在平面上的排列方式（柱网布置）和选择结构承重方案。结构布置的基本原则：满足使用要求，尽可能地与建筑的平面、立面、剖面划分一致；满足人防、消防要求，使水、暖、电各专业的布置能有效地进行；结构应尽可能简单、规则、均匀、对称，构件类型少；妥善地处理温度、地基不均匀沉降以及地震等因素对建筑的影响；施工简便；经济合理。

（1）平面布置与竖向布置

多层框架结构的平面布置宜简单、规整，尽量减少复杂受力和扭转受力，尽量减少偏心。若不能满足要求时，可划分成规整的小单元。抗震设计的结构竖向布置应注意刚度均匀而且连续，要尽量避免刚度突变或结构不连续。顶层尽量不布置空旷的大跨度空间，如不能避免时，也要考虑由下至上的刚度逐渐变化。

竖向布置使结构抗侧移刚度下大上小，柱的布置应均匀、对称，同层各柱截面尺寸宜相同，避免短柱，应使各柱抗侧移刚度大致相同，防止在地震作用下由于各柱抗侧刚度相差悬殊而导致单个构件破坏，最终结构破坏。框架沿高度方向各层平面柱网布置尺寸宜相同。上、下楼层柱截面变化时，尽可能使柱中心对齐，或上、下仅有较小的偏心。

控制多层结构的侧向位移常被称为结构设计的主要矛盾。一般高度不宜超过表 4-1 的规定，当平面和竖向均不规则时，适用的最大高度宜适当降低。高度确定后依据设防烈度，结构类型确定抗震等级，见表 6-8。同时房屋的宽度不宜太小，如果结构高宽比较大时，水平荷载作用下的侧移也较大，且引起的倾覆作用也较严重，故设计时也应控制房屋的高宽比（表 6-9）。

表 6-8 现浇钢筋混凝土结构的抗震等级

结构类型		抗震设防烈度						
		6 度		7 度		8 度		9 度
	高度/m	≤24	>24	≤24	>24	≤24	>24	≤24
框架	框架	四	三	三	二	二	一	一
	剧院、体育馆等大跨度	三		二		一		

表 6-9 框架体系房屋高宽比(H/B)控制

非抗震设计	抗震设防烈度			
	6 度	7 度	8 度	9 度
5	4	4	3	2

注:H 为建筑物地面至檐口高度,B 为建筑物平面的短方向总宽度。

(2) 选定结构承重布置方案

平面框架的承重方案常有横向框架承重、纵向框架承重和纵横向框架承重。前两种方案楼盖多采用预制楼盖,多用于非抗震设计。纵横向框架承重楼盖常采用现浇楼盖。

梁柱宜贯通,应避免采用梁上立柱、柱上顶板的结构方案;边柱应防止被通长设置的纵梁、过梁分割成短柱;框架梁的截面中心线宜与柱的中心线重合,端部框架的大梁以及沿外纵墙的纵向梁可以偏置,但应加强节点构造。抗震设计时,框架梁与柱的中心线偏心距不宜大于柱宽的 1/4。

(3) 初估梁柱截面尺寸

框架梁、柱截面尺寸应根据承载力、刚度及延性等要求确定。初步设计时,通常由经验或估算先选定截面尺寸,再进行承载力、变形等验算,检查所选尺寸是否合适。

梁的截面尺寸一般可参考受弯构件,根据梁的计算跨度、荷载大小等初估,$h=(1/18\sim1/10)l$,上限仅适用于荷载很大的情况。为了防止梁发生剪切脆性破坏,梁高不宜大于 1/4 净跨。梁宽可取 $b=(1/3\sim1/2)h$,且不宜小于 200 mm。为了保证梁的侧向稳定性,梁截面的高宽比不宜大于 4。为了降低楼层高度,可将梁设计成宽度较大而高度较小的扁梁,扁梁的截面高度可按 $h=(1/25\sim1/18)l$ 估算。扁梁的截面宽度 b(肋宽)与其高度的比值不宜超过 3。当某框架梁的各跨跨度相差较大时,梁各跨的截面高度应取不同值,但各跨的截面宽度应相同,便于梁内上部纵筋的贯通和下部纵筋的锚固。

柱截面尺寸可直接凭经验确定,也可先根据其所受轴力按轴心受压构件估算,再乘以适当的放大系数以考虑弯矩的影响,参考式(4-3)、式(4-4)。当上、下层框架柱截面高度不相同时,边柱一般为外侧平齐、上层柱内侧缩小;中柱为两侧同时缩小,使上、下层柱形心线保持重合。柱边长每次缩小的尺寸宜为 100～150 mm。柱截面高宽比不宜大于 3。为避免柱产生剪切破坏,柱净高与截面长边之比宜大于 4,或柱的剪跨比宜大于 2。

(4) 框架结构的计算简图

框架结构体系为空间结构,选取计算单元时将空间结构简化为若干平面框架结构,每榀框架仅抵抗自身平面内的侧向力。由此选出一榀或几榀在结构上和承担荷载上有代表性的平面框架进行内力分析和结构设计。为减少计算和设计工作量,对结构和荷载相近的计算单元可以适当地统一。

在框架结构的计算简图中,梁、柱用其轴线表示,梁与柱之间的连接用节点表示,现浇框架中因梁、柱的纵向钢筋都将穿过节点或锚入节点区,故简化为刚性节点。梁或柱的长度用节点间的距离表示,框架柱轴线之间的距离即为框架梁的计算跨度,框架层高可取相应的建筑层高,即取本层楼面至上层楼面的高度,但底层的层高应从基础顶(底部嵌固端)算起。

框架梁柱截面的惯性矩,应考虑现浇框架中楼板对梁的有效翼缘作用,框架柱截面惯性矩按实际截面确定。

6.4.2.2 框架上的荷载

作用在框架上的荷载可分为竖向荷载和水平荷载两大类。竖向荷载包括结构自重、楼屋面使用活荷载;水平荷载则为风荷载,在抗震设计时还应考虑地震作用。

(1) 竖向荷载

楼(屋)面恒荷载:包括楼(屋)面板自重、建筑面层自重、天花板自重,恒荷载标准值等于构件的体积乘以材料的自重。构件材料的自重可从《荷载规范》中查取。

楼(屋)面活荷载:根据建筑结构的使用功能从《荷载规范》中查取,活荷载为面荷载。考虑到活荷载不可能以《荷载规范》所给的标准值同时满布在所有的楼面上,所以在结构设计时可考虑楼面活荷载折减。若楼面有不规则活荷载或局部荷载时可按内力等效原则简化为等效均布荷载。

(2) 水平荷载简化为节点荷载

在设计风荷载时,取一榀平面框架作为结构计算单元,受荷范围为所计算平面框架两侧各半个柱距的宽度。每一楼层取该层半高处的高度,近似认为风荷载在一层高度范围内均匀分布,最后再将框架节点上、下各半层范围内两部分均布荷载的合力作为节点水平集中力。

抗震设防烈度为 6 度的Ⅳ类场地上较高的高层建筑,7 度和 7 度以上的建筑结构,应计算地震作用;计算单元取一个独立的防震缝单元,按整体计算其总水平地震作用,再按平面框架的抗侧移刚度分配到每一榀平面框架。节点水平地震作用取值沿框架高度方向呈上大下小的倒三角形分布。

6.4.2.3　框架内力分析

(1) 在竖向荷载作用下的近似计算

竖向荷载作用下,内力计算采用分层法、迭代法、弯矩二次分配法及系数法等近似方法计算,当框架为层数和跨数较少时,采用弯矩二次分配法较为简便。详见本书 4.5 节。

(2) 在水平荷载作用下的近似计算

水平荷载作用下框架结构的内力和侧移可用结构力学方法计算,常用的近似算法有迭代法、反弯点法、D 值法和门架法等,详见本书 4.6 节。

当梁的线刚度比柱的线刚度大很多时(例如 $i_b/i_c>3$),梁柱节点的转角很小,可以忽略此转角的影响。这种忽略梁柱节点转角影响的计算方法称为反弯点法。

当柱截面较大时,梁柱线刚度比常常较小,结点转角较大,用反弯点法计算的内力误差较大,这时,采用 D 值法。D 值法也叫改进反弯点法,是在分析多层框架受力特点和变形基础上,提出修正柱的抗侧移刚度和调整反弯点高度的方法。修正后的抗侧移刚度用 D 表示,故称 D 值法。

(3) 在水平荷载作用下的框架侧移计算

框架结构的抗侧移刚度过小,水平位移过大,将影响正常使用;抗侧移刚度过大,水平位移过小,虽满足使用要求,但不满足经济性要求。因此,框架结构的抗侧移刚度宜合适,一般以使结构满足层间位移限值为宜。《高层建筑混凝土结构技术规程》(JGJ 3—2010)规定,按弹性方法计算的楼层层间最大位移与层高之比不能超过层间位移角限值,即 $\Delta u_p/h \leqslant [\theta_p]$,对框架结构取 $[\theta_p]=$ 1/550。楼层层间最大位移以楼层最大的水平位移差计算,不扣除整体弯曲变形。

6.4.2.4　框架内力组合

考虑到多种荷载同时作用到结构上的不利情况,应先进行荷载效应组合,确定构件的控制截面不利内力。

6.4.2.5 框架梁、柱截面设计

(1)框架梁截面设计

为了避免梁支座处抵抗负弯矩的钢筋过分拥挤,及在抗震结构中形成梁铰破坏机构增加结构的延性,可以考虑框架梁端塑性变形内力重分布,对竖向荷载作用下梁端负弯矩进行调幅。框架梁端截面负弯矩调幅后,梁跨中截面弯矩应按平衡条件相应增大。先对竖向荷载作用下的框架梁弯矩进行调幅,再与水平荷载产生的框架梁弯矩进行组合。

根据控制截面内力设计值,利用受弯构件正截面受弯承载力公式计算出所需纵筋。框架梁下部纵向钢筋,由梁的跨中及支座截面$+M_{max}$,根据单筋 T 形截面计算确定。受拉纵筋一般在梁跨内通长布置,且应伸入梁端支座内满足锚固要求。框架梁上部纵向钢筋,由梁支座$-M_{max}$,根据双筋矩形截面计算确定。边支座负弯矩钢筋应伸入支座内满足锚固要求;中间支座的负弯矩钢筋应贯通布置,不得锚固于中柱内,而应穿过中柱后在梁跨内按一定原则将部分钢筋截断。

利用受弯构件斜截面受剪承载力公式计算所需腹筋。控制截面一般情况是指最可能发生斜截面破坏的位置,包括可能受力最大的梁端截面、截面尺寸突然变化处、箍筋数量变化和弯起钢筋配置处。

(2)框架柱截面设计

柱的配筋计算中,如需要确定柱的计算长度l_0时,可按表 4-6 取用。

框架柱的内力组合较复杂,可以根据 M 和 N 的相关关系,进行分析比较,确定最不利内力组合,进行配筋计算。一般每柱计算柱底、柱顶及改变截面尺寸、混凝土强度变化处。

(3)遵循概念设计原则,采取合理的构造措施来增强结构的抗震能力。根据构造要求,最后确定框架梁、柱的配筋,并绘出施工图。

6.4.2.6 基础设计

对于层数在多层的框架结构,可采用独立基础、条形基础、十字形基础、片筏基础,必要时可采用桩基础。各类基础的设计可参阅有关的规范、规程。

6.4.3 课程设计参考题目

本节提供两个设计题目供参考,请按本书 6.4.1 小节设计内容和要求,查阅相关资料,按建筑功能要求确定结构方案,并完成结构设计。

6.4.3.1 钢筋混凝土框架结构的设计任务书一

某办公楼上部结构为两层框架结构,建筑平面图、立面图及剖面图,如图 6-15～图 6-18 所示。设计时为避免重复,横向柱距可选 5.7 m/2.1 m/5.7 m、6.0 m/2.4 m/6.0 m、6.3 m/2.4 m/6.3 m、6.6 m/2.7 m/6.6 m、7.2 m/2.7 m/7.2 m 等。

① 荷载。

a.基本风压及基本雪压可按武汉、大同、北京等地区采用数据。

b.常用建筑材料和构件自重参照《荷载规范》。

c.屋面使用荷载按不上人屋面采用数据。

d.楼面活荷载根据《荷载规范》采用数据。

② 楼屋面做法,见图 6-18。

③ 场地类别为Ⅱ类,室外地坪下 1.5 m 处为黏土层,地基承载力特征值为 160 kN/m²,地下水位在自然地表以下 8 m 处。

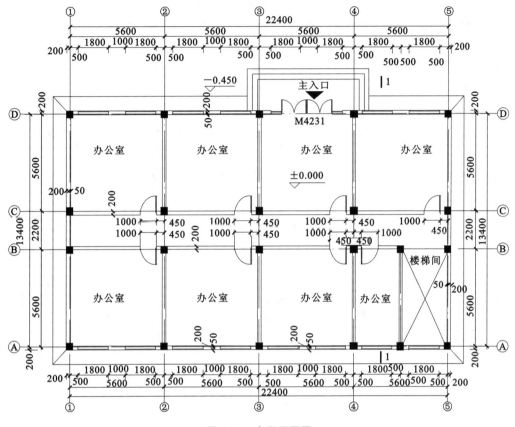

图 6-15 底层平面图

6.4.3.2 钢筋混凝土框架结构的设计任务书二

某中学综合楼为三层钢筋混凝土框架结构,建筑平面图、立面图及剖面图,见图 6-19~图 6-22。

(1) 荷载

① 基本风压及基本雪压、冰冻深度可按离石、济南、满洲里等地区采用数据。

② 常用建筑材料和构件自重参照《荷载规范》。

③ 屋面使用荷载按不上人屋面采用数据。

④ 楼面活荷载根据《荷载规范》采用数据。

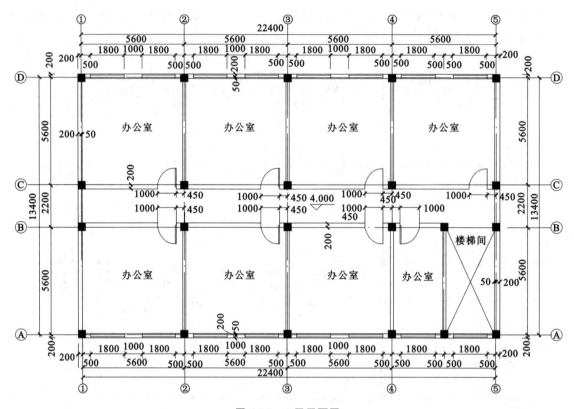

图 6-16　二层平面图

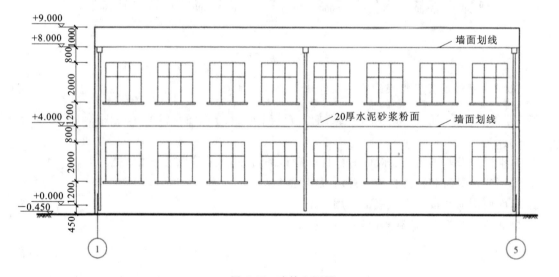

图 6-17　建筑立面图

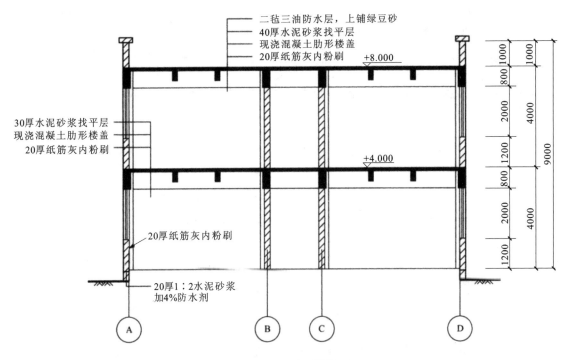

图 6-18 1—1 剖面图(一)

（2）建筑做法

屋面工程做法：25 mm 厚 1∶2.5 水泥砂浆保护层，0.4 mm 厚聚乙烯一层，4 mm 厚 SBS 高聚物改性沥青防水卷材，30 mm 厚 C20 细石混凝土找平层，胶黏剂满粘 80 mm 厚聚苯板，20 mm 厚 1∶2.5 水泥砂浆找平层，1∶8 水泥憎水性膨胀珍珠岩找坡 2‰、最薄处 30 mm 厚，20 mm 厚 1∶2.5 水泥砂浆找平层，混凝土屋面板。

地面工程做法：8～10 mm 厚地砖铺实拍平，稀水泥浆擦缝，20 mm 厚 1∶3 干硬性水泥砂浆，素水泥浆一道，50 mm 厚 C15 豆石混凝土（上下配双向Φ3@50 钢丝网片，中间敷设散热管），0.2 mm 厚真空镀铝聚酯薄膜，20 mm 厚挤塑聚苯乙烯泡沫塑料板，20 mm 厚 1∶3 水泥砂浆找平层，素水泥浆一道，现浇混凝土板。

楼梯间地面做法依次是：10 mm 厚地砖铺实拍平，稀水泥浆擦缝，30 mm 厚 1∶3 干硬性水泥砂浆，现浇钢筋混凝土板。

（3）工程地质条件

场地地势平坦，自然地表下 1 m 内为填土，以下为粉质黏土、地基承载力特征值 180 kN/m²，地下水位在 18 m 以下，该地区建筑不考虑抗震设防。

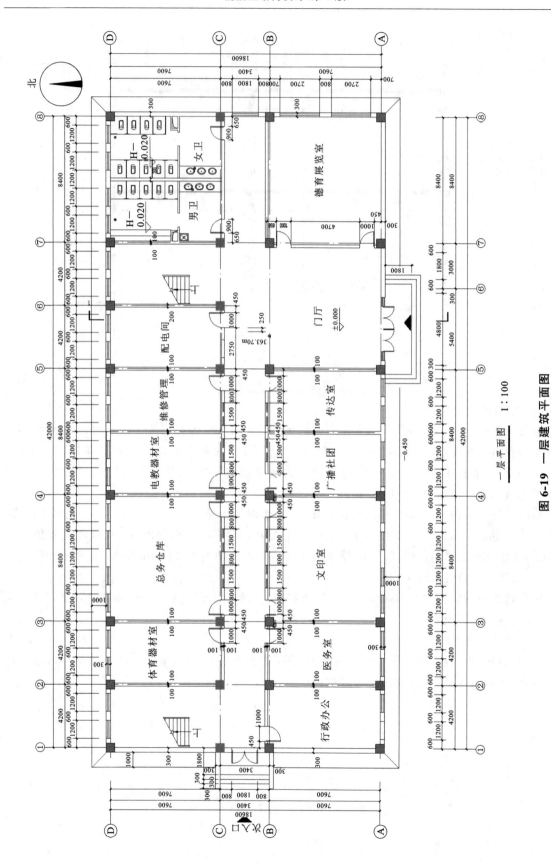

一层平面图 1:100

图 6-19 一层建筑平面图

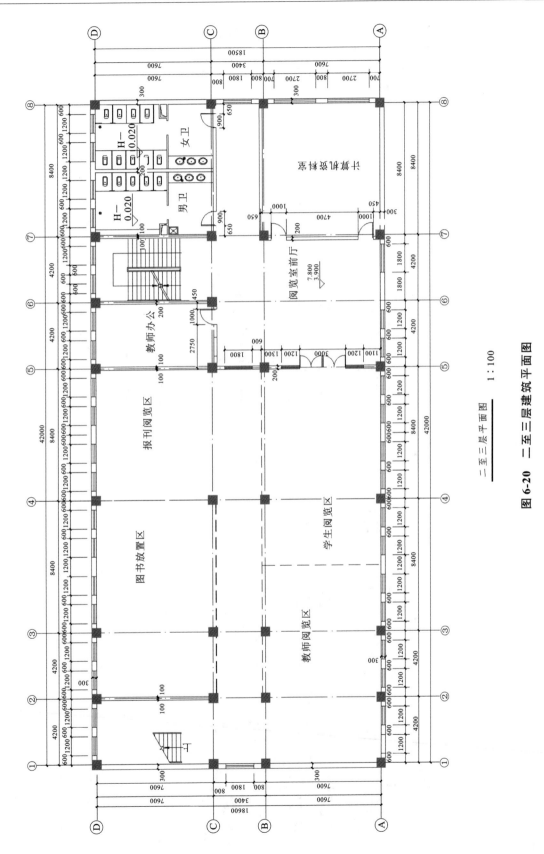

二至三层平面图 1∶100

图 6-20 二至三层建筑平面图

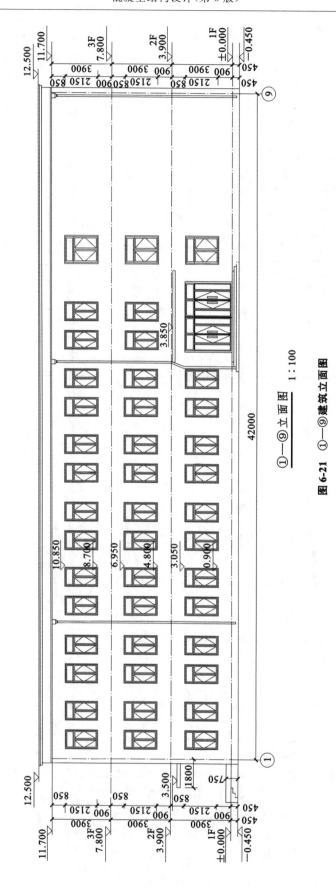

①—⑨立面图 1:100

图 6-21 ①—⑨建筑立面图

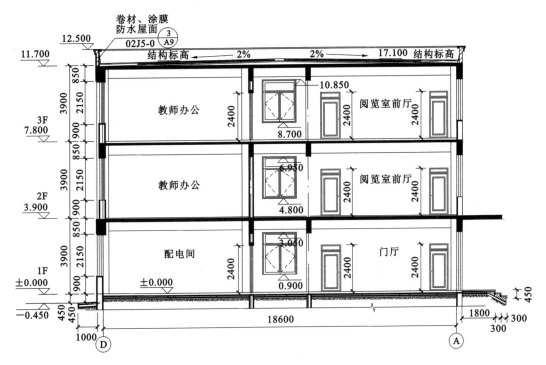

图 6-22 1—1 剖面图（二）

附　录

附录中为配合本书内容使用的 20 个附表、8 个附图，查阅数据请扫描相关二维码。

附　录

参考文献

[1] 中华人民共和国住房和城乡建设部,中华人民共和国国家质量监督检验检疫总局.凝土结构设计标准(2024 年版):GB/T 50010—2010.北京:中国建筑工业出版社,2024.

[2] 中华人民共和国住房和城乡建设部,中华人民共和国国家质量监督检验检疫总局.建筑抗震设计标准(2024 年版):GB/T 50011—2010.北京:中国建筑工业出版社,2024.

[3] 中国工程建设标准化协会.建筑结构荷载规范:GB 50009—2012.北京:中国建筑工业出版社,2012.

[4] 中华人民共和国住房和城乡建设部,中华人民共和国国家质量监督检验检疫总局.建筑地基基础设计规范:GB 50007—2011.北京:中国建筑工业出版社,2011.

[5] 中华人民共和国住房和城乡建设部.高层建筑混凝土结构技术规程:JGJ 3—2010.北京:中国建筑工业出版社,2010.

[6] 李章政.建筑结构.北京:化学工业出版社,2017.

[7] 李章政,刘玉娟,刘松岸.混凝土结构基本原理.3 版.成都:四川大学出版社,2024.

[8] 李章政,马煜.土力学与基础工程.2 版.武汉:武汉大学出版社,2017.

[9] 李章政.建筑结构设计原理.2 版.北京:化学工业出版社,2014.

[10] 白国良,王毅红.混凝土结构设计.2 版.武汉:武汉理工大学出版社,2022.

[11] 沈蒲生.高层建筑结构设计.4 版.北京:中国建筑工业出版社,2022.

[12] 熊丹安,王芳.建筑结构.7 版.广州:华南理工大学出版社,2017.

[13] 陈达飞.平法识图与钢筋计算.3 版.北京:中国建筑工业出版社,2017.

[14] 住房和城乡建设部工程质量安全监管司,中国建筑标准设计研究院.2009 全国民用建筑工程设计技术措施结构(混凝土结构).北京:中国计划出版社,2012.

[15] 住房和城乡建设部工程质量安全监管司,中国建筑标准设计研究院.2009 全国民用建筑工程设计技术措施结构(地基与基础).北京:中国计划出版社,2010.

[16] 中国建筑科学研究院 PKPM CAD 工程部.PMCAD S-1 结构平面 CAD 软件用户手册.北京:中国建筑工业出版社,2011.

[17] 中国建筑科学研究院 PKPM CAD 工程部.SATWE S-3 多层及高层建筑结构空间有限元分析与设计软件(墙元模型)用户手册.北京:中国建筑工业出版社,2011.

[18] 梁兴文,史庆轩.混凝土结构设计.5 版.北京:中国建筑工业出版社,2022.

[19] 张季超.新编混凝土结构设计.北京:科学出版社,2011.